Moderne Biowissenschaften Band 12

Isolierung, Fraktionierung und Hybridisierung von Nukleinsäuren

— Eine Einführung und methodische Anleitung —

Herausgegeben von

ULRICH WOBUS

Mit Beiträgen von

Helmut Bäumlein, Charles Coutelle, Bernd Drescher,
Gudrun Eitner, Jürgen Hofemeister, Renate Manteuffel,
Siegfried Scherneck, Edgar Serfling, Ulrich Wobus

Mit 33 Abbildungen und 5 Tabellen

AKADEMIE-VERLAG · BERLIN

1981

Erschienen im Akademie-Verlag, 1080 Berlin, Leipziger Straße 3—4
Lektor: Christiane Grunow

Lizenznummer: 202 · 100/483/80
Gesamtherstellung: VEB Druckhaus „Maxim Gorki“, 7400 Altenburg
Bestellnummer: 761 031 0 (2148/12) · LSV 1325
Printed in GDR
DDR 32,— M

Vorwort

Die Idee, ein Buch über Isolierung, Fraktionierung und Hybridisierung von Nukleinsäuren zu schreiben, entstand während eines Fortbildungskurses gleichen Namens im Dezember 1976 im Zentralinstitut für Genetik und Kulturpflanzenforschung Gatersleben. Das Buch soll einem sehr spürbaren Mangel abhelfen, nämlich Studenten, technischen Mitarbeitern, jungen Wissenschaftlern und solchen, die sich neu molekularbiologischen Fragestellungen zuwenden, eine leicht zugängliche methodische Einführung in die Hand geben. Vollständigkeit in den abzuhandelnden Methoden konnte allerdings von vornherein nicht angestrebt werden. Drei wesentliche, die Auswahl bestimmende Gründe waren die Bedeutung eines Methodenkomplexes, das Vorhandensein bzw. Nichtvorhandensein guter, möglichst leicht zugänglicher Übersichten und die experimentellen Erfahrungen der Autoren. Das Schwergewicht liegt auf Experimenten mit eukaryotischen Versuchsobjekten.

Jeder Methodenkomplex wird in einer Einführung vorgestellt, in der die zugrunde liegenden Prinzipien erläutert, Hinweise auf das Warum bestimmter methodischer Schritte gegeben, andere als in den folgenden Protokollen dargestellte experimentelle Wege zur Lösung eines gegebenen methodischen Problems aufgezeigt und weiterführende Literaturhinweise gegeben werden.

Es schließen sich experimentelle Protokolle an, die ein (in vielen Fällen konkretes) Experiment im Detail schildern und Angaben über Versuchsplanung und Auswertung machen. Uns schien es wichtig, Protokolle nur solcher Methoden aufzunehmen, über die die Autoren ausreichende eigene experimentelle Erfahrungen gesammelt haben. Da jedoch andere Versuchsobjekte und andere Problemstellungen oft Abwandlungen eines vorgegebenen Protokolls notwendig machen, schließen sich an das Protokoll der Versuchsdurchführung Anmerkungen zu den einzelnen experimentellen Schritten an, die — zusammen mit dem entsprechenden Abschnitt der Einführung — den Experimentator in die Lage versetzen sollen, ein seinen Gegebenheiten angepaßtes Protokoll zu erarbeiten. Nur wenn dies möglich ist, erfüllt das Buch voll den von den Autoren erhofften Zweck.

Wir veröffentlichen dieses Buch in der Hoffnung, daß es im Labor wirklich von Nutzen ist und uns möglichst viele Experimentatoren Hinweise auf Fehler und Lücken geben.

Unser Dank gilt allen Kollegen, besonders aber R. Hinz, B. Kaina, M. Püchel, I. Schubert (alle Gatersleben) und M. Hartmann (Jena), die uns durch mitgeteilte Erfahrungen und Versuchsergebnisse oder Bereitstellungen von Versuchsmaterial unterstützt haben. Der Herausgeber ist Frau V. Bollmann für die Mühen bei der Reinschrift des Manuskriptes besonders dankbar.

Gatersleben, im April 1978 — Ulrich Wobus

Inhalt

Verwendete Symbole

A = Absorption
A_{260} = Absorption bei 260 nm
A_{260}-Einheit = die Menge an Material in 1 ml Lösung, die — gemessen in einer Küvette mit 1 cm Lichtweg — die Absorption 1 bei 260 nm hat.
C = Konzentration
C_0 = Anfangskonzentration
D = Dalton (= Molekularmasse): 1 D ist $\frac{1}{12}$ der Masse eines Atoms des Nuklids ^{12}C.
g = Erdbeschleunigung
h = Stunde(n)
K = Komplexität
k = Reaktionskonstante
M = Molarität (mol/l)
M_r = Molekulargewicht, allgemein (dimensionslos)
M_n = Zahlenmittel des Molekulargewichtes
M_w = Gewichtsmittel des Molekulargewichtes
N = Repetitionsfrequenz
N_i = Repetitionsfrequenz der Komponente i
n = Brechungs(Refraktions-) index
S = Svedbergeinheit (= 10^{-13}s)
s = Sedimentationskoeffizient, allgemein
T_m = Schmelztemperatur von Nukleinsäuren
$T_{m,r}$ = T_m (reversibel)
$T_{m,i}$ = T_m (irreversibel)
t = Zeit in sec
v = Geschwindigkeit
η = Viskosität
ϱ = Dichte (g/cm^3)
ω = Winkelgeschwindigkeit

Verwendete Abkürzungen

cpm	= Impulse/min
CTA	= Cetyltrimethylammoniumbromid
DTT	= Dithiothreit (‚dithiothreitol')
DEP	= Diäthylpyrokarbonat
DNA	= Desoxyribonukleinsäure
DNP	= Desoxynukleoprotein
dpm	= Zerfälle/min
EB	= Äthidiumbromid
EDTA	= Äthylendiamin-tetraessigsäure · Na_2-salz
FA	= Formamid
HAP	= Hydroxyapatit
Hepes	= N-2-hydroxyäthyl-piperazin-N'-2-äthansulfonsäure, Na-salz
HnRNA	= heterogene Kern-RNA
LDS	= Lithium-dodecylsulfat
mRNA	= Messenger-RNA
MUP	= Harnstoff-Phosphat-Puffer (8 M Harnstoff/0,24 M PB)
NC	= Nitrocellulose
NT	= Nukleotid(e)
NTP	= Nukleotidpaar(e)
PAA	= Polyacrylamid
PB	= äquimolarer Na-phosphat-Puffer (1 Vol. Na_2HPO_4 + 1 Vol. NaH_2PO_4)
POPOP	= 1,4-bis-2-(5-phenyloxazolyl)-benzen
PPO	= 2,5-Diphenyloxazol
RE	= Restriktionsenzym
RNA	= Ribonukleinsäure
RNP	= Ribonukleoprotein
SDS	= Natrium-dodecylsulfat
SSC	= 0,15 M NaCl/0,015 M Na_3-zitrat (= 1 × SSC)
SV40	= Simian-Virus 40
TCE	= Trichloressigsäure
Tris	= Tris-hydroxymethylaminomethan
Ump	= Umdrehungen pro Minute
v/v	= Volumen/Volumen
w/v	= Gewicht/Volumen, in Verbindung mit % = g des gelösten Stoffes in 100 ml Lösung
w/w	= Gewicht/Gewicht, in Verbindung mit % = g des gelösten Stoffes in 100 g Lösung

Kapitel 1

Isolierung von Nukleinsäuren — Allgemeine Prinzipien (U. Wobus)

1. Isolierung von Nukleinsäuren — Allgemeine Prinzipien

Die Isolierung von Nukleinsäuren steht oft am Anfang einer molekularen Analyse und die Qualität der erhaltenen Präparate ist ebenso oft entscheidend für deren Ausgang. Methoden zur Nukleinsäureisolation sollten idealerweise drei Kriterien erfüllen: (a) quantitative Extraktion, (b) Verhinderung jeglicher Degradation oder Veränderung der Sekundärstruktur und damit verbundene Änderungen der Moleküleigenschaften und (c) Entfernung jeglichen kontaminierenden Materials. Keines der derzeit verfügbaren Verfahren wird diesen Kriterien in jedem Falle gerecht. Demzufolge muß das methodische Vorgehen das experimentelle Objekt, die zu isolierende Nukleinsäure und deren Weiterverwendung berücksichtigen. Dennoch erlaubt der prinzipiell gleiche Aufbau aller Nukleinsäuren die Darstellung allgemeingültiger Prinzipien und die Erläuterung von Verfahrensweisen, Wirkungsmechanismen von benutzten Chemikalien und kritischen Schritten, die gleichermaßen für die Isolation von DNA und RNA gelten. Jede Methode schließt Zellaufschluß, Dissoziation der Nukleoproteinkomplexe und Reinigungsschritte ein.

1.1. Zellaufschluß

Der Zellaufschluß ist in vielen Fällen der kritischste Schritt des Isolationsverfahrens, da hier Nukleasen nicht ausreichend und schnell genug inaktiviert und pH- und Ionenbedingungen nicht ausreichend kontrolliert werden können. Eine Extraktion ist sowohl aus ganzen Zellen (in Kultur, Geweben oder ganzen Organismen), als aus isolierten Zellbestandteilen, wie Organellen, Kernen, Chromatin usw. möglich, doch werden Methoden zur Isolation von Zellbestandteilen nicht besprochen. Während des anfänglichen Zellaufschlusses müssen (a) definierte pH- und Ionenbedingungen eingestellt werden, (b) Nukleaseaktivitäten wirksam unterdrückt und (c) Scherkräfte der Labilität der zu isolierenden Moleküle angepaßt werden.

Zu a): Ein stabiler pH-Wert wird durch den eingesetzten Puffer und ein geeignetes Verhältnis Puffer zu Zellmaterial garantiert. Bei Verwendung von konzentrierten Puffer-Stammlösungen sind mögliche pH-Änderungen durch Verdünnung und Temperaturänderung zu beachten. Speziell Tris-Puffer ist für seine starken, Temperatur-abhängigen pH-Änderungen bekannt.

Zu b): Die meisten Nukleasehemmer sind insoweit unspezifisch, als sie entweder Kofaktoren (speziell Mg^{++}) binden oder allgemein Proteine denaturieren oder komplexieren. Im folgenden werden einige Verfahren bzw. Substanzen, die Nukleaseaktivitäten herabsetzen, kurz charakterisiert.

— Grundsätzlich sollten nur hitzesterilisierte Glasgeräte und autoklavierte Puffer verwandt werden. In kritischen Fällen ist Behandlung von Plastmaterial mit 1% SDS-

und/oder 0,1% DEP-Lösung (s. u.) und Tragen von sterilen Gummihandschuhen (Schweiß enthält RNasen!) notwendig. Labore, in denen ständig mit RNase- bzw. DNase-Lösungen hantiert wird, sind zu meiden.

- Pufferbehandlung mit Ionenaustauschharzen, speziell zur Mg^{++}-Entfernung, kann sehr wirksam sein. Besonders geeignet ist das chelierende Harz Chelex 100 (Bio-Rad). Es besitzt hohe Affinität und Kapazität für Metallionen und arbeitet in einem weiten pH-Bereich und in Anwesenheit hoher Salzstärken. Der Puffer wird vor Gebrauch in Chelex 100 gerührt oder 1—2× über eine kleine Säule gegeben.
- EDTA und das Zitration im SSC-Puffer komplexieren Mg^{++}.
- Bentonit ($Al_2O_3 \cdot 4\,SiO_2 \cdot H_2O$) bindet Metallionen und basische Proteine wie RNase und inaktiviert letztere durch seine sauren Gruppen, speziell bei leicht saurem pH. Bei höheren Salzkonzentrationen ($> 0{,}02$ M) wird auch RNA gebunden, was zu geringeren Ausbeuten führt. Bentonit-gebundene RNA kann durch Extraktion des Niederschlags mit 1 mM EDTA zurückgewonnen werden.
- Macaloid, ein Natrium-Magnesium-Lithofluorosilikat, wirkt ähnlich wie Bentonit, scheint aber RNasen effektiver zu hemmen.

  Auf eine Vielzahl weiterer, speziell RNase hemmende Verbindungen, wie saure Polysaccharide (z. B. Heparin), weitere anionische Polyelektrolyte (z. B. Polyvinylsulfat), Metallsalze (z. B. Zn^{++}) und Gewebsfaktoren (z. B. RNase-Inhibitor aus Rattenleber) kann hier nicht näher eingegangen werden. Einige Anwendungsbeispiele enthalten die experimentellen Protokolle in Abschnitt 3.2.
- Proteasen werden zur Proteinentfernung (s. u.) und Nukleaseinaktivierung eingesetzt. Fast ausschließlich benutzt werden Pronase und Proteinase K, beides Enzyme mit breitem Wirkungsspektrum und erhöhter Aktivität gegen denaturierte Proteine. Pronase enthält nicht zu vernachlässigende Nukleaseaktivitäten, die auch durch die übliche Vorinkubation für 2 Std bei 37 °C nicht völlig eliminiert werden. Proteinase K bietet neben der beiden Enzymen gemeinsamen Stabilität gegen SDS, Harnstoff und EDTA (mit Ausnahme extremer Konzentrationen) die Vorteile einer höheren Aktivität, einer um wenigstens eine Zehnerpotenz niedrigeren Nukleasekontamination, einer extremen Stabilität auch bei hohen Temperaturen (bis 65 °C) und der im Gegensatz zu Pronase außerordentlich schnellen Inaktivierung von Nukleasen.
- SDS hemmt RNase I, DNase I und Phosphodiesterase II bereits bei einer Konzentration von 0,1%, doch ist die RNase-Inaktivierung reversibel (Hilz et al., 1975).
- Phenol als Deproteinierungsmittel (s. u.) inaktiviert zwar Nukleasen, eliminiert sie aber nicht völlig, so daß z. B. RNase nach der Phenolentfernung wieder aktiv werden kann (z. B. Barlow and Mathias, 1976).
- Geeignete Wahl von pH-Wert und Temperatur des Extraktionsmediums können Nukleaseaktivitäten unmittelbar nach Aufbruch der Zellen ebenfalls wirkungsvoll reduzieren. Hohe Salzkonzentrationen (s. S. 23) wirken in gleicher Weise.

Zu c): Die Methodik des Zellaufschlusses ist weitgehend vom biologischen Material, aber auch von der zu isolierenden Nukleinsäure abhängig und wird an konkreten Beispielen erläutert (Kapitel 2 und 3).

1.2. Nukleoprotein-Dissoziation und Deproteinisierung der Nukleinsäuren

Nukleoproteindissoziation und Deproteinisierung sind essentielle Schritte jedes Isolationsverfahrens. Dabei kann die Dissoziation zusammen mit dem Zellaufschluß in einem Arbeitsgang erfolgen. Im folgenden werden die wichtigsten Reagentien charakterisiert.

- Konzentrierte Lösungen von Elektrolyten: $\geqq$ 1 M NaCl, $\geqq$ 2 M Na-acetat, $\geqq$ 1 M LiCl, $\geqq$ 1 M $NaClO_4$, $\geqq$ 4 M Guanidin-hydrochlorid und für die Gleichgewichtszentrifugation verwandte Cäsiumsalz-Lösungen dissoziieren DNP und RNP. Allerdings ist hochmolekulare RNA in $\geqq$ 1 M Na^+ unlöslich und fällt aus (s. S. 17).
- Natrium-Dodecylsulfat (SDS, Übersicht bei Noll und Stutz, 1968) denaturiert Proteine und dissoziiert effektiv Nukleoproteine. Benutzt werden Konzentrationen zwischen 0,5 und 3%. In der Kälte fällt SDS aus (besser löslich ist das Lithiumsalz, LDS) und ist dann unwirksam. Auch Anwesenheit von K^+ führt zur Präzipitation, da das K-salz eine sehr geringe Löslichkeit besitzt. Zu beachten ist, daß verschiedene Produkte und Chargen sich in ihrer Wirksamkeit stark unterscheiden können. Hochgereinigte Präparate können weniger effektiv als unsaubere sein (Bramwell, 1976).
- Natriumdodecylsarkosinat (vorzugsweise angewandt das Produkt Sarkosyl NL-97 der Firma Geigy) wird anstelle von SDS aufgrund besserer Löslichkeit in Cäsiumsalz-Gradienten verwandt.
- Über weitere, speziell bei der RNA-Isolation eingesetzte Detergentien s. Kirby (1968).
- Diäthylpyrokarbonat ([C_2H_5OCO]; DEP, Übersicht bei Ehrenberg et al., 1976) reagiert mit und denaturiert Proteine und ist somit Nukleasehemmer und deproteinisierendes Agens. DEP reagiert auch, allerdings in wesentlich geringerem Maße, mit Einzelstrang-, nicht jedoch mit Doppelstrang-Nukleinsäure. Da DEP in wässerige Lösung sehr schnell zerfällt, kann es unter Vermeidung eines direkten Kontakts mit Nukleinsäuren ausgezeichnet zur Nukleaseinaktivierung in Lösungen und an Laborgeräten verwandt werden. Wichtig ist die Aufbewahrung unter Vermeidung von Solvolyse (möglichst in Einzelproben unter N_2 bei 3 °C).
- Phenol-Gemisch: Phenol denaturiert effektiv Proteine und präzipitiert sie aus der wässerigen Phase. Dabei kann jedoch nichtdissoziiertes Nukleoprotein (oft spezifische Sequenzen enthaltend) in die Interphase gelangen und damit verloren gehen. Nukleinsäuren selbst besitzen eine Affinität gegenüber der Phenolphase, die in der Reihenfolge cytoplasmatische RNA < Kern-RNA < native DNA < denaturierte DNA steigt (getestet bei Raumtemperatur mit Phenol, das mit 0,14 M NaCl gesättigt und mit 1 N KOH auf „pH" 6 eingestellt wurde) (Alechina et al., 1973). Phenol-lösliche DNA-Fragmente sind sehr A + T-reich. Sie können durch Erniedrigung von Temperatur und Ionenstärke teilweise wieder in die wässerige Phase zurück gebracht worden (Klysik et al., 1977). Umgekehrt ist auch die Löslichkeit von Phenol in der wässrigen Phase eine Funktion von Ionenstärke und Temperatur. Die wässerige Phase enthält stets etwas Phenol, dessen starke Absorption im UV (Phenolspuren verschieben das Absorptionsmaximum von 260 auf 270 nm) die optische Bestimmung der Nukleinsäurekonzentration stark beeinflußt. Zusatz von m-Kresol (10%, v/v) erniedrigt den Gefrierpunkt des Gemisches (und ermöglicht damit das Arbeiten bei 3 °C) und erhöht seine denaturierende Wirkung. 0,1% (w/v) 8-Hydroxychinolin

entfernt divalente Kationen als Phenol-lösliche Komplexe und verringert dadurch die Bildung Metall-katalysierter Oxidationsprodukte, die Wirkung von Nukleasen und die Nukleinsäure-Protein-Wechselwirkung. Phenol wird vor Gebrauch destilliert, um Oxidationsprodukte und organische Säuren zu entfernen (vorzugsweise über Zinkstaub und unter N_2), m-Kresol zusätzlich zur Beseitigung des Ortho-Isomers. Phenol-Gemisch [Phenol/m-Kresol/8-Hydroxychinolin (90:10:0,01; v/v/w), im folgenden stets kurz als „Phenol" bezeichnet] enthält sättigende Mengen von Puffer oder H_2O und wird in dunklen Flaschen bei 3 °C aufbewahrt.

— Chloroform bewirkt Oberflächendenaturierung der Proteine. Es wird mit Isoamylalkohol 24:1 (v/v) gemischt, wobei der Alkohol das Schäumen verhindert, die Phasentrennung fördert und die getrennten Phasen stabilisiert. Auch Extraktion mit Chloroform: Isoamylalkohol (= Sevag-Gemisch) kann zu spezifischen Nukleinsäure-Verlusten führen.

1.3. Zusätzliche Reinigungsverfahren

Nach verschiedenen Methoden gewonnene Nukleinsäurepräparationen müssen meist einer Nachreinigung unterzogen werden, die erste Fraktionierungsschritte einschließen kann. Auf Zentrifugations- und chromatographische Verfahren wird an anderen Stellen eingegangen.

1.3.1. Entfernung niedermolekularer Verunreinigungen

Das neben der Gelfiltration am häufigsten angewandte Verfahren ist die Dialyse. Sie dient der Trennung diffusibler von nichtdiffusiblen Substanzen und dem Pufferaustausch. Da eine Dialyse nicht selten mehrere Tage in Anspruch nimmt, müssen bakterielle Kontamination und Einschleppung von Nukleasen sorgfältig vermieden werden. Bakterienwachstum am Schlauch wird vollständig nur durch Anwesenheit von 0,01 mM Na-azid oder 0,05 mM Proprionsäure verhindert (Lees und Sepka, 1976). Zwecks Entfernung divalenter Metallionen wird der Dialyseschlauch 30 min in 0,01 M NaCl/10 mM EDTA, pH 7,5, gekocht, mit EDTA-Lösung gespült, autoklaviert und bei 2—4 °C steril aufbewahrt. Allerdings besitzt nahezu jedes Labor eine eigene Vorschrift zur Vorbehandlung von Dialyseschlauch. Die Handhabung der Schläuche erfolgt mit sterilen Gummihandschuhen. Behandlung mit $ZnCl_2$ (der Schlauch wird über ein passendes Rohr gezogen, 15 min bei Raumtemperatur in 64% (w/v) wässrigem $ZnCl_2$ belassen, in A. dest. gespült, 5 min in 0,1 N HCl getaucht und nach sorgfältiger Spülung mit 10 mM EDTA, pH 7,5, in 1 mM EDTA autoklaviert; Craig, 1967) vergrößert die Schlauchporen, beschleunigt dadurch den Dialysevorgang und erlaubt die Entfernung auch größerer Oligonukleotide. Dialyse bei gleichzeitiger Volumenverminderung wird durch Einhängen des Schlauches in perlförmiges, trockenes Dextrangel (z. B. Sephadex G-25) oder eine 50%ige (w/v) Polyäthylenglykol-Lösung erreicht. Die oft effektiveren und weniger zeitaufwendigen Verfahren der Membranfiltration erfordern meist spezielle Geräte, deren Anwendungsbereich und Handhabung in den entsprechenden Firmenschriften genau beschrieben ist.

1.3.2. *Entfernung von Polysacchariden*

Polysaccharide kontaminieren oft Nukleinsäurepräparationen (Opaleszenz der Lösung, gesteigertes Verhältnis A_{225}/A_{260}), da sie bei Chloroform und/oder Phenolextraktionen in der wässerigen Phase verbleiben und durch Alkohol präzipitiert werden. Die Dichten in CsCl (1,66—1,73 g/cm³) liegen im DNA-Dichtebereich. Folgende Methoden zur Polysaccharid-Entfernung seien erwähnt:

— Zentrifugation für 30 min bei 100000 $\times g$ entfernt Glykogen.
— α-Amylase-Verdauung ist geeignet, doch sind kommerzielle Präparate oft mit Nukleasen verunreinigt.
— In Lösungen, die 0,5% Cetyltrimethylammoniumbromid (CTA) enthalten, präzipitieren Nukleinsäuren (CTA eignet sich deshalb gut zur Nukleinsäureisolation: s. Bellamy and Ralph, 1968 und S. 24), Polysaccharide dagegen nicht.
— Weitere selektive Präzipitations- bzw. Trennverfahren s. unten.
— Ein einfaches und effektives Verfahren ist die Affinitätschromatographie an Concanavalin A-Sepharose (Edelman, 1975).

1.3.3. *Selektive Präzipitation als Vorfraktionierung*

Selektive Präzipitations- und Trennverfahren sind vor allem von Kirby ausgearbeitet worden (Übersicht bei Kirby, 1968) und werden nur in einigen wichtigen Beispielen behandelt.

In starken Salzlösungen (z. B. 1—3 M NaCl, 1—3 M LiCl, 3 M Na-acetat) präzipitiert hochmolekulare RNA (Richtwert > 10 S), während DNA und niedermolekulare RNA in Lösung bleiben. Diese Tatsache wird ausgenutzt (a) zur Isolation der 3 Nukleinsäuretypen durch Sepharose-Chromatographie in Anwesenheit von 1—4 M NaCl (s. S. 22) und (b) zur Entfernung von DNA aus RNA-Präparationen. Die RNA kann entweder gefällt werden (ca. 12 h bei 0 °C, Zentrifugation 15 min bei 12000 $\times g$; versagt allerdings in Anwesenheit großer DNA-Menge infolge erhöhter Viskosität der Lösung) oder das Nukleinsäurepräzipitat wird mit 3 M Na-acetat (pH 6) gewaschen (DNA > 20 S löst sich nur langsam). Na-acetat bringt neben DNA, viraler Doppelstrang-RNA und niedermolekularer RNA vorhandene Polysaccharide in Lösung und ersetzt das in Alkohol schlechter lösliche NaCl.

Hochmolekulare RNA und DNA (und Polysaccharide!) präzipitieren in einer Lösung aus 10% m-Kresol, 20% Na-benzoat (1 h 0 °C, Zentrifugation 15 min bei 1500 $\times g$). Der Niederschlag wird zunächst mit obiger Mischung, dann mit 75% Alkohol/2% Na-acetat gewaschen und kann danach weiter fraktioniert werden (s. o.).

Alle Präzipitationsverfahren sind nicht quantitativ. Deshalb kann eine mehrfache Wiederholung notwendig sein. Die Effektivität der Fraktionierung läßt sich am einfachsten durch Gelelektrophorese testen.

1.3.4. *Aufbewahrung*

In Puffer gelöste DNA kann nach Einfrieren in Alkohol/Trockeneis (vgl. Anmerkung 5, S. 185) oder als Alkoholpräzipitat bei —20 °C aufbewahrt werden. Beide Verfahren eignen sich jedoch nicht für sehr hochmolekulare DNA (Induktion von Doppel- und Einzelstrangbrüchen, Tendenz zu langsamer Denaturierung unter Alkohol). Diese wird in Puffer (z. B. 1 × SSC) über einem Tropfen Chloroform (oder in Anwesenheit von 1 mM Na-acid) in einer Konzentration von 0,5—0,8 mg/ml in Röhrchen mit Schraubverschlußkappen und möglichst wenig Luftraum über der Lösung aufbewahrt. Eine geringe Degradation ist allerdings auch auf diese Weise kaum zu vermeiden. Zu niedrige DNA-Konzentrationen fördern den langsamen Abbau durch geringste Nuklease-Spuren, zu hohe die Bildung von Aggregaten. Lyophilisation nach Dialyse in A. bidest. oder 25 mM Ammoniumacetat ist ebenfalls möglich.

RNA wird als Lyophilisat (bevorzugt für niedriger molekulare RNA), in Puffer (z. B. 0,15 M Na-acetat, pH 6) bei −20 °C oder — gelöst in 0,15 M Na-acetat, pH 6 — in 70% Äthanol bei 2—4 °C oder −20 °C aufbewahrt. Werden öfter kleinere Mengen benötigt, sollte die Präparation erst in mehrere entsprechende Proben abgefüllt und dann gelagert werden.

Nachtrag: Die alkoholische Präzipitation von Nukleinsäuren (z. B. Schritt 10, S. 25) wird bei Temperaturen < -70 °C wesentlich beschleunigt. Wir fällen kleinere Volumina routinemäßig in einem Alkohol-Trockeneis-Gemisch für 5—15 min (s. Maxam, A. L. und Gilbert, W., 1977, Proc. Natl. Acad. Sci. USA 74, 560—564).

Als beste Aufbewahrungsform empfindlicher DNA (z. B. CCC-Form von Plasmid-DNA, s. S. 29) oder RNA hat sich das Einfrieren kleiner Proben bei −75 °C oder in flüssigem Stickstoff bewährt.

Literatur

Alechina, R. P., Piker, E. G. und Lichtenstein, A. V. (1973): Biochimija 38, 779—784 (russ.).

Barlow, J. und Mathias, A. P. (1966): In Cantoni, G. L. und Davies, D. R. (Eds.) Procedures in nucleic acid research, S. 444—454; Harper & Row, New York.

Bellamy, A. R. und Ralph, R. K. (1968): Methods Enzymol. 12 B, 156—160.

Bramwell, M. E. (1976): In Birnie, G. D. (Ed.) Subnuclear components. Preparation and fractionation. S. 267—292; Butterworth, London—Boston.

Craig, L. (1967): Methods Enzymol. 11, 870—905.

Edelman, M. (1975): Anal. Biochem. 65, 293—297.

Ehrenberg, L., Fedorcsak, I. und Solymosy, F. (1976): Progr. nucleic acid res. mol. biol. 16, 189—262.

Hilz, H., Wiegers, U. und Adamietz, P. (1975): Eur. J. Biochem. 56, 103—108.

Kirby, K. S. (1968): Methods Enzymol. 12 B, 87—99.

Kłysik, J., Fidek, W. und Brzeziński, A. (1977): Biochim. Biophys. Acta 475, 7—13.

Lees, M. B. und Sepka, S. A. (1976): Anal. Biochem. 75, 686—688.

Noll, H. und Stutz, E. (1968): Methods Enzymol. 12 B, 129—155.

Kapitel 2

Isolierung von Desoxyribonukleinsäure

2. Isolierung von Desoxyribonukleinsäure

2.1. Einführung

Unterschiede in physiko-chemischen Eigenschaften von DNA, ihrer Lokalisation in den verschiedensten Zelltypen (und damit Art und Menge anderer Zellkomponenten, die die Extraktion der DNA beeinflussen), Lokalisation in verschiedenen Zellkompartimenten und Art und Weise der Assoziation anderer Moleküle mit der DNA finden ihren Ausdruck in einer Fülle mehr oder weniger differierender Isolationsverfahren. Neben diesen durch biologisches Objekt und zu isolierende DNA vorgegebenen Bedingungen wird die Auswahl eines für den gegebenen Fall geeigneten Verfahrens durch die Menge des zu extrahierenden Materials und die Weiterverwendung der isolierten DNA bestimmt. Da die allgemeinen Grundsätze der Isolation von Nukleinsäuren in Kapitel 1 bereits dargestellt wurden, wird hier der Versuch unternommen, die gebräuchlichsten Isolationsverfahren zu gruppieren und kurz zu erläutern. Zu einigen Methoden enthalten die experimentellen Protokolle ausführliche Angaben.

2.1.1. Die Marmur-Methode und ihre Modifikationen

Anfang der sechziger Jahre beschrieb MARMUR (1961, 1963) eine Methode zur Isolation von DNA aus Bakterien, die — vielfach abgewandelt und ergänzt — auch heute noch die am häufigsten angewandte Methode zur Isolation größerer DNA-Mengen aus Pro- und Eukaryoten ist. Wir ordnen hier im weitesten Sinne alle Methoden ein, in denen Detergenzien und Chloroform- und/oder Phenolgemische zur Dissoziation der Desoxyribonukleoprotein-Komplexe bzw. zur Denaturierung und Abtrennung der Proteine verwandt werden.

Die Zellen werden chemisch oder mechanisch aufgebrochen, Zelltrümmer und Proteine durch Denaturierung und Zentrifugation entfernt, RNA durch RNase abgebaut und die DNA mit Alkohol präzipitiert. Chelierende Agenzien und Detergenzien hemmen die Wirkung freiwerdender DNasen. Wesentliche Modifikationen der Originalvorschrift betreffen die Verwendung von „Phenol“ (s. S. 16) und Proteasen (s. S. 14) zur effektiveren Deproteinisierung und DNase-Inaktivierung.

Bei der Isolation prokaryotischer DNA können die Zellen entweder direkt durch Zugabe von SDS auf 2—3% und Inkubation bei 25—70 °C lysiert werden oder sie bedürfen einer Vorbehandlung mit Lysozym (vgl. HUGHES et al., 1971; MARMUR, 1963). Bakteriensporen können durch die Spaltung von Disulfidbrücken in den Membranproteinen mittels β-Mercaptoäthanol einer Lysozymlyse (TAKAHASHI, 1968), Hefezellen nach Einfrieren und Wiederauftauen einer SDS-Lyse (SMITH und HALVORSON, 1967) zugänglich gemacht werden. Ist chemische Lyse nicht möglich, muß der Zellaufschluß mechanisch (Zerreiben mit Aluminium- oder Glasstaub, Homogenisation, Ultraschallbehandlung, usw.; vgl. HUGHES et al., 1971) erfolgen.

DNA aus eukaryotischen Zellen kann mit prinzipiell gleichen Verfahren isoliert werden. Isolation von Zellkernen vor der DNA-Extraktion erleichtert die nachfolgende Reinigung, erhöht aber die Gefahr der Degradation durch DNase.

Wenn möglich (z. B. bei Zellkulturen, isolierten Kernen, weichen Geweben), erfolgt eine direkte Lyse des Zellmaterials. GROSS-BELLARD et al. (1973) lysierten Zellen einer Monolayer-Kultur direkt in Tris-gepufferter (pH 8) EDTA(10 mM)-SDS(0,5%)-Lösung bei 37 °C in Anwesenheit von 50 μg/ml Proteinase K. Nach „Phenol"-Extraktion (zwecks Entfernung der Proteinase), RNase-Behandlung und erneuter Proteinase K-Inkubation mit anschließender Phenolbehandlung konnte DNA mit einem Molekulargewicht von 160—190 $\times 10^6$ und frei von Einzelstrangbrüchen isoliert werden, sofern die Arbeiten soweit als möglich steril erfolgten und Scherkräfte bei der Isolation und Phasengewinnung weitgehend eliminiert wurden. Ist eine direkte Lyse nicht möglich, empfehlen BLIN und STAFFORD (1976, s. auch S. 27) Homogenisation des Gewebes in flüssigem Stickstoff. Das Verfahren ist einfach, unterbindet jegliche Nukleaseaktivität während der Homogenisation und erlaubt eine effektive Nuklease-Inaktivierung während der anschließenden Lyse.

Die Verwendung von Phenol und/oder Chloroform in einem DNA-Isolationsverfahren birgt die Gefahr des Verlustes spezifischer DNA-Fraktionen in sich. In Phenol lösen sich vorzugsweise AT-reiche Satelliten (z. B. BHORJEE et al., 1972). Chloroform-Extraktion von in Niedrigsalz-Puffer homogenisierten Fliegen und Embryonen von *Drosophila virilis* und *D. melanogaster* führt zu einer geringen Ausbeute an Satelliten-DNA. Die Ausbeute steigt mit der Erhöhung der Salzstärke (> 0,2 M) des Homogenisationspuffers, zunehmender EDTA-Konzentration und bei Verwendung von Phenol anstelle von Chloroform (RAE et al., 1976). Der Verlust von Satellitensequenzen läßt sich am ehesten durch Lyse kleiner Gewebemengen in Sarkosyl/EDTA/(Protease) und anschließende Zentrifugation in CsCl vermeiden bzw. kontrollieren (s. S. 23).

2.1.2. Chromatographische Verfahren

Obwohl chromatographische Verfahren meist zur Reinigung von Nukleinsäuren verwandt werden, können unter geeigneten Voraussetzungen durch Chromatographie von Rohlysaten hinreichend saubere DNA-Präparationen erhalten werden.

Die Isolation von DNA durch Agarose-Gelfiltration von Rohlysaten (LOEB and CHAUVEAU, 1969; SATAVA et al., 1973; PETROVIC et al., 1974; HEYN et al., 1974; LURQUIN et al., 1975) basiert (a) auf der selektiven Löslichkeit von DNA in Lösungen hoher Salzstärke (s. S. 17) und (b) auf der Wanderung der DNA im Ausschlußvolumen der Säule aufgrund des hohen Molekulargewichts. Das Verfahren eignet sich besonders für die Aufarbeitung kleiner Gewebemengen und gestattet in einigen Fällen die parallele Gewinnung verschiedener RNA-Fraktionen. Die Zellyse erfolgt üblicherweise durch SDS oder Sarkosyl (s. S. 15). Deproteinisierung des Lysates oder Proteinhydrolyse durch Phenol- oder Chloroformextraktion bzw. Inkubation mit Pronase oder Proteinase K ist vorteilhaft und für die gleichzeitige Isolation von RNA Voraussetzung. Nach Einstellung der Salzkonzentration im Lysat auf 2 M NaCl erfolgt die Chromatographie in 2 M NaCl (in 0,02 M NaCl Tris · HCl, pH 8 und — bei Raumtemperatur-Chromatographie — 0,1% SDS). DNA läuft im Ausschlußvolumen, niedermolekulare RNA und Proteine im Fraktionierungsbereich. Höhermolekulare RNA präzipitiert auf dem Gel und kann nach Erniedrigung der Salzstärke auf 0,1 M NaCl eluiert werden. Anschließende Waschung der Säule mit 0,1% SDS (pH 9) und A. bidest. entfernt kontaminierendes Material (z. B. Pigmente) und ermöglicht vielfache Benutzung der Säule (PETROVIC et al., 1974).

Die zweite Gruppe von chromatographischen Verfahren basiert auf der selektiven Bindung von DNA an eine Matrix unter definierten Bedingungen. Sie besitzen im Gegensatz zur Agarose-Gelchromatographie den Vorteil nur geringer Einschränkungen in bezug auf das Lysatvolumen, jedoch hat mit Ausnahme der Hydroxyapatit-Chromatographie (s. Abschnitt 2.2.2.) keines dieser Verfahren breite Anwendung gefunden. Poly(L-Lysin)-Kieselgur-Säulen sind erfolgreich zur separaten Isolation chromosomaler und mitochondrialer DNA aus Hefezell-Rohlysaten eingesetzt worden (BLAMIRE et al., 1972; FINKELSTEIN et al., 1972).

2.1.3. Zentrifugationsverfahren

Während Sedimentation von Rohlysaten in Saccharosegradienten nahezu ausschließlisch der analytischen Bestimmung von S-Wert-Verteilungen radioaktiv markierter DNA dient (s. Abschnitt 7.2.2.), wird die Gleichgewichtszentrifugation in Cäsiumsalz-Dichtegradienten auch zur präparativen Gewinnung von DNA und RNA (s. S. 39) aus Rohlysaten eingesetzt. Gewebe, Zellen oder isolierte Zellkerne, Mitochondrien und Chloroplasten werden entweder direkt in CsCl-Lösung homogenisiert oder — weit häufiger — zunächst mittels Sarkosyl (SDS präzipitiert, s. S. 15) und in Anwesenheit von Protease lysiert und anschließend bis zum Gleichgewicht zentrifugiert. Die hohen Salzkonzentrationen (5,6—5,8 M für CsCl) hemmen DNasen (aber nicht vollständig!) und dissoziieren die DNA von anderen Molekülen, vornehmlich Proteinen. Während der Zentrifugation werden DNA, RNA, Proteine, Lipoproteine und Polysaccharide aufgrund unterschiedlicher Dichte getrennt. Die Methode kann einerseits zur Analyse von DNA aus kleinsten Gewebemengen in der analytischen Ultrazentrifuge (z. B. GALL et al., 1971), andererseits zur Gewinnung großer Mengen hochgereinigter, fragmentierter DNA aus Kernen für Reassoziationsversuche eingesetzt werden (CHESTERTON et al., 1973; BUTTERWORTH, 1976). Homogenisation und Zentrifugation in CsCl-Lösungen geringerer Dichte (beschrieben z. B. für *Drosophila*-Embryonen von TRAVAGLINI, 1973) führen zur Sedimentation von Nukleinsäuren und Polysacchariden und erfordern eine zusätzliche Nachreinigung. Interkalation von Farbstoffen wie Äthidiumbromid verringert die Dichte der DNA (und damit die benötigte Menge an CsCl) und macht diese in langwelligem UV-Licht sichtbar, so daß die Gewinnung der DNA ohne Fraktionierung des Gradienten durch einfaches Absaugen mittels Pipette erfolgen kann. Äthidiumbromid-CsCl-Gradienten werden vorrangig zur Isolation ringförmiger DNA verwandt (s. Abschnitt 2.2.3.), doch sind sie auch bei der Isolation chromosomaler DNA eingesetzt worden (FIRTEL and BONNER, 1972). Da in CsCl-Gradienten die DNA nicht nur von anderen Komponenten abgetrennt, sondern selbst entsprechend ihres G + C-Gehaltes aufgetrennt wird (s. S. 121), besteht die Gefahr des Verlustes speziell kleiner Satellitenfraktionen beim Absaugen der DNA.

2.1.4. Präzipitationsverfahren

Unter bestimmten Bedingungen können Nukleinsäuren bzw. DNA durch Reaktion mit einem Reagens oder aus konzentrierten Salzlösungen selektiv präzipitiert werden.

Ein häufig angewandtes Verfahren zur Isolation viraler (HIRT, 1967) und plasmidaler DNA (GUERRY et al., 1973) nutzt die selektive Präzipitation hochmolekularer, chromosomaler DNA durch SDS bei 0—4 °C in 1 M NaCl-Lösungen (s. Abschnitte 2.2.3. und 2.2.4.) aus.

In konzentrierten Perchlorat-Lösungen sind nur Nukleinsäuren, nicht jedoch Proteine löslich. Proteine flotieren nach Zentrifugation von Gewebehomogenaten, die auf 5% SDS/ 5 M $NaClO_4$ gebracht wurden, während die Nukleinsäuren aus der Lösung mit 2 Vol. Alkohol ausgefällt werden können und dann nachgereinigt bzw. separiert werden müssen (Wilcockson, 1973).

Cetyltrimethylammoniumbromid (CTA, s. S. 17), ein kationisches Detergens, lysiert Zellen und präzipitiert Polyanionen aus verdünnten (< 0,3 M NaCl) Salzlösungen (Bellamy and Ralph, 1968). Basierend auf dieser Tatsache, entwickelten Naktinis et al. (1977) zwei DNA-Isolationsverfahren. In der ersten Methode wird DNA als CTA-Salz aus dem CTA-Lysat präzipitiert und anschließend durch Chloroformextraktion von Restprotein gereinigt. Die zweite Methode ist mehr Abschnitt 2.2.2. zuzuordnen, da das CTA-Lysat zwecks DNA-Isolation auf Hydroxyapatit chromatographiert wird. Mit beiden Verfahren ist hochmolekulare, saubere DNA aus Bakterien, Insekten und Säugergeweben ohne Verwendung von Enzymen isoliert worden.

2.2. Experimentelle Protokolle

2.2.1. Isolierung von DNA aus Primärwurzelspitzen der Ackerbohne Vicia faba nach einem modifizierten Marmur-Verfahren.

Spezielles Material

— 40 g Primärwurzelspitzen: Samen werden 4—5 Tage bei 24 °C und unter Belüftung angekeimt und von jeder Primärwurzel 0,5 cm abgeschnitten und in einem Alkohol-Trockeneis-Gemisch vereist.

— „Phenol“ = Phenol/m-Kresol/8-Hydroxyquinolin (90/10/0,01; v/v/w), gesättigt mit H_2O.
„Chloroform“ = Chloroform-Isoamylalkohol (24:1)

— hitzebehandelte RNase-Stammlösung 2 mg/ml (s. S. 188).

Versuchsdurchführung

(1) Die vereisten Wurzelspitzen werden in 200 ml Alkohol-Trockeneis-Gemisch gebracht und 5 × 15 sec mit jeweils 45 sec Unterbrechung im eisgekühlten Messerhomogenisator (Bühler, Tübingen) bei ca. 14000 Upm homogenisiert.

(2) Das Homogenat wird 1 h bei 4 °C aufbewahrt und der gelbliche, Pigmente enthaltende Überstand nach Zentrifugation verworfen.

(3) Der Niederschlag wird 3 × mit 1 × SSC (pH 7,2) gewaschen und unter Rühren in 100 ml NaCl/0,1 M EDTA/0,1% Triton X-100 (mit NaOH auf pH 8,0 eingestellt), gehalten bei 55 °C im Wasserbad, gegeben.

(4) Unmittelbar darauf erfolgt die Lyse durch Zugabe von 15 ml 10% SDS und Fortdauer der 55 °C-Inkubation für 30 min.

(5) Zugabe von 18 g festem NaCl auf 2 M und 30 min Schüttelung bei 4 °C im Kühllabor.

(6) Zugabe von 75 ml „Phenol“ + 75 ml „Chloroform“ und Fortsetzung des Schüttelns für weitere 30 min.

(7) Zentrifugation für 30 min bei 5000 $\times g$ in einer Kühlzentrifuge (Janetzki K23) und Abnahme der wässrigen Oberphase.
(8) Reextraktion der proteinhaltigen Mittelphase (fakultativ) mit Puffer (entsprechend Schritt 3) + 1% SDS bei Raumtemperatur und Zentrifugation bei 5000 $\times g$.
(9) Extraktion der (vereinigten) wässrigen Phasen 2× mit je 1 Vol. „Phenol"-„Chloroform"(1:1)-Gemisch und 2× mit „Chloroform" entsprechend Schritt 6+7.
(10) Zugabe von 2 Vol. 96% Äthanol (eisgekühlt auf −20 °C). Dabei fällt die DNA fibrös aus und kann aus der Lösung entfernt oder kurz abzentrifugiert werden.
(11) Aufnahme der DNA in 16 ml 0,1 × SSC und Schüttelung über Nacht bei 2—4 °C im Kühllabor.
(12) Zugabe von 2 ml 3 M NaCl und 2 ml RNase-Stammlösung und Inkubation bei 37 °C für 90 min.
(13) „Phenol"„-Chloroform"-Behandlung entsprechend Schritt 6+7, bis keine Mittelphase mehr erkennbar ist.
(14) DNA-Fällung entsprechend Schritt 10 und Wiederholung nach Aufnahme entsprechend Schritt 11 und Erhöhung der NaCl-Konzentration auf 0,3 M durch Zugabe von 2 ml 3 M NaCl.
(15) Dialyse der in 0,1 × SSC aufgenommenen DNA gegen 100 Vol. 0,1 × SSC (enthält 0,2% Chloroform) bei dreimaligem Wechsel im Kühllabor.
(16) Die DNA wird erneut Alkohol-präzipitiert und als Präzipitat in 75% Alkohol bei 2—4 °C aufbewahrt.
(17) Charakterisierung der DNA entsprechend Schritt 10, S. 28. Aus 40 g Primärwurzelspitzen werden im Durchschnitt 5—6 mg DNA isoliert. Die DNA hat ein mittleres Doppelstrang-Molekulargewicht von 2×10^7, eine Hyperchromizität in 0,1 × SSC von 36—38% und folgende spektrale Charakteristika in 0,1 × SSC: A_{260}/A_{280} = 1,85—2,00 und A_{260}/A_{230} = 2,17—2,27.

Anmerkungen

Schritt 1: Das Verfahren ermöglicht einen effektiven Gewebeaufschluß bei ausgezeichneter Kühlung.

Schritt 2: Spezielle Schwierigkeiten bei der Extraktion pflanzlichen Materials bereiten Polyphenole und — in geringerem Maße — Pigmente, die hier durch die Alkoholextraktion gleich in der ersten Stufe der Isolation entfernt werden. Mit DNA durch Alkohol präzipitierte Polyphenole lassen sich nicht mehr entfernen (Stein und Thompson, 1975).

Schritt 3: Der pH des Extraktionspuffers sollte ≧8 sein, da die meisten DNasen in leicht saurem Milieu optimal wirken.

Schritt 4: Zusatz eines proteolytischen Enzyms (s. S. 14) erleichtert die nachfolgende Deproteinisierung, verringert Nukleasewirkungen und führt meist zu einem nahezu proteinfreien Endprodukt.

Schritt 5: Anstelle von NaCl wird oft $NaClO_4$ zur Dissoziation des Desoxyribonukleoprotein-Komplexes eingesetzt (s. S. 15 und 24).

Schritt 6: Art und Weise der Schüttelung beeinflussen das Molekulargewicht des Endproduktes. Rollen des Gefäßes in horizontaler Lage ist sehr schonend (Gross-Bellard et al., 1973) und kaum weniger effektiv (Butterworth, 1976) als Schütteln oder Rühren.

Schritt 7: Bei hoher Viskosität kann die wässrige Phase abgekippt werden. Wird sie abgesaugt, ist eine Pipette mit weiter Öffnung zu empfehlen (Vermeidung von Scherkräften!).

Schritt 10: Bei sofortiger Mischung der DNA-Lösung mit dem Alkohol bildet die Nukleinsäure ein schwer lösliches Präzipitat. Wird die Lösung mit Alkohol überschichtet und durch langsames

Rühren mit einem Glasstab vermischt, wickelt sich die DNA um den Glasstab und kann leicht entfernt und mit 75% und 96% Alkohol gewaschen werden. Allerdings soll dieser Schritt zur Degradation beitragen (Butterworth, 1976).

Schritt 11: DNA löst sich wesentlich besser bei geringen als bei hohen Ionenstärken. Konzentrationen von 0,2—0,8 mg/ml sind zu bevorzugen (s. S. 18). Das Lösen kann gelegentlich weit über 24 h in Anspruch nehmen.

Schritt 12: Manche Autoren empfehlen Zusatz von T1-Ribonuklease auf 1—5 µg/ml (s. S. 68). Der RNase-Behandlung kann sich wiederum eine Protease-Behandlung (s. o.) anschließen.

Schritt 13: Da Phenol in Chloroform löslich ist, reduzieren zwei einer „Phenol"-Extraktion folgende „Chloroform"-Extraktionen erheblich die Kontamination der wässrigen Phase mit Phenol.

Schritt 14: Marmur (1963) empfiehlt die Fällung mit 0,54 Vol Isopropanol, bei der RNA und wenigstens ein Teil der Polysaccharide in Lösung bleiben. Eine erfolgreiche DNA-Fällung verlangt jedoch relativ hohe DNA-Konzentrationen.

Schritt 15: Verwendung von $ZnCl_2$-behandelten Dialyseschläuchen (s. S. 16) verkürzt die Prozedur.

2.2.2. DNA-Isolation durch Hydroxyapatit-Chromatographie von Zellysaten

2.2.2.1. Herstellung von Hydroxyapatit

(nach Miyazawa and Thomas, 1965, leicht modifiziert)

Hydroxyapatit (HAP) findet sowohl in der Nukleinsäure- als auch in der Proteinanalytik vielfältige Verwendung (z. B. Bernardi, 1971; Kohne and Britten, 1971; Kothari and Sankar, 1974). Es ist relativ einfach herzustellen, jedoch ist sorgfältigste Standardisierung Voraussetzung für reproduzierbare Resultate. Das ursprüngliche Herstellungsverfahren von Tiselius et al. (1956) ist vielfach modifiziert worden. Erwähnt seien HAP zur Separierung von DNA unterschiedlichen G+C-Gehaltes oder zirkulärer DNA nach Komplexierung mit Antibiotika oder Farbstoffen (Pakroppa and Müller, 1974) oder granuliertes HAP von hoher mechanischer Stabilität (Mazin et al., 1974).

(1) In ein 5 l Becherglas mit 400 ml Aqua dest. werden 2 l 0,5 M Na_2HPO_4 und 2 l 0,5 M $CaCl_2$ über 2 Kanäle eingepumpt (ca. 120 Tropfen/min; 27 Tropfen/ml). Dabei wird mit einem breiten Rührer so gerührt, daß sich gerade kein Bodensatz bildet.
(2) Nach Abschluß des Mischens (Dauer 7—8 h) wird der Niederschlag 4× mit je 4 l H_2O gewaschen.
(3) Zum Niederschlag in 4 l H_2O werden unter Rühren langsam 100 ml 40% NaOH zugegeben, die Suspension innerhalb 40—50 min auf 100 °C gebracht und unter Rühren (s. Schritt 1) 1 h gekocht.
(4) Waschung des Niederschlages 4× mit je 4 l H_2O, wobei nach der zweiten Waschung bereits nach 5minütigem Stehen die Flüssigkeit mittels Wasserstrahlpumpe abgesaugt wird (Entfernung feinster Partikel! Eine Selektion großer Kristalle kann durch mehrfache Wiederholung dieses Schrittes erreicht werden).
(5) Der Niederschlag von 2 parallelen Ansätzen wird in 4 l 0,01 M PB (s. S. 27) suspendiert und
 (a) bis 98 °C erhitzt,
 (b) in 4 l frischem 0,01 M PB aufgenommen und 5 min gekocht und
 (c) in 4 l 0,001 M PB aufgenommen und 15 min gekocht.

 Alle drei Schritte erfolgen unter Rühren.

(6) Aufbewahrung in 0,001 M PB bei 4 °C, evtl. mit einem Tropfen Chloroform. Entnahme mit einem Löffel, da Umrühren die Kristalle zerstört und so die Durchflußraten erniedrigt.

(7) Testung:

(a) Bindungskapazität: 2 ml fragmentierte DNA (1 mg/ml) in 0,04 M PB werden über 1 ml gepacktes HAP in eine Säule gegeben und nach Messung der Absorption bei 260 nm die pro ml HAP gebundene DNA bestimmt. Die Bindungskapazität des nach vorliegendem Protokoll hergestellten Hydroxyapatits für DNA aus Kalbsthymus liegt bei 2 mg/ml HAP.

(b) Elutionscharakteristika: Je etwa 1 A_{260}-Einheit fragmentierte, denaturierte und native DNA werden in 0,04 M PB auf eine bei 60 °C gehaltene Säule mit 1 ml HAP gebracht und mit PB steigender Molarität gespült. Absorptionsmessung des Durchlaufs ergibt Elutionsgipfel und Trennschärfe für einzelsträngige und doppelsträngige DNA.

(c) Irreversible Bindung: Fragmentierte, radioaktive, frisch denaturierte *E. coli*-DNA wird über HAP in 0,12 M PB (bzw. der für vollständige Elution einzelsträngiger DNA notwendigen PB-Molarität) bei 60 °C gegeben. Weniger als 2% der Radioaktivität sollten gebunden bleiben. Höhere Bindung kann durch Kochen des HAP in 0,14 M PB für 15—30 min oder Anwesenheit von 0,4% SDS in DNA- und PB-Lösungen reduziert werden (Kohne and Britten, 1971).

2.2.2.2. Isolation von DNA aus Larven von Chironomus

1969 beschrieben Britten et al. die Verwendung von Hydroxyapatit (HAP) zur Isolation von DNA. Die Methode basiert auf der Eigenschaft von HAP, doppelsträngige DNA viel stärker zu binden, als einzelsträngige DNA, RNA, Proteine, Kohlehydrate und niedermolekulare Substanzen. Sie ist in den folgenden Jahren vielfach angewandt und dabei in Details verändert und speziellen Erfordernissen angepaßt worden (z. B. Hell et al., 1972; Markov and Ivanov, 1974; Britten et al., 1974; Ivanov et al., 1975; Wobus, 1975) und eignet sich auch ausgezeichnet zur Reinigung von mit anderen Methoden isolierter DNA. Die Methode ist billig (Enzyme werden nicht benötigt!), schnell, eignet sich auch für kleinste Gewebemengen und liefert hohe Ausbeuten sehr sauberer DNA. Wir isolieren DNA aus Larven von *Chironomus thummi* nach folgendem Protokoll:

Spezielles Material

— Hydroxyapatit (Herstellung s. S. 26)
— Phosphatpuffer (PB, äquimolare Mischung aus NaH_2PO_4 und Na_2HPO_4, pH etwa 6,8)
— Lysispuffer: 0,24 M PB/8 M Harnstoff/1 M $NaClO_4$/0,01 M EDTA/1% SDS (Larvenvolumen eingerechnet)
— MUP: 0,24 M PB, 8 M Harnstoff
— „Phenol": Phenol/m-Kresol/8-Hydroxyquinolin (90/10/0,01; v/v/w), gesättigt mit H_2O

Versuchsdurchführung

(1) 15 g sorgfältig gewaschene, auf einer weitporigen Fritte abgesaugte Larven von *Chironomus thummi* werden in flüssigen Stickstoff geworfen und in diesem im Bühler-Homogenisator solange homogenisiert, bis sie gerade pulverisiert sind (etwa 5 sec bei 14000 Upm).

(2) Das Pulver wird langsam unter Rühren in 185 ml frisch angesetzten Lysispuffer bei 40 °C gestreut und 60 min lysiert.

(3) Zugabe von 100 ml „Phenol" und 100 ml Chloroform/Isoamylalkohol (24:1) und Extraktion in einer rollenden 500 ml-Flasche (bzw. durch Rühren oder Schütteln) für 4—8 h bei Raumtemperatur.

(4) Zentrifugation für 30 min bei 5000 Upm (Janetzki K23) und Absaugen der Oberphase. Evtl. kann eine Nachextraktion der Phenolphase mit 50 ml Lysispuffer für 30 min bei Raumtemperatur erfolgen.

(5) Die Oberphase wird durch Cellulose (ca. 1 g/5 g Larven) (Schleicher & Schüll Nr. 123) filtriert und läuft direkt in MUP-äquilibriertes HAP (ca. 1 ml gepacktes HAP/1 g Larven), das mehrfach vorsichtig umgerührt wird.

(6) Lysat und HAP werden in eine Säule gefüllt (Säulen mit Fritten verstopfen schnell!) und das HAP nach Durchlauf (ca. 50 ml/h) mit MUP gespült, bis die Absorption bei 260 nm auf Null gefallen ist (mit MUP als Referenz).

(7) Elution der DNA mit 8 M Harnstoff/0,48 M PB.

(8) Dialyse der DNA zunächst gegen 4 l H_2O bei Raumtemperatur, dann gegen H_2O bei 4 °C; anschließend Gefriertrocknung oder Alkoholfällung nach Einstellung auf 0,3 M NaCl.

(9) Weitere Reinigung über Dowex-50 (Na^+) oder — nach Zerkleinerung zu Fragmenten von 200—800 NTP Länge (s. S. 166) — durch Sephadex-SP50-Chromatographie nach BISHOP (1972). Der Sephadex-Säule ist eine kleine Chelex 100 (Bio-Rad)-Säule zur Entfernung von Metallionen (HAP-isolierte DNA enthält bis 2 mg Ca^{2+}/100 mg DNA; HELL et al., 1972) nachgeschaltet.

(10) Charakterisierung der DNA: optisches Spektrum, Schmelzkurve und Gelelektrophorese unter denaturierenden und/oder nichtdenaturierenden Bedingungen (s. Abschnitt 5). Die so isolierte DNA aus Larven von *C. thummi* hat ein Doppelstrang-Molekulargewicht von ca. 5×10^6, eine Hyperchromizität in 0,12 M PB von 40—43% und folgende spektrale Charakteristika in 0,12 M PB: $A_{260}/A_{280} = 1{,}8$ bis 1,85 und $A_{260}/A_{230} = 2{,}25—2{,}35$.

Anmerkungen

Schritt 1: Der Gewebeaufschluß kann auch erfolgen durch direkte Lyse (Zellkulturen, Zellkerne), Homogenisation in Lysispuffer, Zermörserung und/oder Homogenisierung mit Trockeneis.

Schritt 2: Lysis bei 70 °C in Lysispuffer ohne Harnstoff (Vermeidung partieller Denaturierung) führt zu stärkerer Inaktivierung von im Lysispuffer noch wirksamen DNase(n) (vorhanden z. B. in *Chironomus*-Larven) und führt zu DNA höheren Molekulargewichts ($\geqq 10^7$).

Schritt 3: In vielen Fällen führen weder Phenol noch Chloroform allein zu einem befriedigenden Resultat (MARKOV and IVANOV, 1974). Der Schritt kann jedoch bei kleinsten Gewebemengen oder Nachreinigung von DNA ganz unterbleiben. — Auf die Möglichkeit des Verlustes spezifischer DNA-Fraktionen in diesem Schritt sei hingewiesen (s. S. 15 und 16).

Schritt 5: Cellulosefiltration verhindert ein Verklumpen des HAP, speziell bei Verwendung intakter Gewebe oder Organismen als Ausgangsmaterial (MARKOV and IVANOV, 1974) und verringert erheblich die zur HAP-Spülung erforderliche Menge an MUP. Vor Gebrauch wird die Cellulose 5 min in H_2O gekocht und anschließend in der Säule mit MUP äquilibriert.

Schritt 6: Dieser Schritt ist kritisch. Gegebenenfalls muß mittels einer PB-Konzentrationsreihe in 8 M Harnstoff und DNA, RNA und Protein des gegebenen Gewebes getestet werden, ob für die verwendete HAP-Charge die PB-Molarität im MUP verändert werden muß. HAP bindet wesentlich mehr reine DNA als DNA im Lysat. Die Bindungskapazität wird ferner durch EDTA verringert (nach BRITTEN et al., 1974, maximal 180 ml Lysis-Puffer/20 ml HAP verwenden). Deshalb sollte bei erstmaliger Verwendung der Methode (oder einer neuen HAP-Charge) der Lysat-Durchlauf auf nichtgebundene DNA getestet werden (HAP-Chromatographie wiederholen).

Schritt 7: Mit 0,48 M PB/8 M Harnstoff oder 0,96 PB können auch große DNA-Fragmente eluiert werden. Vielfach wird aber nach Entfernung von Harnstoff durch Spülung mit 0,012 M PB mit 0,4—0,5 M PB eluiert.

Schritt 8: Gewinnung der DNA durch Zentrifugation des Eluats über Nacht bei 40000 Upm bei 20 °C ist möglich und besonders schonend.

Schritt 9: Dowex-Reinigung nach HELL et al. (1972): DNA in 0,05 M NaCl wird 15 min mit AG 50 W-X8, BioRad (1 g/50 mg DNA) gerührt, die Suspension in eine Säule gebracht und mit 0,05 M NaCl (3—5 ml/ml gepackter Ionenaustauscher) gewaschen. Die Ca^{2+}-freie DNA erscheint quantitativ im Eluat.

2.2.3. *Isolation plasmidaler DNA durch Agarose-Gelfiltration und CsCl-Äthidiumbromid-Dichtegradienten-Zentrifugation*

Plasmide sind extrachromosomale, nichtessentielle Erbträger mit Replikoneigenschaften. Sie liegen als doppelsträngige, zirkuläre, geschlossene, superhelikale (CCC-Form) oder einen Einzelstrangbruch enthaltende (OC-Form) DNA-Ringe vor. Ihr Molekulargewicht variiert zwischen ca. 2×10^6 und 3×10^8.

Die für die Isolation eines gegebenen Plasmids zu wählende Methode wird von den Eigenschaften des Plasmids bestimmt: Molekulargewicht, Kopienzahl pro Zelle und Verhältnis von CCC- zu OC-Form. Prinzipiell schließt jedes Verfahren Zellyse, Entfernung von Protein und RNA und Trennung von chromosomaler und plasmidaler DNA ein. Für kleine Plasmide ($M_r < 20 \times 10^6$) sind Lysemethoden vorteilhaft, die ein Abzentrifugieren eines großen Teils der chromosomalen DNA als DNA-Membran-Komplex und damit eine effektive Vorreinigung der Plasmid-DNA erlauben (‚cleared lysate'-Methode; CLEWELL und HELINSKI, 1969). Bei Plasmiden mit einem Molekulargewicht über 20×10^6 ist die Anwendung dieser Methode problematisch. Proteine und RNA können aus den Lysaten durch Enzymverdauung (s. S. 14) und durch Phenolbehandlung (s. S. 15) entfernt werden. Die DNA wird anschließend durch Alkohol (vorzugsweise Isopropanol, s. S. 26) gefällt. Amplifizierte Plasmide enthalten kurze, wahrscheinlich als ‚primer' der Replikation dienende RNA-Sequenzen und dürfen deshalb mit RNase nicht in Berührung kommen. Andere Methoden zur Entfernung von Protein und RNA sind Agarose-Gelfiltration und Gleichgewichtsdichtegradienten-Zentrifugation. Letztere ist jedoch stets mit DNA-Verlusten verbunden, da nur die CCC-Form isoliert werden kann (s. S. 124). RAMBACH und HOGNESS (1977) bringen ein durch 0,5% Brij 58 erhaltenes Lysat auf 0,25 M NaCl/10% Polyäthylenglykol (Carbowax 6000) (s. auch HUMPHREYS et al., 1975) und erhalten nach 12 h bei 4 °C im Präzipitat Plasmid-DNA in einer Anreicherung, die für Transformation und Restriktionsenzymanalyse ausreichend ist. Auch Zentrifugation von Lysaten in Saccharose-Gradienten nach preferentieller SDS-NaCl-Fällung der chromosomalen DNA nach HIRT (1967) liefert hochangereicherte Plasmid-DNA (GUERRY et al., 1973). Hydroxyapatit-Chromatographie in Anwesenheit von Äthidiumbromid (PAKROPPA et al., 1976) anstelle der entsprechenden CsCl-Zentrifugation wird bislang kaum verwandt. Alle genannten Verfahren können auch zum analytischen Nachweis von Plasmid-DNA verwandt werden, doch hat sich die Agarose-Gelelektrophorese (MEYERS et al., 1976) weitgehend durchgesetzt.

Eine weitere Möglichkeit, chromosomale und zirkuläre Plasmid-DNA voneinander zu trennen, besteht in der kurzzeitigen Alkalisierung (pH 11,5 nach Duggleby et al., 1977). Dabei denaturiert die chromosomale DNA und kann anschließend durch Absorption an Nitrocellulose abgetrennt werden. Diese Methode stellt auch eine Alternative zum ‚cleared lysate'-Verfahren (s. o.) für die Isolation großer Plasmide dar.

Im folgenden wird die Isolierung des kleinen, amplifizierbaren Plasmids pBR313 nach dem von uns benutzten Verfahren beschrieben.

Spezielles Material

— Stamm *Escherichia coli* HB 101: F, pro$^-$, leu$^-$, thi$^-$, lacy, str^R, r_K^-, m_K^-, endo I$^-$, rec A$^-$; enthält pBR 313 Amp^R, Tet^R.
— Chloramphenikol-Stammlösung 34 mg/ml Äthanol.
— Äthidiumbromid-Stammlösung 10 mg/ml in A. bidest. Aufbewahrung bei 4 °C unter Lichtabschluß. Äthidiumbromid ist wie ein Mutagen zu handhaben.

Alle Pufferlösungen sind autoklaviert, bzw. bei Gegenwart von Saccharose 20 min im Dampftopf sterilisiert.

Versuchsdurchführung

(1) Plasmidhaltige Bakterien werden in 500-ml-Rundkolben mit 250 ml Nährmedium bei 37 °C auf einer Rundschüttelmaschine angezüchtet. Aus einer Vorkultur werden die Kolben mit je 2,5 ml beimpft. Wenn die Kulturen eine optische Dichte bei 550 nm von 0,8—1,0 erreicht haben (etwa nach 6 h) wird Chloramphenikol bis zu einer Endkonzentration von 170 µg/ml zugegeben und die Kultur für weitere 10—12 h geschüttelt (Plasmidamplifikation).
(2) Die Zellen werden durch Zentrifugieren bei ca. 6000 $\times g$ geerntet, einmal mit 10 mM NaCl gewaschen und in 24 ml eiskalter 25% (w/w) Saccharose/0,05 M Tris · HCl, pH 8, suspendiert.
(3) Zugabe von 3,5 ml Lysozym-Lösung (10 mg/ml in 0,25 M Tris · HCl, pH 8) und Inkubation für 30 sec bei 37 °C.
(4) Alle weiteren Reaktionen erfolgen im Eisbad. Nach 5 min erfolgt Zugabe von 13 ml 0,25 M EDTA (pH 8), nach weiteren 5 min Zugabe von 27 ml 2% Triton X-100/0,05 M Tris · HCl, pH 8,0/0,0625 M EDTA. Dieses Gemisch verbleibt 40 min im Eisbad und wird danach 30 min bei 3500—4000 $\times g$ zentrifugiert. Im Überstand (‚cleared lysate') befinden sich Plasmid-DNA und Reste chromosomaler DNA (Thompson et al., 1974).
(5) Aus dem Überstand werden Proteine und RNA durch Chromatographie an einer Sepharose 4B (Pharmacia)-Säule (2,5 $\times$ 30 cm) in 0,05 M Tris · HCl, pH 8,0/1 M NaCl/0,0625 M EDTA abgetrennt. Jeweils 20 ml des Überstandes werden auf die Säule aufgetragen und mit einer Geschwindigkeit von 4 Tropfen/min chromatographiert. Die DNA erscheint im Ausschlußvolumen.
(6) Zu den vereinigten Ausschlußvolumina wird festes CsCl (720 mg/ml) und Äthidiumbromid (Endkonzentration 500 µg/ml) gegeben und anschließend sorgfältig gemischt. Der Brechungsindex muß zwischen 1,3890 und 1,3892 liegen.
(7) Je 4,5 ml CsCl-Lösung wird in Polyallomer-Röhrchen gefüllt, nach Austarierung mit Paraffinöl überschichtet und 48 h bei 20 °C im Beckman-Rotor Typ 50 mit 40000 Upm zentrifugiert.

(8) Nach der Zentrifugation sind im UV-Licht zwei fluoreszierende Banden erkennbar. Die untere enthält die Plasmid-DNA. Das Röhrchen wird in einer abgeschliffenen 10 ml-Glasspritze fixiert, am Boden angestochen und die DNA-haltigen Fraktionen unter UV-Licht-Kontrolle per Hand gesammelt.
(9) Das Äthidiumbromid wird durch Ausschütteln mit Isopropanol (s. Schritt 9, S. 133) entfernt und die DNA gegen 3×500 ml 0,05 M Tris · HCl, pH 8,0/0,05 M NaCl/0,5 mM EDTA bei 4 °C dialysiert.
(10) Die DNA (Konzentration 30—40 μg/ml) wird im Dialysepuffer mit einem Tropfen Chloroform bei 3 °C aufbewahrt.

Das Verfahren liefert mehr als 90% der Plasmid-DNA in der CCC-Form (getestet durch Agarose-Gelelektrophorese). Aus 1 l-Bakterienkultur können etwa 1 mg Plasmid-DNA gewonnen werden.

Anmerkungen

Schritt 3: Die angegebene Lysemethode gilt für *E. coli* HB101. Für andere Stämme sind evtl. andere Lysemethoden (s. S. 21) erforderlich. Das am universellsten anwendbare Detergens ist SDS.

Schritt 5: Diese Methode der Deproteinisierung ist sehr schonend aber zeitaufwendig und führt zu großen Volumina. Alternativen sind Phenolbehandlung oder Protease-Verdauung (vgl. Abschnitt 2.1.).

Schritt 6: Der angegebene Brechungsindex wurde empirisch ermittelt, da infolge der hohen Salzkonzentration der Lösung die theoretisch aus der Beziehung zwischen Brechungsindex und Dichte erhaltenen Werte (s. Tab. 7.1, S. 120) nicht zutreffen.

Schritt 9: Anstelle von CsCl-gesättigtem Isopropanol kann auch n-Butanol verwandt werden, das gleichzeitig zu einer Volumenverkleinerung führt (vgl. Stafford und Bieber, 1975). Eine weitere Möglichkeit ist Ionenaustauschchromatographie an Dowex 50 WX8 (Na^+) in 0,1 M Tris · HCl, pH 8/0,5 M NaCl (ca. 1 cm^3, evtl. über eine 20 cm Bio-Gel A15 m-Säule geschichtet).

2.2.4. Isolation viraler DNA nach der Hirt-Methode

Die Extraktion viraler DNA aus gereinigten Virions erfolgt in der Regel durch Anwendung von Phenol und/oder geeigneten Detergenzien, wie u. a. SDS, Sarkosyl und Triton-X 100 (Fraenkel-Conrat, 1974). Da bei zahlreichen Viren nur etwa 5—10% der in den infizierten Zellen gebildeten viralen DNA in Viruspartikel verpackt wird und zudem die Isolierung und Reinigung der Viruspartikel ziemlich aufwendig ist, hat es sich in vielen Fällen als vorteilhaft erwiesen, die virale DNA direkt aus den infizierten Zellen zu isolieren. Die Abtrennung der viralen DNA von der Wirtszell-DNA wird vor allem erleichtert durch (a) das im Vergleich zu der Wirtszell-DNA relativ kleine Molekulargewicht der viralen DNA sowie (b) die zirkuläre (superhelikale) Natur vieler Virus-DNAs.

Hirt (1967) entwickelte eine relativ einfache Methode zur Isolation von zirkulärer Virus-DNA aus infizierten Zellen, die heute eine breite Anwendung in der virologischen Forschung findet. Sie ist vielfach modifiziert worden und wird u. a. auch zur Isolation von Virus-DNA aus Virus-transformierten Zellen (Sambrook et al., 1968) verwendet. Die Bedeutung dieser Methode geht jedoch weit über den Rahmen der Virusforschung hinaus. Sie wird u. a. bei der Isolation von Plasmiden aus Bakterien (s. S. 29), sowie der Gewinnung von Mitochondrien-DNA aus verschiedenen tierischen Zellen eingesetzt.

Die Reinigung der superhelikalen (viralen) DNA erfolgt durch CsCl-Äthidiumbromid-Dichtegradienten-Zentrifugation (Radloff et al., 1967; s. S. 124).

Wir beschreiben die Isolation von DNA des *Simian* Virus 40 (SV 40) aus infizierten Affennierenzellen der permanenten Linie AGMK. SV 40 ist ein kleines Virus von 40 bis 45 nm Durchmesser mit doppelsträngiger, superhelikaler DNA (Molekularmasse $3{,}6 \times 10^6$ D).

Spezielles Material

- Lysispuffer: 0,01 M Tris · HCl, pH 7,5/0,01 M EDTA/0,6% SDS.
- PBS: 0,14 M NaCl/2,7 mM KCl/8,1 mM Na_2HPO_4/1,47 mM KH_2PO_4, pH 7,2.
- Phenol/Chloroform (1:1; v/v)
- hitzebehandelte Pankreas-RNase, Stammlösung 1 mg/ml in 0,1 × SSC (s. S. 188)
- Äthidiumbromid(EB)-Stammlösung, 5 mg/ml in A. bidest. (vgl. S. 30).

Versuchsdurchführung

(1) Affennierenzellen (z. B. permanente Zellinien wie CV-1; BSC-1; MA 134, vero) werden mit einer Multiplizität von 10^{-4} Viren infiziert und 9—12 Tage bei 37 °C inkubiert. Als Zellzuchtmedium wird Eagle-MEM mit 2% Serum (vor der Infektion 10%) verwendet. 2× wöchentlich wird das Medium gewechselt.

(2) 9—12 Tage nach der Virusinfektion wird das Zellzuchtmedium abgegossen, die Zellen 3× sorgfältig mit PBS gewaschen.

(3) Die gewaschenen Zellen werden mit Lysispuffer überschichtet (ca. 2,5 ml pro Petrischale von 10 cm Durchmesser) und 20 min bei Raumtemperatur inkubiert. Im Verlaufe der Inkubation ist jegliche Erschütterung zu vermeiden (s. Schritt 4).

(4) Das visköse Lysat wird vorsichtig in geeignete Zentrifugenröhrchen gegossen (nicht pipettieren!) und 5 M-NaCl-Lösung bis zu einer Endkonzentration von 1 M NaCl zugegeben. Infolge der hohen NaCl-Konzentration wird die Wirtszell-DNA bevorzugt präzipitiert; Pipettieren oder starkes Schütteln zerbricht die Wirtszell-DNA und erschwert die Präzipitation.

(5) Die Lösung wird mit größter Sorgfalt (das verschlossene Zentrifugenröhrchen ca. 10× umkehren) gemischt und das Gemisch über Nacht bei 4 °C inkubiert.

(6) Das Lysat wird bei 20000 $\times g$ für 30 min bei 4 °C zentrifugiert. Im Niederschlag ist der überwiegende Teil der präzipitierten, hochmolekularen Wirtszell-DNA enthalten.

(7) Die nicht visköse Oberphase, in der sich der Hauptanteil der Virus-DNA befindet, wird sorgfältig abgegossen, um Verunreinigungen mit der präzipitierten, aber nicht genügend pelletierten, viskösen Wirtszell-DNA zu vermeiden.

(8) Die Oberphase wird mit 1 Vol. Phenol für 45 min bei Raumtemperatur unter vorsichtigem Schütteln extrahiert.

(9) Zentrifugation des Gemisches bei 2000 Upm für 30 min bei Raumtemperatur.

(10) Die Oberphase wird mit 1 Vol. Phenol/Chloroform für 30 min bei Raumtemperatur extrahiert.

(11) Zentrifugation des Gemisches bei 2000 Upm für 30 min bei Raumtemperatur.

(12) Der Oberphase wird RNase bis zu einer Endkonzentration von 10 µg/ml zugesetzt und die Probe 1 h bei 37 °C inkubiert.

(13) Wiederholung der Schritte 10 und 11.

(14) Die Oberphase wird mit 1 Vol. Chloroform ausgeschüttelt und bei 2000 Upm für 5 min bei Raumtemperatur zentrifugiert.

(15) Die Oberphase wird gesammelt und die SV 40 DNA mit 2—3 Vol. eiskaltem Äthanol (96%) über Nacht bei —20 °C gefällt.
(16) Das Präzipitat wird bei 4000 Upm, 4 °C, für 30 min zentrifugiert und der Niederschlag in 0,1 × SSC gelöst.
(17) Die DNA-Konzentration des Hirt-Extraktes wird durch Absorptionsmessung bei 260 nm ermittelt ($A_{260}^{1cm} = 1{,}000 = 50\,\mu g$ DNA). Zur Zentrifugation wird die DNA-Konzentration in der Probe auf 2—3 A_{260}-Einheiten/ml eingestellt (eine eventuell notwendige Verdünnung wird mit 0,1 × SSC vorgenommen).
(18) Dem Hirt-Extrakt wird Äthidiumbromid (Endkonzentration 200 µg/ml) zugefügt und mit kristallinem CsCl ein Refraktionsindex von $n^{25} = 1{,}3875-1{,}3885$ eingestellt.
(19) Die DNA-Lösung wird in einem Ti 50-Rotor bei 100000 ×g und 20 °C für wenigstens 45 h zentrifugiert.
(20) Nach Beendigung der Zentrifugation werden die Zentrifugenröhrchen aus dem Rotor entfernt und unter langwelligem UV-Licht (≧ 300 nm) betrachtet. Wenn die Probe SV 40 DNA enthält, sind 2 prominente rote Banden im Gradienten erkennbar. Die obere Bande ($\varrho = 1{,}550$ g/cm³) enthält offen ringförmige SV 40 DNA (Typ II-DNA) und Wirtszell-DNA Bruchstücke, die untere Bande ($\varrho = 1{,}585$ g/cm³) ausschließlich superhelikale SV 40 DNA (Typ I-DNA).
(21) Die Banden werden mit einer Injektionsspritze oder einem Fraktionator aus dem Gradienten isoliert. Die Banden können in den Fraktionen auf Grund ihrer Farbintensität oder, bei markierter DNA, mittels Radioaktivitätsmessung lokalisiert werden.
(22) SV 40 Typ I-DNA (in CsCl/EB) wird mit 1 Vol. Isopropanol extrahiert. Der Farbstoff wird in der Isopropanol-Phase (obere Phase) angereichert. Die intensiv rot gefärbte Oberphase wird mit einer Pipette (oder Injektionsspritze) von der wäßrigen Phase getrennt und verworfen. Die Extraktion wird 2× wiederholt, bis das EB vollständig aus der wäßrigen Phase entfernt ist. Da die SV 40-DNA-haltige CsCl-Lösung bei der Isopropanolbehandlung einem beträchtlichen Flüssigkeitsverlust unterliegt, muß die entzogene Flüssigkeit stets durch 0,1 × SSC ersetzt werden, um bei jedem Extraktionsschritt eine saubere Phasentrennung zu garantieren. Es ist aber wichtig, darauf zu achten, daß die Salzkonzentration in der wäßrigen Phase genügend hoch bleibt.
(23) Die Unterphase (Virus-DNA) wird 24—48 h gegen 0,1 × SSC dialysiert und anschließend die DNA-Konzentration photometrisch bestimmt (s. Schritt 17).
(24) Charakterisierung der DNA: Bei neutralem pH sedimentiert SV 40 DNA Typ I mit 21 S, Typ II mit 16 S; bei alkalischem pH Typ I mit 53 S, Typ II mit 18 S und 16 S (lineare und ringförmige Einstrangkomponenten).

Anmerkungen

Schritt 1: Infektion der Zellen mit einem höheren Virustiter induziert die Synthese vorwiegend defekter Virus-DNA. Nur bei unbedingtem Einhalten der Verwendung geringer Infektionsmultiplizitäten ($<10^{-3}$) können die gewünschten kompletten Virus DNA-Moleküle isoliert werden.

Soll die Virus-DNA radioaktiv markiert werden, muß die radioaktiv markierte DNA-Vorstufe (z. B. ^{3}H-TdR; 10 µCi/ml) 14—16 Stunden nach der Virusinfektion — das ist der ungefähre Zeitpunkt des Beginns der Virus-DNA-Synthese — dem Medium zugesetzt werden.

Schritt 3: Die Inkubation bei 45 °C für 10 min führt zu gleichen Resultaten.

Schritt 4: Die Präzipitationszeit kann — bei annähernd gleichen Ergebnissen — von 5—24 Stunden variiert werden.

Schritt 7: Diesem Schritt kann u. U. eine erneute Zentrifugation der Oberphase bei 20000 × g für 30 min angeschlossen werden.

Schritt 10: Auch dieser Schritt kann wiederholt werden. Von einigen Autoren wird eine Extraktion mit 1 Vol. Chloroform/Isoamylalkohol (24:1) empfohlen.

Schritt 18: Zur Trennung von DNA-Molekülen unterschiedlicher Konfiguration haben sich auch andere interkalierende Farbstoffe, vor allem Propidiumdijodid, bewährt (vgl. S. 124).

Schritt 19: Geeignet sind je nach Menge des Rohlysats auch andere Typen von Festwinkelrotoren sowie Schwenkbecher-Rotoren (s. S. 121).

Schritt 22: Zur Farbstoffentfernung s. Anmerkung 9, S. 31.

Nachtrag: Im Zuge der schnellen Entwicklung des Methodenkomplexes „DNA-Klonierung" sind auch eine Reihe neuer Verfahren zur Isolation von Plasmid-DNA beschrieben worden, z. B. Hydroxyapatitchromatographie des ‚cleared lysate' (Colman, A., Byers, M. J., Primrose, S. B. und Lyons, A., 1978, Eur. J. Biochem. 91, 303—310) oder selektive Extraktion mit saurem Phenol (Zasloff, M., Ginder, G. D. und Felsenfeld, G., 1978, Nucleic Acids Res. 5, 1139—1152). Zur Isolation großer Plasmide steht die Methode von Hansen, J. B. und Olsen, R. H. (1978, J. Bacteriol. 135, 227—238) zur Verfügung, während T. Eckhardt (1978, Plasmid 1, 584—588) ein geeignetes Verfahren zum Nachweis von Plasmiden in einzelnen Bakterienkolonien beschreibt.

Eine neuere Übersicht zur Isolation von SV 40-DNA publizierten Khoury, G. und Lai, C.-J. (1979, Methods Enzymol. 58, 404—412).

Literatur

Bellamy, A. R. und Ralph, R. K. (1968): Methods Enzymol. 12 B, 156—160.

Bernardi, G. (1971): Methods Enzymol. 21, 95—139.

Bhorjee, J., Janion, C. und Laskowski, M. Sen. (1972): Biochim. Biophys. Acta 262, 11—17.

Bishop, J. O. (1972): Biochem. J. 126, 171—185.

Blamire, J., Finkelstein, D. B. und Marmur, J. (1972): Biochemistry 11, 4848—4853.

Blin, N. und Stafford, D. W. (1976): Nucleic Acids Res. 3, 2303—2308.

Britten, R. J., Pavich, M. und Smith, J. (1969): Carnegie Institution Yearbook 68, 400—402.

Britten, R. J., Graham, D. E. und Neufeld, B. R. (1974): Methods Enzymol. 29 E, 363—405.

Butterworth, P. H. W. (1976): In Birnie, G. (Ed.) Subnuclear components, S. 295—323; Butterworth Press, London.

Chesterton, C. J., Coupar, B. E. H. und Butterworth, P. H. W. (1973): Anal. Biochem. 53, 28—34.

Clewell, D. B. und Helinski, D. R. (1969): Proc. Nat. Acad. Sci. USA 62, 1159—1166.

Duggleby, C. J., Bayley, S. L., Worsey, M. J., Williams, P. A. und Broda, P. (1977): J. Bacteriol. 130, 1274—1280.

Finkelstein, D. B., Blamire, J. und Marmur, J. (1972): Biochemistry 11, 4853—4858.

Firtel, R. A. und Bonner, J. (1972): J. Mol. Biol. 66, 339—361.

Fraenkel-Conrat, H. (1974): Chemie und Biologie der Viren. G. Fischer-Verlag, Stuttgart.

Gall, J. G., Cohen, E. H. und Polan, M. L. (1971): Chromosoma 33, 319—344.

Gross-Bellard, M., Oudet, P. und Chambon, P. (1973): Eur. J. Biochem. 36, 32—38.

Guerry, P., LeBlanc, D. J. und Falkow, S. (1973): J. Bacteriol. 116, 1064—1066.

Hell, A., Birnie, G. D., Slimming, T. K. und Paul, J. (1972): Anal. Biochem. 48, 369—377.

Heyn, R. F., Hermans, A. K. und Schilperoort, R. A. (1974): Plant Sci. Letters 2, 73—78.

Hirt, B. (1967): J. Mol. Biol. 26, 365—369.

Hughes, D. E., Wimpenny, J. W. T. und Lloyd, D. (1971): Methods Microbiol. 5 B, 1—54.

HUMPHREYS, G. O., WILLSHAW, G. A. und ANDERSON, E. S. (1975): Biochim. Biophys. Acta 383, 457—463.
IVANOV, I. G., VENKOV, P. V. und MARKOV, G. G. (1975): Prep. Biochem. 5, 219—228.
KOHNE, D. E. und BRITTEN, R. J. (1971): In Cantoni, G. L. und Davis, D. R. (Eds.) Procedures in Nucleic Acid Research, Vol. 2, S. 500—512; Harper und Row, New York.
KOTHARI, R. M. und SANKAR, V. (1974): J. Chromatog. 98, 449—475.
LOEB, J. E. und CHAUVEAU, J. (1969): Biochim. Biophys. Acta 182, 225—234.
LURQUIN, P. F., THSITENGE, G., DELANOIT, G. und LEDOUX, L. (1975): Anal. Biochem. 65, 1—10.
MARKOV, G. G. und IVANOV, I. G. (1974): Anal. Biochem. 59, 555—563.
MARMUR, J. (1961): J. Mol. Biol. 3, 208—218.
MARMUR, J. (1963): Methods Enzymol. 6, 726—738.
MEYERS, J. A., SANCHEZ, O., ELWELL, L. P. und FALKOW, S. (1976): J. Bacteriol. 127, 1529—1537.
MAZIN, A. L., SULIMOVA, G. E. und VANYUSHIN, B. F. (1974): Anal. Biochem. 61, 62—71.
MIYAZAWA, Y. und THOMAS, C. A., Jr. (1965): J. Mol. Biol. 11, 223—237.
NAKTINIS, V. J., MALEEVA, N. E., SANKO, D. F. und MIRZABEKOV, A. D. (1977): Biochimija 42, 1783—1790 (russ.).
PAKROPPA, W., GOEBEL, W. und MÜLLER, W. (1975): Anal. Biochem. 67, 372—383.
PAKROPPA, W. und MÜLLER, W. (1974): Proc. Nat. Acad. Sci. USA 71, 699—703.
PETROVIC, S. L., PETROVIC, J. S., MARKOVIC, R. A. und KNEZEVICS, Z. A. (1974): Prep. Biochem. 4, 509—522.
RADLOFF, R., BAUER, W. und VINOGRAD, J. (1967): Proc. Nat. Acad. Sci. USA 57, 1514—1523.
RAE, P. M. M., BARNETT, T. R. und BABITT, D. G. (1976): Biochim. Biophys. Acta 432, 154—160.
RAMBACH, A. und HOGNESS, D. S. (1977): Proc. Nat. Acad. Sci. USA 74, 5041—5045.
SAMBROOK, J., WESTPHAL, H., SRINIVASAN, P. R. und DULBECCO, R. (1968): Proc. Nat. Acad. Sci. USA 60, 1288—1295.
ŠATAVA, J., ZADRAŽIL, S. und ŠORMOVA, Z. (1973): Coll. Czech. Chem. Comm. 38, 2167—2173.
SMITH, D. und HALVORSON, A. O. (1967): Methods Enzymol. 12 A, 538—541.
STAFFORD, D. W. und BIEBER, D. (1975): Biochim. Biophys. Acta 378, 18—21.
STEIN, D. B. und THOMPSON, W. F. (1975): Carnegie Inst. Year Book 74, 786—789.
TAKAHASHI, I. (1968): Methods Enzymol. 12 B, 99—100.
THOMPSON, R., HUGHES, S. G. und BRODA, P. (1974): Mol. Gen. Genetics 133, 141—149.
TISELIUS, A., HJERTÉN, S. und LEVIN, O. (1956): Arch. Biochem. Biophys. 65, 132—155.
TRAVAGLINI, E. C. (1973): Methods Cell Biol. 7, 105—127.
WILCOCKSON, J. (1973): Biochem. J. 135, 559—561.
WOBUS, U. (1975): Eur. J. Biochem. 59, 287—293.

Kapitel 3

Isolierung von Ribonukleinsäure (E. Serfling)

3. Isolierung von Ribonukleinsäure

3.1. Einführung

Die Ribonukleinsäuremoleküle einer Zelle unterscheiden sich in vielfältiger Weise voneinander. Hervorgehoben werden sollen (a) ihr differenziertes Vorkommen in der Zelle, (b) ihre unterschiedliche Umsatzrate, (c) ihre voneinander abweichende Primär-, Sekundär- und Tertiärstruktur sowie nicht zuletzt (d) ihr unterschiedliches Molekulargewicht. Es ist deshalb unmöglich, alle RNA-Moleküle einer Zelle sowohl in quantitativer als auch in qualitativer Hinsicht mittels einer universellen Isolierungsmethode befriedigend darzustellen. Aus diesem Grunde wird der Experimentator stets vor der Wahl stehen, die geeignetste Methode zu suchen, um die entsprechende(n) RNA(s) optimal extrahieren zu können. Die folgenden experimentellen Hinweise sollen ihm bei dieser Wahl helfen.

3.1.1. Gesamt-RNA

Der prinzipiell gleiche Aufbau aller Nukleinsäuren bedingt, daß eine entsprechende Abwandlung der im vorangegangenen Abschnitt 2.1. für die Isolierung von DNA beschriebenen Zentrifugations-, Präzipitations- und chromatographischen Verfahren auch zur Isolierung von RNA benutzt werden können. Die drei genannten Methodengruppen sollen nur kurz gestreift werden, da das experimentelle Vorgehen aus den in den Kapiteln 1 und 2 gegebenen Informationen leicht abgeleitet und speziellen Gegebenheiten angepaßt werden kann.

Chromatographie von Zellysaten an Sepharose 2B oder 4B (vgl. Abschnitt 2.1.2.) wird vornehmlich zur Isolation hochmolekularer RNA eingesetzt (Sepharose 2B schließt Polynukleotide $> 2 \times 10^6$ D aus), liefert aber auch ribosomale und niedermolekulare RNA. Bei Chromatographie in Niedrigsalz-Puffer muß eine DNase-Behandlung der Gesamt-Nukleinsäure vorausgehen. Wir haben die Methode erfolgreich zur Isolation hochmolekularer mRNA aus Speicheldrüsen von *Chironomus* eingesetzt (Huth, Wobus und Serfling, unveröffentlicht). Holmes und Bonner (1973) isolierten auf diese Weise hochmolekulare HnRNA aus Rattenleberzellen und Greene et al. (1975) Fibroin-mRNA (47 S) aus den Spinndrüsen von *Bombyx*. Wird in 2 M NaCl chromatographiert, kann hochmolekulare RNA nach DNA und niedermolekularer RNA durch Erniedrigung der Salzstärke eluiert werden (Petrovic et al., 1974; s. S. 22).

Die unterschiedlichen Dichten von DNA und RNA in CsCl können auch zur Isolation von RNA aus Zellysaten benutzt werden. Glisin et al. (1974) homogenisieren Zellen in 3—10 Vol. 0,1 M Tris · HCl, pH 8/4% (w/v) Sarkosyl im Eisbad, fügen dem Homogenat 1 g/ml CsCl hinzu, schichten diese Lösung über 1,2 ml 5,7 M ($\varrho = 1{,}7070$ g/cm^3) CsCl in 0,1 M EDTA, schichten über das Homogenat 0,25 ml Sarkosyl-Puffer (s. o.) und zentrifugieren im Beckman-Rotor SW 50 L für 12 h bei 35000 Upm und 25 °C. Die DNA bildet eine Bande an der Oberfläche des 5,7 M CsCl-Kissens. während die RNA sedimentiert und in Puffer aufgenommen wird. Durch Salzstärke und Zentrifugalkräfte gebildete Aggregate können durch Erhitzen der RNA (30 sec bei 60 °C) in 0,12 M NaCl/0,02 M Tris · HCl, pH 7,5/0,5% SDS aufgelöst werden. Dieses Verfahren scheint der Phenolextraktion in Hinblick auf Einfachheit des methodischen Vorgehens, Zeitaufwand, Ausbeute, Intaktheit und biologische Aktivität der RNA überlegen zu sein.

Präzipitationsverfahren zur Isolierung von RNA sind in den Kapiteln 1 und 2 mehrfach erwähnt worden. Ein für die Isolation von intakter RNA aus RNase-reichen Geweben (z. B. Pankreas) empfohlenes Verfahren beruht auf der selektiven Präzipitation der RNA durch Guanidin · HCl, ein Salz, das RNasen stark inaktiviert. Harding et al. (1977) homogenisieren 1 g Pankreas in 20 ml 5,7 M Guanidin · HCl/1% DEP/0,1 M K-acetat, pH 5, und präzipitieren die RNA nach Zugabe von 0,5 Vol. 96% Äthanol in einem Salz-Eisbad (1 h bei −20 °C). Nach Zentrifugation für 10 min bei 4000 $\times g$ wird der Niederschlag bei 20 °C in 5,7 M Guanidin · HCl/25 mM EDTA, pH 7, gelöst und durch Zugabe von 0,5 ml 2 M K-acetat, pH 5,5, und 5 ml Äthanol wie oben gefällt. Der Vorgang wird wiederholt, das Präzipitat in 5 ml 20 mM EDTA, pH 7, gelöst, mit 10 ml Wasser-gesättigtem $CHCl_3$: 1-Butanol (4 : 1, v/v) geschüttelt, die nach 10 min Zentrifugation bei 4000 $\times g$ erhaltene organische Phase zweimal mit je 3 ml 20 mM EDTA reextrahiert, und die RNA aus den vereinigten wäßrigen Phasen durch Zugabe von 2 Vol. 4,5 M K-acetat, pH 6, bei −20 °C über Nacht präzipitiert. Die durch Zentrifugation pelletierte RNA wird schließlich in A. bidest. gelöst, auf 0,2 M K-acetat, pH 5, gebracht und mit 2 Vol. Alkohol ausgefällt.

3.1.2. Ribosomale RNA

Ribosomale RNA, mit etwa 80% die Hauptmasse zellulärer RNA ausmachend, kann prinzipiell durch zwei unterschiedliche Aufbereitungsverfahren gewonnen werden:

— durch Ribosomenisolierung und nachfolgende RNA-Extraktion,
  oder
— durch Extraktion zellulärer RNA (ohne vorhergehende Fraktionierung von Zellbestandteilen) mit anschließender Fraktionierung der RNA-Präparation.

Hier soll kurz auf das erste Verfahren eingegangen werden. Ein experimentelles Protokoll der Methode ist in Abschnitt 3.2.3. angegeben. Zur zweiten Methode siehe Abschnitt 3.2.1.

Ribosomen sind aus zwei Untereinheiten von ca. 40 S und 60 S (Ratten) aufgebaute und aus einer Vielzahl von Proteinen (ca. 70 bei Rattenleberribosomen) bestehende cytoplasmatische RNP-Partikel, die die biologische Synthese von Polypeptiden katalysieren. Zur Ribosomenisolierung werden die Zellen zunächst durch Homogenisierung (z. B. mittels eines Potter-Elvehjem Homogenisators) aufgeschlossen und die Zellkerne sowie die unaufgeschlossenen Zellen und zellulären Bestandteile niedertourig (bei etwa 7000 $\times g$) abzentrifugiert. Um die Aggregation niedermolekularer Bestandteile zu verhindern, sollte dem Homogenisierungsmedium Saccharose (0,25 M) zugesetzt werden. Das Extraktionsmedium muß des weiteren einen geeigneten Puffer (z. B. Tris-, Na-acetat-, oder Hepes-Puffer) entsprechender Ionenstärke enthalten, der auftretende pH-Schwankungen kompensiert. Zusätze von RNase-Inhibitoren (wie Macaloid, Bentonit oder Heparin) und EDTA verhindern den RNA-Abbau bzw. die Aggregation von Ribosomen und RNA, die zu deutlichen RNA-Verlusten führen. Nach Entfernung der Kernfraktion werden die Mitochondrien (bei 8000 $\times g$) und schließlich die Mikrosomen (bei 100000 $\times g$) sedimentiert. Die Mikrosomenfraktion besteht im wesentlichen aus Polysomen und membranösen Teilen des endoplasmatischen Retikulums. Durch Desoxycholat- (1%) oder Trition X-100- (1%) Behandlung werden Polysomen von den Membranen gelöst. Polysomen können z. B. durch milde RNase-Behandlung (2 µg/ml) oder durch Scherkräfte in Ribosomen und diese durch EDTA- (20 mM) Behandlung in ihre Untereinheiten zerlegt werden.

Ribosomale RNA wird im allgemeinen durch SDS(1%)-Behandlung der Ribosomen, die in Proteine und RNA dissoziieren, freigesetzt (s. Abschn. 3.2.3.). Eine alternative Methode ist die Extraktion ribosomaler RNA aus Ribosomen durch Verdauung der Proteine mit Proteinase K.

Eukaryotische Ribosomen enthalten neben den hochmolekularen 28 S- und 18 S-rRNAs (s. Abb. 5.4), die in der 60 S bzw. 40 S Untereinheit vorkommen, niedermolekulare RNA-Fraktionen von 5,8 S und 5 S, die beide Bestandteil der 60 S- Untereinheit sind. Die beiden hochmolekularen RNA-Fraktionen können durch Saccharose-Gradientenzentrifugation (s. Abschnitt 7.2.1.) und Elektrophorese an Polyacrylamid- oder Agarose-Gelen gut voneinander und von den niedermolekularen RNAs getrennt werden. 5 S-RNA kann an hochprozentigen (≧ 7%) Polyacrylamidgelen (Abb. 5.4) und durch Gelfiltration an Sephadex G 100 (-G 200)-Säulen von 4 S-transfer-RNA getrennt werden. Die 5,8 S- RNA ist über Wasserstoffbrücken an die 28 S-rRNA gebunden, so daß die RNA-Präparation zur Darstellung der 5,8 S- RNA vor oder während der gelelektrophoretischen Trennung durch Hitze-, Harnstoff- oder Formamidbehandlung partiell denaturiert werden muß.

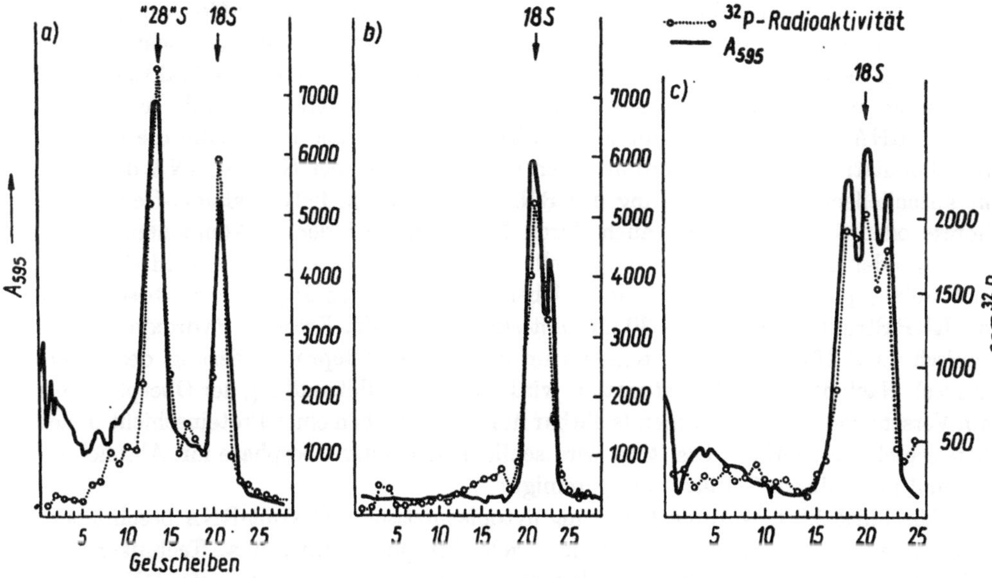

Abb. 3.1. Gelelektrophoretische Analyse von zytoplasmatischer RNA aus Larven von *Chironomus thummi*. ^{32}P-markierte RNA wurde entsprechend Abschnitt 3.2.1. (jedoch ohne Macaloid im Extraktionspuffer) isoliert und ohne (a) bzw. nach Erhitzung für 5 min bei 50°C (b, c) für 1,5 h an einem 2,4%- (a, b) bzw. für 3 h an einem 3,6% (c)-PAA-Gel aufgetrennt. o-----o ^{32}P-Radioaktivität, —— Absorption bei 595 nm. Aus SERFLING (1976).

Die hochmolekulare 28 S-rRNA niederer Eukaryoten (z. B. von Insekten, Mollusken und Protozoen) besteht aus zwei nahezu gleich großen Molekülen von 18 S, die durch Wasserstoffbrückenbindungen zusammengehalten werden (s. Abb. 3.1). Extraktion ribosomaler RNA bei Temperaturen über 50 °C, sowie Fraktionierung der rRNA unter denaturierenden Bedingungen führt demzufolge zur vollständigen Dissoziation der 28 S-rRNA in 18 S Moleküle. Ähnlich empfindlich ist die 23 S-rRNA aus Plastiden, die bei Extraktion in EDTA-haltigen Puffern (z. B. von 10 mM EDTA) infolge Mg^{++}-Entzugs in Moleküle von 18 S ($0{,}7 \times 10^6$ D) und 13 S ($0{,}4 \times 10^6$ D) zerfällt.

Hochmolekulare rRNA-Fraktionen neigen zur Komplexbildung. Extraktion ribosomaler RNA aus Pilzen bei 40—60 °C oder Suspendierung von Insekten-RNA in Mg^{++}-Puffer und Fraktionierung in Mg^{++}-haltigen Polyacrylamidgelen führt zur Bildung hochmolekularer rRNA-Aggregate, die zwei (und mehr) Moleküle 18 S- und 28 S-rRNA enthalten.

Präkursormoleküle ribosomaler RNA (z. B. 45 S- und 32 S-Moleküle im Falle von Säugerzellen) können ohne Verwendung radioaktiver Markierung nur nach vorhergehender Nukleolen-Isolierung dargestellt werden. Zur Nukleolen-Isolierung sei auf die Übersichten von Busch und Smetana (1970), Muramatsu (1970) und Loening und Baker (1976) verwiesen. Nukleoli geeigneter Objekte (z. B. von Polytänchromosomen) können relativ einfach nach Fixation des Gewebes durch Mikromanipulation in nichtwäßrigem Medium (Alkohol-Glycerin) isoliert und die (radioaktiv markierten) prä-rRNA-Fraktionen frei von anderen Kern-RNA-Fraktionen extrahiert werden (s. S. 44).

3.1.3. Transfer-RNA

Etwa 15% der Gesamt-RNA einer Zelle werden von transfer RNA-Molekülen repräsentiert. Diese bestehen aus 75—85 Nukleotiden und besitzen ein durchschnittliches Molekulargewicht von ca. 25000. Infolge ihres von vielen zellulären RNA-Fraktionen abweichenden niederen Molekulargewichts können transfer RNA-Moleküle leicht von anderen RNA-Molekülen getrennt werden. Wie die ribosomale RNA kann die transfer RNA-Population einer Zelle sowohl durch die Extraktion der Gesamt-RNA der Zelle mit anschließender Fraktionierung der RNA (z. B. mittels Polyacrylamid-Gelelektrophorese oder Gelfiltration) als auch durch Fraktionierung der Zellkomponenten und nachfolgender RNA-Extraktion dargestellt werden. Im letzteren Falle wird der nach der 105000 $\times g$ Zentrifugation erhaltene Überstand auf 0,5% SDS gebracht (Dissoziation von RNP-Strukturen) und 15—30 min mit einem Phenol/m-Kresol/8-Hydroxychinolin-Gemisch (s. S. 16) bei Zimmertemperatur geschüttelt (Deproteinisierung des Überstandes). Nach 6000 $\times g$-Zentrifugation wird die Phenol-Behandlung der Oberphase bis zum Verschwinden von Proteinen (sichtbar durch Ausbleiben einer Proteinschicht in der Mittelschicht) wiederholt. Die RNA wird schließlich aus der Oberphase mit Alkohol gefällt und (z. B. durch Gelfiltration) gereinigt.

In Abschnitt 3.2.1. wird die Isolierung cytoplasmatischer Gesamt-RNA beschrieben. Unter Verwendung chromatographischer, gelelektrophoretischer u. a. Techniken, die in den Abschnitten 5 und 7 im Detail beschrieben werden, kann die transfer RNA leicht aus cytoplasmatischer Gesamt-RNA gewonnen werden.

Entsprechend der Aminosäurezahl sollten in einer Zelle mindestens 20 verschiedene transfer-RNA-Moleküle existieren. Diese Zahl erhöht sich durch die Degeneration des genetischen Kodes auf ca. 60, doch dürften in einem Zelltyp in den meisten Fällen weit weniger tRNA-Species (nach Crick, 1962, jedoch mindestens 32) vorkommen. In der

Vergangenheit sind eine Reihe experimenteller Techniken entwickelt worden, die die Fraktionierung der tRNA-Population gestatten (s. LETHAM, 1973; GODDARD, 1977). Genannt seien hier nur die Gegenstromverteilung (‚counter current distribution'), die umgekehrte Phasenverteilungschromatographie (‚reversed-phase partition chromatography'), sowie Techniken zur chemischen Modifikation acylierter und nichtacylierter tRNAs. Zweidimensionale Elektrophorese an Polyacrylamid-Gelen unter (partiell) denaturierenden Bedingungen gestattet heute die Trennung und, in Verbindung mit Acylierung und Sequenzstudien, die Identifizierung aller tRNA-Spezies einer Zelle (GAREL et al., 1977).

3.1.4. Kern-RNA

Kern-RNA besteht im wesentlichen aus Vorstufen (Präkursoren) von ribosomaler und transfer-RNA, sowie aus heterogener Kern-RNA (HnRNA), die wiederum Vorstufen von messenger-RNA enthält. Ferner sind eine Reihe niedermolekularer Kern-RNA-Fraktionen beschrieben worden, deren Herkunft und funktionelle Bedeutung nur teilweise bekannt sind (vgl. BUSCH et al., 1971). In diesem Abschnitt soll im wesentlichen auf die Isolierung heterogener Kern-RNA eingegangen werden. Die Isolierung von prä-ribosomaler RNA ist bereits kurz beschrieben worden (s. Kap. 3.1.2.), für die Extraktion von prä-transfer RNA sind nur für Prokaryoten wenige detaillierte Angaben publiziert, auf die hier nicht eingegangen wird.

HnRNA kann nach mehreren, sehr unterschiedlichen Methoden extrahiert werden. Diese lassen sich grundsätzlich in zwei Arbeitsverfahren gliedern:

a) Isolierung von Zellkernen und anschließende RNA-Extraktion
und
b) Stufenweise Extraktion zellulärer RNA mittels Phenol und schrittweise Temperaturerhöhung (siehe experimentelles Protokoll 3.2.2.).

In den meisten Fällen ist es zur Darstellung heterogener Kern-RNA vorteilhaft, die Kern-RNA radioaktiv zu markieren und zunächst die schnellmarkierende RNA, die zum großen Teil aus HnRNA-Molekülen besteht, zu extrahieren. Allerdings umfaßt die schnellmarkierende HnRNA nur einen Teil der chromosomalen (prä-m) RNA des Kerns, so daß zur Detailcharakterisierung der HnRNA-Synthese die Benutzung unterschiedlich langer Markierungszeiten methodische Voraussetzung ist. Für Säuger-Gewebekulturzellen erwies es sich als günstig, die Synthese nukleolärer RNA mittels geringer Actinomycin D-Dosen (0,05—0,08 μg/ml) selektiv zu hemmen, um die Synthese heterogener Kern-RNA (die erst durch 5 μg/ml Actinomycin D gestoppt wird) unabhängig von der nukleolären RNA untersuchen zu können (PERRY and KELLY, 1968).

Die Isolierung von Zellkernen ist eine in vielen Laboratorien benutzte Methode, die je nach Objekt und Gewebe technische Variationen (Zellaufschluß, Puffer- und z. T. Detergentienwahl) bedingt. Als nahezu klassische Isolationsmethode gilt heute die von CHAUVEAU (CHAUVEAU et al., 1956) entwickelte Homogenisation von (Rattenleber-) Zellen in hypotonischer Saccharose-Lösung. Dazu werden Rattenlebern in 20 Vol. einer 2,2 M Saccharose-Lösung, die 3,3 mM $CaCl_2$ oder 10 mM $MgCl_2$ enthält, homogenisiert und anschließend in der gleichen Lösung bei 40000 $\times g$ eine Stunde zentrifugiert. Zum schonenden Gewebsaufschluß haben sich dabei besonders die Harvard-Presse (ein mit 1 mm-Löchern und gegendrückendem Stempel versehenes Sieb) und der Potter-

Elvehjem-Homogenisator bewährt. Die hochkonzentrierte Saccharose-Lösung besitzt durch ihre hohe Dichte (2,2 M Saccharose entsprechen $\varrho = 1{,}28$ g/cm³) die Fähigkeit, Zellkerne (die durch ihre Dichte von $\varrho = 1{,}4$ g/cm³ sedimentieren) von anderem Zellmaterial sowie ganzen Zellen ($\varrho = 1{,}1-1{,}25$ g/cm³) im Zentrifugalfeld zu trennen. Inzwischen sind mehrere Modifikationen, z. B. von Blobel und Potter (1967), beschrieben worden, die die Homogenisierung der Zellen in geringer konzentrierten Saccharose-Lösungen (z. B. 0,25 M) empfehlen. Reinheit und Ausbeute der mit diesen Techniken erhaltenen Zellkerne (die Ausbeute beträgt ca. 70%) unterscheiden sich jedoch nur unwesentlich von der der Originalmethode (s. z. B. Muramatsu, 1970, und Smuckler et al., 1976).

Besondere Schwierigkeiten bereitet die Aufbereitung von Tumor-Zellkernen, z. B. aus Ehrlich Aszites- und Novikoff Hepatoma-Zellen. Geeignete Methoden, die auf der Benutzung von Zitronensäure oder Saccharose basieren, sind insbesondere von Busch und Mitarbeitern entwickelt bzw. modifiziert und von Muramatsu (1970) zusammenfassend dargestellt worden.

Alle bisher genannten Techniken sind Methoden zur Massenisolierung von Zellkernen in wäßrigen Lösungen. Sie bringen die Gefahr der Kernverunreinigung durch Cytoplasma-Bestandteile einerseits sowie andererseits die des Verlustes von Kern-Substanzen (wie z. B. von DNA-Polymerase und, im Falle der Zitronensäure-Technik, von Histonen) mit sich. Bei jeder Kernaufbereitung sollte deshalb die Qualität der erhaltenen Kerne zumindest lichtmikroskopisch (nach Färbung mit Azur C oder Toluidinblau) geprüft werden. Besser ist die elektronenoptische Untersuchung der Kerne, da hierbei noch geringe Reste des den Kernmembranen anhaftenden endoplasmatischen Retikulums erkannt werden können. Als biochemische Reinheitskriterien der Kernpräparation kann das Fehlen nativer 28 S-rRNA ($M_r = 1{,}7-1{,}75 \times 10^6$ für Säugerzellen), sowie das von Cytochromoxidase, Glutamat- und Succinatdehydrogenase (die alle mitochondriale Enzyme sind) benutzt werden.

Ein weiterer Nachteil der Isolierung von Kernen in wäßrigen Lösungen besteht in der Zerstörung von Kernkompartimenten und nachfolgenden Vermischung der Kernsubstanzen. Die Isolierung von Kernen im nichtwäßrigen Milieu ist zur Massenisolierung von Zellkernen nur selten verwendet worden (s. Muramatsu, 1970), hat jedoch bei der Präparation von Kern-RNA polytäner Gewebe (z. B. aus Dipteren-Speicheldrüsen), die Riesenchromosomen besitzen, Bedeutung erlangt (s. Lambert und Daneholt 1975).

Zur Isolierung von Kernen und Kernkomponenten (so z. B. von Nukleoli, Chromosomen und Nukleoplasma) aus Speicheldrüsen werden diese nach ^{3}H-Uridinmarkierung in Alkohol/Eisessig (3:1) und 70%igem Alkohol fixiert, in Glycerin/Alkohol (1:1) gebracht und deren Zellen mit Hilfe der Glasnadeln eines Mikromanipulators abgetrennt. Anschließend wird das Cytoplasma der Zellen (das bei sorgfältiger Präparation noch in mehrere Zonen zerlegt werden kann) vorsichtig von den Kernen entfernt, die bei entsprechendem methodischen Geschick des Experimentators ohne anhaftendes Cytoplasma erhalten werden können. Zur Isolierung nukleolärer RNA bzw. der RNA einzelner Puffs (z. B. von Balbiani-Ringen) werden dann die entsprechenden Chromosomen von anhaftendem Kernplasma befreit und die Balbiani-Ringe (oder Nukleoli) abgetrennt und in Paraffinöl gesammelt. Schließlich werden die gesammelten (50—150) Balbiani-Ringe in einen Tropfen Pronase-SDS Lösung (die die Chromatinstrukturen dissoziiert und somit die RNA freisetzt) lysiert und die RNA elektrophoretisch getrennt.

Eine effektive Methode zur Extraktion von Kern-RNA aus isolierten Zellkernen stellt die von Scherrer und Darnell (1962) entwickelte und in der Zwischenzeit mehrfach modifizierte heiße Phenol-SDS Methode dar. Nach dieser Methode werden isolierte Kerne bei 65 °C in Na-acetat (0,1 M, pH 5,1) oder neutralem Tris-Puffer 5 bis 10 min. mittels SDS (0,3%) lysiert und anschließend bei Zimmertemperatur mit einem Phenol/m-Kresol/8-Hydroxychinolin-Gemisch und Chloroform deproteinisiert. Um die bei der hohen Temperatur auftretende Bildung von RNA-Aggregaten zu vermeiden, sollte der Kernaufschluß in sehr verdünnten Puffer-Kern-Suspensionen (100:1) erfolgen. Die Behandlung der Nukleinsäurepräparation mit Proteinase K (und nicht mit Pronase, die ca. 100 mal mehr RNase als erstere enthält) entfernt kontaminierende Proteinreste, die oft in Präparationen nukleärer RNA anzutreffen sind. DNase-Behandlung der Kern-Lysate entfernt die DNA einerseits und setzt andererseits die Chromatin-gebundene HnRNA frei, kann jedoch auch (falls die DNase-Präparation nicht extrem RNase-frei ist, s. S. 153) zur Degradation hochmolekularer RNA führen. Zusätze von RNase-Inhibitoren (s. Abschnitt 1.1.) sollten bei der Aufbereitung besonders RNase-empfindlicher (hochmolekularer) RNA Verwendung finden, können jedoch auch (z. B. durch Aggregatbildung im Falle von Bentonit) die RNA-Ausbeute erheblich herabsetzen. Die Benutzung höherer Temperaturen (bis 80 °C) zur Kern-Lysis und Deproteinisierung führt zu einer effektiveren RNA-Extraktion, birgt jedoch die Gefahr des Thermoabbaus der RNA in sich.

Zur Verwendung von Kern-RNA-Präparationen für Hybridisations- und andere Experimente ist in den meisten Fällen eine weitere Reinigung der RNA notwendig. Entsprechende Methoden werden im folgenden Abschnitt beschrieben.

Detaillierte Angaben zur Isolierung von Zellkernen und Kern-RNA sind in den Übersichten von Bramwell (1976), Brawerman (1973), Muramatsu (1970, 1973) und Naora (1973) zusammengestellt.

3.1.5. Reinigung von RNA

Mittels Phenol (und anderer deproteinisierender Substanzen) extrahierte RNA-Präparationen sind vielfach durch niedermolekulare Verbindungen (wie Nukleotide, Phenol, SDS etc.), Polysaccharide, Lipide u. a. Stoffe verunreinigt. Für viele Experimente, wie z. B. gelelektrophoretische Trennungen, braucht die RNA nach der Alkohol-Präzipitation nicht weiter gereinigt zu werden. Phenol kann vor der Fällung leicht durch zweimaliges Ausschütteln mit Äther entfernt werden. Zu empfehlen sind in jedem Falle mehrmalige Alkoholpräzipitationen aus SDS (1%)-Lösungen in Anwesenheit von NaCl (0,1 M), K-acetat (0,1 M) oder LiCl (0,6 M) bei −20 °C über Nacht. Waschen mit Macaloid-Puffer (1 mg/ml) entfernt noch Spuren von RNasen. Polysaccharide können durch Präzipitation mit Cetyltrimethylammoniumbromid (CTA) oder Ausschütteln mit 2-Methoxyäthanol entfernt werden (s. Poulson, 1973 und Abschnitt 1.3.2.).

Zur Entfernung niedermolekularer Verbindungen aus RNA-Präparationen haben sich besonders Dialyse (s. Abschn. 1.3.1.), Gelfiltration und Ionenaustausch-Chromatographie bewährt. Bei radioaktiver Markierung der RNA können damit nicht-inkorporierte Präkursoren, die, wie im Falle von ^{32}P, Radioaktivitätsmessungen verzerren, entfernt werden.

Zur Gelfiltration zu reinigender RNA wird man am günstigsten auf Sephadex G 50 (bzw. Epidex B 5) zurückgreifen, das im Trennpuffer bei Zimmertemperatur vorgequollen bzw. -gekocht wird (zu Details der Gelfiltrations-Methodik siehe z. B. Fischer, 1969, und Perry, 1962). Die Gelsuspension wird in eine Glassäule (z. B. von 30 cm

× 2 cm) oder in eine Pasteur-Pipette eingebracht und mit dem Trennpuffer equilibriert (möglichst bei 4 °C im Kälteraum). Wichtig ist eine scharfe Auftrennfläche am Säulenbeginn, die durch eine Filterpapierscheibe stabilisiert werden kann. 2 ml der zu reinigenden RNA (1 mg/ml) werden auf die 30 × 2 cm-Säule aufgetragen, und, nach dem Eindringen der Flüssigkeit, durch Anschließen eines den Trennpuffer enthaltenden Vorratsgefäßes (sog. Mariotte-Flasche) chromatographiert. Der Säulenausfluß wird mittels eines Durchflußphotometers bei ca. 260 nm gemessen und mit einem Fraktions-Sammler gesammelt. Der auf den Gelsäulen lastende Flüssigkeitsdruck und die daraus resultierende Fließgeschwindigkeit spielen zur Reinigung an G 50 (und G 25)-Sephadex-Säulen keine besondere Rolle, sind jedoch bei Trennungen an weniger vernetzten Gelen (G 75—G 200) zur Optimierung der Fraktionierung genau zu beachten. Bei erfolgreicher Gelfiltration werden die RNA-Präparationen in zwei Fraktionen getrennt. Die erste, mit dem Ausschlußvolumen wandernde, enthält die RNA, die zweite freie Nukleotide, Phenol usw.

In gleicher Weise können RNA-Präparationen durch Anionenaustausch-Chromatographie an Dowex 1X8 (Chlorid- oder Formiat-Form, 200—400 ‚mesh') gereinigt werden (s. Petrovic und Petrovic, 1966). Die Dowex-Suspension in 15 mM NaCl wird in eine mit Glaswolle gestopfte Pasteur-Pipette gefüllt, mit mehreren Volumen 15 mM NaCl gewaschen, die RNA in 15 mM NaCl (1—30 ml; nicht mehr als 15 mg/ml gepacktes Harz) mit einer Durchflußrate von 0,2—1 ml/min über die Säule gegeben und mit einem Bettvolumen nachgewaschen (vgl. Anmerkung 9, S. 29). Alle anionischen Verunreinigungen, wie etwa SDS und Phenol, bleiben an das Harz gebunden.

Beiden Methoden gemeinsam ist der Verlust von RNA durch feste Bindung an die Dextran- bzw. Harz-Partikeln der Sephadex- bzw. Dowex-Säulen. Bei Experimenten im Makromaßstab spielt das kaum eine Rolle, gewinnt jedoch an Bedeutung bei Experimenten im Mikromaßstab. Deshalb sollten für Reinigungen von kleinsten RNA-Mengen sehr kleine Säulen benutzt werden, die vor dem Versuch mittels unmarkierter transfer RNA „gesättigt" werden.

3.2. Experimentelle Protokolle

3.2.1. Extraktion cytoplasmatischer RNA (kalte Phenol-Methode)

Im folgenden wird eine RNA-Extraktionsmethode beschrieben, die erfolgreich zur Extraktion cytoplasmatischer RNA (rRNA, 5S-RNA, 4S-RNA) aus Ratten- und Mäuselebern, *Drosophila*- und *Chironomus*-Larven sowie Spinat- und Pelargonium-Blättern benutzt wurde (Serfling et al., 1972).

Spezielles Material

- „Phenol": Phenol/m-Kresol/8-Hydroxychinolin (100:11:0,01; v/v/w), mit Extraktions-Puffer gesättigt. Phenol und m-Kresol wurden unter Vakuum destilliert.
- Chloroform/Isoamylalkohol (24:1)
- Extraktionspuffer: 0,1 M Na-acetat, pH 5,0/0,1 M NaCl/0,1% SDS/4 µg/ml Polyvinylsulfat/1 mg/ml Macaloid (Inerto Co., San Francisco, USA)

Versuchsdurchführung

(1) 1 g *Chironomus*-Larven werden gründlich in A. dest. gewaschen, auf Filterpapier getrocknet und in einem Mörser mit Trockeneis 30 min eingefroren.

(2) Zermahlen der Larven im Mörser mit Trockeneis.
(3) Das Larvenpulver (ohne Trockeneisreste!) wird in 10 ml eines 1:1-Gemisches aus „Phenol" und Extraktionspuffer mittels eines vorgekühlten Spatels gebracht und 20—30 min bei 4 °C gerührt (oder geschüttelt).
(4) Zentrifugation der Suspension in einer Janetzki K 23-Zentrifuge 10 min bei ca. 5500 Upm.
(5) Die Oberphase wird vorsichtig abgehoben, mit einem gleichen Volumen „Phenol" versetzt und noch 2mal je 20 min gerührt.
(6) Nach der letzten Zentrifugation Zugabe eines gleichen Volumens Chloroform/Isoamylalkohol und 30 min Rühren bei 4 °C.
(7) Zentrifugation, Abheben der Oberphase und Präzipitation der RNA mit 3 Vol. Äthanol über Nacht bei —20 °C.

Auswertung

Die präzipitierte RNA enthält zu geringem Anteil (1—3%) DNA, die durch DNase-Verdauung (5—20 µg/ml, 10—30 min bei 0 °C oder 37 °C, in 0,01 M Tris, pH 7,2, 2,5 mM Mg^{++}) und nachfolgende „Phenol"-Behandlung (Denaturierung der DNase!) entfernt werden kann. Empfehlenswert ist die weitere Reinigung der RNA-Präparation durch mehrmaliges Fällen mit Alkohol und Sephadex-Gelfiltration (s. Abschn. 3.1.5.). Ungereinigte RNA kann jedoch schon mit gutem Erfolg elektrophoretisch an Polyacrylamid-Gelen (s. Abb. 5.4) oder Agarose-Gelen fraktioniert werden.

Anmerkungen

Schritte 1 und 2: Besonders bei RNA-Extraktionen aus RNase-reichem Gewebe ist das Einfrieren des Materials in flüssigem Stickstoff zu empfehlen. Andererseits kann man auch durch Homogenisieren des Gewebes in einem eisgekühlten Gemisch des Extraktionspuffers mit „Phenol" (oder nur durch Homogenisierung in einem gekühlten, RNase-Inhibitoren enthaltenden Puffer) gute Erfolge erzielen.

Schritt 3: zu Eigenschaften des „Phenol"-Gemisches s. Abschn. 1.2. Extraktionspuffer mit saurem pH und NaCl-Konzentrationen > 0,01 M begünstigen die Extraktion von nicht-Messenger-RNA, da poly(A)-haltige RNA und HnRNA präferentiell bei alkalischem pH (pH 8,5—9,5) extrahiert werden. Polyvinylsulfat und Macaloid wirken als RNase-Inhibitoren (s. Abschn. 1.1.), ebenso SDS, das zudem RNP-Partikel dissoziiert. Zugabe größerer Mengen SDS begünstigt die Extraktion von DNA und Kern-RNA (s. auch Abschn. 3.2.2.). In Abwesenheit von SDS wird weniger bzw. z. T. abgebaute RNA extrahiert.

Schritt 5: Die nach der Zentrifugation sichtbare Interphase enthält neben Proteinen und DNA in angereicherter Form Kern-RNA und Messenger-RNA. Durch Reextraktion der Interphase bei 4 °C mit Detergenzien (z. B. SDS) enthaltenden Puffern können beide RNA-Klassen partiell extrahiert werden (s. Abschn. 3.2.2.).

3.2.2. Extraktion von Kern-RNA mittels Phenol und schrittweiser Temperaturerhöhung (heiße Phenol-Methode)

Die schrittweise Extraktion von Kern-RNA mittels Phenol bei sukzessiver Temperaturerhöhung besitzt gegenüber der Extraktion von Kern-RNA aus isolierten Zellkernen (s. Abschn. 3.1.4.) mehrere Vorteile. Neben Kern-RNA können mit dieser Methode gleichzeitig cytoplasmatische (rRNA, 5S-RNA, tRNA) und nukleoläre RNA von gutem Reinheitsgrad (d. h. ohne Verunreinigung anderer RNA-Fraktionen) extrahiert und für weitere Experimente benutzt werden. Bei entsprechender Modifizierung ist die Technik zur Extraktion nukleärer RNA vieler Gewebe geeignet und erlaubt die Reindarstellung chromosomaler HnRNA ohne kontaminierende Anteile nukleolärer RNA. Nachteile der Methode sind die Bildung stabiler RNA-Aggregate während der ersten Aufbereitungsschritte (die bei 0 °C erfolgen) und der Abbau hochmolekularer HnRNA-Moleküle, der während der für die Extraktion chromosomaler HnRNA erfolgenden Extraktion bei 85 °C vor sich geht. Durch die Benutzung von Detergenzien (SDS etc.) und den Einsatz von Enzymen (z. B. von Proteinase K und DNase) kann die HnRNA schon bei niedrigeren Temperaturen isoliert und somit deren Abbau weitgehend vermieden werden.

Die Methode wurde im Labor von Georgiev (Georgiev und Mantieva 1960, 1962) entwickelt und ist in der Folgezeit mehrfach modifiziert worden. Eine besonders detaillierte methodische Darstellung des Extraktionsverfahrens wurde von Markov und Arion (1973) publiziert, die mit Hilfe dieser Methode (radioaktiv markierte und unmarkierte) Kern-RNA aus Säugerzellen isolierten und durch Agar-Gelelektrophorese charakterisierten (s. Abb. 3.2.).

Spezielles Material

- Phenol (frisch destilliert), 0,1% 8-Hydroxychinolin, mit 0,14 M NaCl-Lösung gesättigt und auf pH 6,2 mit NaOH (nicht mit KOH!) eingestellt.
- 10% (w/v) SDS-Lösung.

Versuchsdurchführung

(1) Die Lebern (ca. 20 g) von 4 Ratten (oder ca. 20 g Mäuseleber) werden in eiskalter 0,14 M NaCl-Lösung gespült und von anhaftendem Gewebe befreit.

(2) Homogenisierung der Lebern in 100 ml 0,14 M NaCl-Lösung mit Hilfe eines Glas-Teflon-Homogenisators bei 0 °C.

(3) Hinzufügen von 100 ml NaCl-Lösung und Filtration der Suspension durch ein feinporiges Perlonsieb oder mehrere Schichten Cellulose-Mull.

(4) Zugabe eines gleichen Vol. Phenol/8-Hydroxychinolin und Schütteln (oder langsames Rühren) bei 4 °C für 15 min.

(5) Zentrifugation der Suspension bei 5000 Upm (ca. $5000 \times g$) für 15 min in einer Janetzki K23-Kühlzentrifuge.

(6) Vorsichtiges Entfernen der Oberphase, die noch 3mal mit Phenol/8-Hydroxychinolin nach Zugabe von SDS auf 1% deproteinisiert wird. Die RNA der Oberphase stellt die sog. 0 °C- oder cytoplasmatische RNA dar, die im wesentlichen rRNA, 5S-RNA und tRNA enthält (vgl. Abb. 3.2a).

(7) Die Interphase, die die „phenolisierten Kerne" (‚phenolic nuclei') enthält, wird in 10 Vol. 0,14 M NaCl suspendiert und mit einem gleichen Vol. Phenol/8-Hydroxychinolin 15 min bei 4 °C geschüttelt. Nach Zentrifugation wird die Oberphase (die neben tRNA und rRNA z. T. nukleoläre Präkursormoleküle ribosomaler RNA enthält, vgl. Abb. 3.2b) abgehoben und, wie unter (6) beschrieben, weiterbehandelt (oder verworfen).

(8) Suspension der Interphase in 3 Vol. 0,14 M NaCl und Schütteln mit dem gleichen Vol. Phenol/8-Hydroxychinolin 15 min bei 45 °C (z. B. im Wasserbad). Nach schnellem Kühlen auf 4 °C wird die Suspension zentrifugiert und die Oberphase (wie

unter 6. beschrieben) deproteinisiert. Bei diesem Schritt wird neben Resten cytoplasmatischer ribosomaler RNA im wesentlichen nukleoläre prä-rRNA (von 32 S und 45 S im Falle von Säugerzellen) extrahiert (vgl. Abb. 3.2c).

(9) Der unter (8) beschriebene Extraktionsschritt wird bei 55 °C wiederholt. Dabei werden im wesentlichen Reste nukleolärer prä-rRNA extrahiert (vgl. Abb. 3.2d).

(10) Die nach der 55 °C-Behandlung und anschließenden Zentrifugation erhaltene Interphase wird mit einem gleichen Vol. eines 1:1-Gemisches von 0,14 M NaCl und Phenol/8-Hydroxychinolin versetzt und 5 min bei 0—4 °C durch Schütteln gewaschen.

(11) Nach Zentrifugation wird die Oberphase verworfen und die Interphase mit einem gleichen Vol. 0,14 M NaCl/0,5% SDS versetzt und 1 min in einem Eisbad geschüttelt. Durch Hinzufügen eines gleichen Vol. Phenol/8-Hydroxychinolin wird das Gemisch anschließend 15 min bei 85 °C deproteinisiert. Die Suspension wird im Eisbad gekühlt, zentrifugiert und die entstehende Oberphase, wie bei (6) beschrieben, weiterbehandelt. Durch die 85 °C-Extraktion wird im wesentlichen heterogene Kern-RNA (HnRNA, auch als D-RNA oder ndRNA bezeichnet) freigesetzt (vgl. Abb. 3.2e).

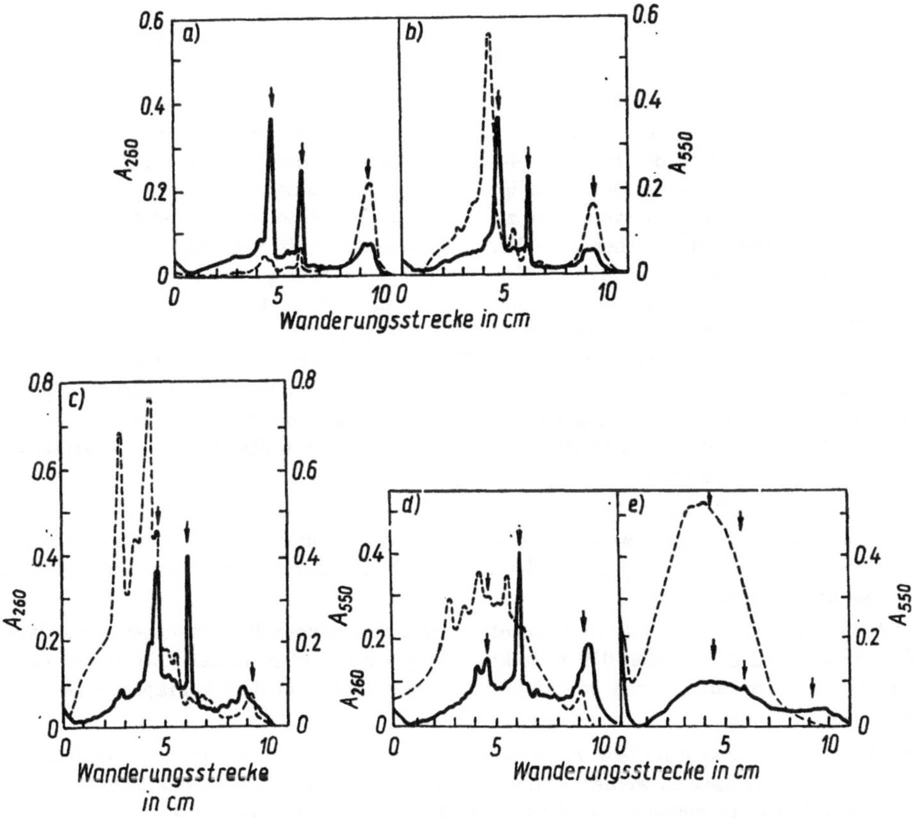

Abb. 3.2. Agar-Gelelektrophoretische Analyse von ^{32}P-markierter RNA aus Rattenleber, extrahiert mittels Phenol und schrittweiser Temperaturerhöhung. Aus Markov und Arion (1973). (a) 0°-RNA, (b) RNA der 0°-Waschung, (c) 40°-RNA, (d) 55°-RNA, (e) 85°-RNA. ----- ^{32}P-Radioaktivität, gemessen als Absorption der Autoradiogramm-Schwärzungen bei 550 nm, ——— Absorption bei 260 nm. Die Pfeile markieren die Positionen von 28 S-, 18 S- und 4 S-RNA.

Auswertung

Alle erhaltenen RNA-Fraktionen enthalten Phenol und andere Verunreinigungen (wie z. B. Proteine und Polysaccharide), die mittels der in Abschn. 3.1.5. beschriebenen Verfahren entfernt werden können. Die vor allem bei den 40°–85°C-Extraktionen freiwerdende DNA kann durch DNase-Behandlung (s. S. 47) entfernt werden. Der RNA-Gehalt wird spektrophotometrisch bestimmt und die RNA eingefroren oder in 70%igem Alkohol bei −20°C oder −80°C aufbewahrt (s. Abschn. 1.3.4.).

Anmerkungen

Als ein generelles Schema (das trotzdem nicht für alle Gewebstypen geeignet zu sein braucht) der zu benutzenden Extraktionstemperaturen kann gelten: 0°C (2fache Extraktion), 40°C, 55°C (gefolgt von einem Waschschritt bei 0–4°C), (63°C) und 85°C. Als verkürzte Prozedur empfehlen Markov und Arion (1973): 0°C (2×), 45°C (nukleoläre RNA), 55°C (Waschen und Verwerfen der RNA, gefolgt von Waschen bei 0–4°C) und 85°C. SDS sollte nur beim letzten Schritt benutzt werden, andererseits erfolgt die Extraktion der einzelnen RNA-Fraktionen schon bei niedrigen Temperaturen.

Als optimale Extraktionszeit erwiesen sich 15 min. Kürzere Extraktionen führen z. B. nicht zur vollständigen Extraktion nukleolärer RNA bei 40°C und 55°C, als dessen Folge die Präparation heterogener Kern-RNA (der 85°C-RNA) mit nukleolärer RNA kontaminiert wird.

Schritt 2: Der pH der Extraktionslösung sollte in jedem Falle bei 6,0–6,2 liegen. Durch die Benutzung von Puffern (wie Acetat- und Tris-Puffern) können auftretende pH-Unterschiede kompensiert werden. Während der Homogenisierung des Gewebes dürfen Zellkerne nicht zerstört werden. Aus diesem Grunde ist es notwendig, ein für den jeweils notwendigen Gewebsaufschluß notwendiges Homogenisierungsverfahren zu erproben. Morphologische (lichtmikroskopische Kontrolle der Kerne) und biochemische Merkmale (wie das Auftreten nukleolärer 32S-RNA in der 0°C-RNA Präparation) sollten als Kriterien dafür herangezogen werden. Die Extraktion in 0,14 M NaCl-Lösung kann bei Geweben mit hohen RNase-Konzentrationen zum RNA-Abbau führen. Zusätze von RNase-Inhibitoren (oder direkte Homogenisation im 0,14 M NaCl/Phenol-Gemisch) sollten das verhindern. Andererseits dürfen Detergentien (neben SDS Tween 80, Na-desoxycholat etc.) beim Gewebsaufschluß nicht verwandt werden, da diese zur Zerstörung der Kernmembran und zu partieller Extraktion von Kern-RNA während der Isolierung cytoplasmatischer RNA führen. Auf die Gefahr der RNA-Aggregatbildung (s. o.) bei der 0–4°C-Extraktion ist bereits hingewiesen worden.

Schritt 4: Anstelle von Phenol/8-Hydroxychinolin ist in der Original-Methode Phenol (Georgiev und Mantieva, 1962) benutzt worden. Zu empfehlen ist auch hier das Phenol/m-Kresol/8-Hydroxychinolin-Gemisch (s. S. 16), doch scheint durch die effektivere Extraktion mehr DNA in die Präparation zu gelangen.

Schritt 7: Für viele weiterführende Experimente werden die geringen Beimengungen nukleolärer RNA, die während der zweiten 0°C-Extraktion freigesetzt werden, in der Präparation cytoplasmatischer RNA kaum stören, so daß in den meisten Fällen beide 0°C-Präparationen vereinigt werden können.

Schritte 8 und 9: Die nukleoläre bzw. nukleoplasmatische prä-rRNA, die durch die Extraktionen bei 40°C und 55°C freigesetzt werden, sind mit nativer rRNA bzw. nukleoplasmatischer HnRNA verunreinigt. Für Untersuchungen zu Synthese und Struktur nukleolärer RNA sollte aus diesem Grunde die Extraktion nukleolärer RNA aus isolierten Nukleoli bevorzugt werden.

Schritt 11: Der Extraktion bei 85°C kann eine Extraktion bei 63°C vorausgehen. Dabei wird bereits HnRNA isoliert. Die bei 85°C extrahierte HnRNA besitzt eine größere Molekularmasse ($2-4 \times 10^6$ D) als die bei 63°C isolierte RNA ($0,5-2 \times 10^6$ D). Beide RNA-Präparationen ergeben nach gelelektrophoretischer Trennung heterogene Verteilungsmuster (s. Markov und

ARION, 1973), die auf eine partielle Degradation der HnRNA schließen lassen. Für Untersuchungen zur Molekulargewichts- und Längenbestimmung von HnRNA-Molekülen sollte deshalb die Präparation von HnRNA aus isolierten Zellkernen (bei niedrigeren Temperaturen) bevorzugt werden. Die mit der hier vorgestellten Methode erhaltene HnRNA ist besonders für RNA-DNA Hybridisierungen geeignet (s. Abschn. 9.2.5.), da die erhaltenen Präparationen kaum Proteine und, mit Ausnahme von DNA, keine anderen kontaminierenden Verbindungen enthalten.

3.2.3. Isolierung von RNA aus Polysomen

Die hier vorgestellte Methode wurde zur Extraktion polysomaler RNA aus *Chironomus*-Speicheldrüsen benutzt (s. DANEHOLT et al. 1977; SERFLING und HUTH, 1978). Dazu wird die RNA mit ^{3}H-Uridin und ^{3}H-Cytidin radioaktiv markiert, wie angegeben extrahiert und an Agarose-Gelen (s. Abschn. 5.2.2.) elektrophoretisch fraktioniert. Die schonende Aufbereitungsmethode gestattet neben der Extraktion ribosomaler RNA auch die Darstellung hochmolekularer mRNA-Fraktionen (wie z. B. von Balbiani-Ring-RNA), die, die Reinheit der Protease (Proteinase K oder Pronase B) vorausgesetzt, während der Extraktion kaum abgebaut werden. Obwohl nicht getestet, sollte die Methode auch zur Extraktion polysomaler RNA (zumindest im Mikro- oder Halbmikro-Maßstab) anderer, direkt lysierbarer Gewebe und Zellen geeignet sein.

Spezielles Material

- Polysomen-Extraktionspuffer (PEP): 0,02 M Triäthanolamin-HCl, pH 7,6/0,1 M KCl/3 mM $MgCl_2$/0,75% Tween 80/0,75% Na-desoxycholat/0,1% Mercaptoäthanol.
- 15 und 30% (w/v) Saccharose in 0,02 M Triäthanolamin · HCl, pH 7,6/0,1 M KCl/0,3 mM $MgCl_2$/0,1% DEP; wird vor Gebrauch im Dampftopf sterilisiert.
- Lysispuffer: 0,02 M Tris · HCl, pH 7,2/1% SDS/0,2 mg/ml Proteinase K (oder Pronase B, Calbiochem).
- „Phenol": Phenol/m-Kresol/8-Hydroxychinolin (100:11:0,01; v/v/w), gesättigt mit Lysispuffer ohne Protease.

Versuchsdurchführung

(1) 10—15 *Chironomus*-Speicheldrüsen (ca. 5—10 mg Feuchtgewicht) werden nach Waschen in Präpariermedium (z. B. Ringer- oder Cannon-Medium) in 400 µl gekühlte (2—4 °C) PEP-Lösung gebracht und mittels Präpariernadeln zerteilt.
(2) 15 min Lysis der Speicheldrüsen-Fragmente bei 2—4 °C unter gelegentlichem „Umrühren" des Zellmaterials.
(3) Vorsichtiges Absaugen der lysierten Flüssigkeit mit einer weiten Pipette und Auftragen auf einen linearen 5 ml 15—60% (w/v) Saccharose-Gradienten.
(4) 30 min Zentrifugation im Beckman SW 65 Rotor bei 40000 Upm.
(5) Austropfen des Gradienten in ca. 40 5 ml Reagens-Gläschen. Von jeder Fraktion (oder von denen eines Parallel-Gradienten) werden Proben abgenommen, auf NC-Filterscheiben getropft und mit je 5 ml 5% TCE, Alkohol und Alkohol/Äther (1:1) gewaschen. Die Filter werden anschließend mit 1 ml 0,25 N HCl 1 h bei 65 °C behandelt und in 10 ml PT 12-Szintillator (s. S. 95) gemessen.
(6) Der Gradient wird entsprechend dem Polysomenprofil geteilt (hier in 3 Fraktionen) und die RNA durch Zugabe eines gleichen Volumens Lysispuffer durch 10 min Lysis bei Zimmertemperatur freigesetzt.

(7) 2—5 min vorsichtiges Schütteln mit einer gleichen Menge „Phenol“ und 10 min Zentrifugation bei 5000—6000 $\times g$ in einer Janetzki K23-Kühlzentrifuge.
(8) Nach Abheben der Ober(RNA)-Phase und Zugabe von ca. 50 µl unmarkierter Träger-RNA (z. B. von Rattenleber- oder *Chironomus*-RNA) wird die RNA aus der Oberphase mittels Alkohol bei —20 °C über Nacht gefällt und anschließend (z. B. durch Gel-Elektrophorese) weiter charakterisiert.

Anmerkungen

Auf ähnliche Art und Weise kann durch schonende Gewebelysis (radioaktiv markierte) cytoplasmatische Gesamt-RNA extrahiert werden. Dabei werden Speicheldrüsen (oder Gewebekulturzellen) 10—15 min in einer Lösung von 0,02 M Tris · HCl, pH 7,2/0,5% Sarkosyl NL-97 (Ciba-Geigy, Schweiz) (oder 0,5% SDS)/1 mg/ml Pronase B bei 2—4°C lysiert (Daneholt et al., 1977), das Lysat kurz mit 1 Vol. „Phenol“ deproteinisiert und die RNA aus der Oberphase (nach Zugabe unmarkierter Träger-RNA) gefällt.

Schritt 1: Anstelle von Triäthanolamin-Puffer kann auch, wenn die extrahierten Polysomen nicht elektronenoptisch untersucht werden, Tris-Puffer verwendet werden. Die Verwendung nichtionischer (Tween-80) und ionischer Detergentien (Na-desoxycholat) sowie von β-Merkaptoäthanol führt zu einem guten Zellaufschluß und bringt Proteinkomplexe (z. B. die im Speicheldrüsenlumen befindlichen Sekretproteine) in Lösung. Die gewählten Ionenbedingungen (0,1 M KCl, 3 mM $MgCl_2$) stabilisieren die zu isolierenden Polysomen.

Schritt 2: Die Lysis der Zellen ist zur Darstellung großer Polysomen jeglicher Homogenisierung vorzuziehen. Wichtig ist ein optimales Verhältnis zwischen Gewebsmaterial und Lysispuffer-Menge einerseits sowie, im Falle des Vorliegens größerer Gewebsstücke (wie sie die Speicheldrüsen darstellen), eine Vorzerkleinerung des Materials andererseits.

Schritt 3 und 4: Die Benutzung zu enger Pipetten (< 1—2 mm im Durchmesser) kann zum Abbau großer Polysomen führen. — Der gewählte Gradient ist optimal zur Darstellung großer Polysomen von ca. 500—1500 S. Zur Analyse kleinerer Polysomen müssen entsprechende, aus niedrig-prozentigeren Saccharose-Lösungen hergestellte Gradienten (z. B. 10—30%) benutzt und die Zentrifugationsbedingungen entsprechend (in Zeit und Geschwindigkeit) optimiert werden (vgl. Noll, 1969).

Schritt 5: Zum Gradient-Austropfen sind mehrere Verfahren möglich, die im Detail in Abschn. 7.1.1.3. beschrieben werden.

Schritt 6: Zur Isolierung ribosomaler RNA werden die 80 S (Monosomen)- und 30 S-Fraktionen vereinigt. Um die bei bestimmten Experimenten störende mRNA aus den Präparationen ribosomaler RNA zu entfernen, sollte die RNA über oligo(dT)-Cellulose- oder poly(U)-Sepharose-Säulen gegeben werden (s. Abschn. 4.2.). Anstelle von SDS und Proteinase K können auch Sarkosyl und Pronase B (s. aber S. 14) benutzt werden.

Schritt 7: Dieser Schritt kann bei sehr guter Lysis des Materials weggelassen werden.

Schritt 8: Auf die Zugabe von Träger-RNA kann bei der Präparation von RNA aus RNA-reichen Geweben verzichtet werden. In diesem Falle ist Zentrifugation des Alkoholpräzipitats in der Ultrazentrifuge (1—2 h bei 25—30000 Upm) zu empfehlen.

Literatur

Blobel, G. und Potter, V. R. (1967): J. Mol. Biol. 28, 539—542.
Bramwell, M. E. (1976): In Birnie, G. D. (Ed.) Subnuclear components. Preparation and Fractionation, S. 267—292; Butterworth, London—Boston.
Brawerman, G. (1973): Methods Cell. Biol. 7, 1—22.

Busch, H. und Smetana, K. (1970): The Nucleolus. Academic Press, New York—London.

Busch, H., Ro-Choi, T. S., Prestayko, A. W., Shibata, H., Crooke, S. T., El-Khatib, S. M., Choi, Y. C. und Mauritzen, C. M. (1971): Perspectives Biol. Medicine 15, 117—139.

Chauveau, J., Moule, Y. und Rouiller, C. (1956): Exptl. Cell Res. 11, 317—321.

Crick, F. H. C. (1962): J. Mol. Biol. 19, 548—555.

Daneholt, B., Andersson, K. und Fagerlind, M. (1977): J. Cell Biol. 73, 149—160.

Fischer, L. (1969): In Work, T. S. und Work, E. (Eds.) Laboratory Techniques in Biochemistry and Molecular Biology, Vol. 1, Part II; North-Holland Publ. Comp., Amsterdam—London.

Garel, P.-P., Garber, R. L. und Siddiqui, M. A. Q. (1977): Biochemistry 16, 3618—3624.

Georgiev, G. P. und Mantieva, V. L. (1960): Biokhimiya 25, 143—150 (russ.).

Georgiev, G. P. und Mantieva, V. L. (1962): Biochim. Biophys. Acta 61, 153—155.

Glisin, V., Crkvenjakov, R. und Byus, C. (1974): Biochemistry 13, 2633—2637.

Goddard, J. P. (1977): Progr. Biophys. Molec. Biol. 32, 233—308.

Greene, A., Morgan, M., Shatkin, A. J. und Gage, L. P. (1975): J. biol. Chem. 250, 5114—5121.

Harding, J. D., MacDonald, R. J., Przybyla, A. E., Chirgwin, J. M., Pictet, R. L. und Rutter, W. J. (1977) J. Biol. Chem. 252, 7391—7397.

Holmes, D. S. und Bonner, J. (1973): Biochemistry 12, 2330—2338.

Lambert, B. und Daneholt, B. (1975): Methods Cell Biol. 10, 17—47.

Letham, D. S. (1973): In Stewart, P. R. und Letham, D. S. (Eds.) The Ribonucleic Acids. S. 81—106; Springer-Verl., Berlin—Heidelberg—New York.

Loening, U. E. und Baker, A. M. (1976): In Birnie, G. D. (Ed.) Subnuclear Components. Preparation and Fractionation, S. 107—127. Butterworth, London—Boston.

Markov, G. G. und Arion, V. J. (1973): Eur. J. Biochem. 35, 186—200.

Muramatsu, M. (1970): Methods Cell Biol. 4, 195—230.

Muramatsu, M. (1973): Methods Cell Biol. 7, 23—51.

Naora, H. (1973): In Stewart, P. R. und Letham, D. S. (Eds.) The Ribonucleic Acids, S. 37—58; Springer-Verl., Berlin—Heidelberg—New York.

Noll, H. (1969): In Campell, P. N. und Sargent, J. R. (Eds.) Techniques in Protein Biosynthesis, Vol. 2, S. 101—179; Academic Press, London—New York.

Perry, R. P. (1962): Proc. Nat. Acad. Sci. USA 48, 2179—2186.

Perry, R. P. und Kelly, E. E. (1968): J. Cell Physiol. 72, 235—245.

Petrovic, J. und Petrovic, S. (1966): Anal. Biochem. 15, 187—189.

Petrovic, S. L., Petrovic, J. S., Markovic, R. A. und Knezevics, Z. A. (1974): Prep. Biochem. 4, 509—522.

Poulson, R. (1973): In Stewart, P. R. und Letham, D. S. (Eds.) The Ribonucleic Acids, S. 243—261; Springer-Verl., Berlin—Heidelberg—New York.

Scherrer, K. und Darnell, J. E. (1962): Biochem. Biophys. Res. Comm. 7, 486—490.

Serfling, E. (1976): Biol. Zbl. 95, 713—723.

Serfling, E. und Huth, A. (1978): Chromosoma, 66, 205—223.

Serfling, E., Panitz, R. und Wobus, U. (1972): Acta biol. med. germ. 29, 509—519.

Smuckler, E. A., Koplitz, M. und Smuckler, D. E. (1976): In Birnie, G. D. (Ed.) Subnuclear components. Preparation and Fractionation, S. 1—57. Butterworth, London—Boston.

Kapitel 4

Isolierung von Messenger-Ribonukleinsäure

4. Isolierung von Messenger-Ribonukleinsäure

4.1. Einführung

Die Messenger-RNA-Population einer Zelle umfaßt etwa 1—5% der Gesamt-RNA und besteht aus einer Vielzahl verschiedener Moleküle, deren relative Häufigkeit innerhalb der RNA-Population in Abhängigkeit von Entwicklung und Gewebedifferenzierung der Zellen variiert. Als Beispiele dafür seien embryonale Zellen, in denen eine Vielzahl von mRNA-Fraktionen in gleicher Häufigkeit auftreten, und die Retikulozyten der Säuger bzw. Spinndrüsenzellen der Seidenraupen, die fast ausschließlich Globin oder Fibroin synthetisieren, genannt.

Katalysiert durch die (α-Amanitin sensitive) RNA-Polymerase II des Nucleoplasmas werden mRNA-Moleküle im allgemeinen als Präkursormoleküle von ca. $0{,}5-15 \times 10^6$D synthetisiert, die, wie im Falle der β-Globin-mRNA (s. z. B. Ross, 1976), in einem mehrstufigen Prozeß (dem sog. Processing) zu kleineren, polysomalen mRNA-Molekülen gespalten werden, oder, wie im Falle der Balbiani-Ring-RNA (s. Serfling und Huth, 1978), ohne nachweisbare Längenreduktion im Cytoplasma und an den Polysomen erscheinen und dort translatiert werden. Beiden Molekülklassen gemeinsam ist eine am 3'-Ende befindliche 50—200 Nukleotide messende poly(A)-Sequenz, die posttranskriptionell angefügt wird und aller Wahrscheinlichkeit nach zur Stabilisierung, d. h. zur Verlängerung der Halbwertszeit der RNA, dient (s. Huez et al., 1974).

Messenger-RNA-Moleküle bestehen aus dem kodogenen Teil, der dem zu spezifizierenden Polypeptid komplementär ist, und (Regulations-) Sequenzen am 5'- und 3'-Ende. Am 5'-Ende umfaßt der (Regulations-) Abschnitt unbekannter Funktion die sog. ‚Cap'-Sequenz, ein methyliertes Basen-‚Cluster' der Folge m^7GpppXmpYp, des weiteren eine Sequenz von ca. 30 Nukleotiden (die wahrscheinlich Bindungsorte für die Ribosomen und die bei der Transkription und Translation beteiligten Co-Faktoren enthält) sowie (zumindest im Falle der mRNA für Sekretproteine) eine Sequenz von 1000—4000 Nukleotiden zur Kodierung der Signal- (Prä- und Pro-) Polypeptide. Signalpeptide beginnen mit dem Initiatorkodon und grenzen an das 5'-Ende des kodogenen Teils der mRNA. An das Terminatorkodon UAA des kodogenen Abschnitts der mRNA schließt sich wiederum eine Sequenz unbekannter Funktion an, die wahrscheinlich bei allen eukaryotischen mRNAs die Basenfolge A-A-U-A-A-A (Proudfoot und Brownlee, (1976) enthält.

Messenger-RNA-Moleküle sind als funktionelle, Informationen übertragende RNA-Sequenzen definiert worden, die die Synthese eines Polypeptids in einem Vielschritt-Prozeß (der Translation) katalysieren. Morphologischer Ausdruck dieses Prozesses sind die Polysomen, die im Zuge der Translation aus Ribosomen, Messenger-RNA, tRNAs und mehreren Proteinfaktoren entstehen und danach wieder in diese dissoziieren. Während der Translation entstehen Polypeptid-Ketten, deren antigene Aktivität zur Extraktion spezifischer Messenger-RNA-Fraktionen benutzt werden kann (s. Abschnitt 4.1.3. und 4.2.4.)

Nahezu alle eukaryotischen RNAs und eine Vielzahl von HnRNA-Molekülen besitzen am 3'-Ende eine 50—200 Nukleotide umfassende poly(A)-Sequenz, die im Zellkern posttranskriptionell synthetisiert wird. Obwohl kürzere poly(A)- bzw. oligo(A)-Sequenzen auch für mRNA-Fraktionen von Bakterien sowie für plastidäre und mitochondriale mRNAs beschrieben wurden, sind 50—100 Nukleotide (bei Hefen und Protozoen) bzw. 100—200 Nukleotide messende poly(A)-Segmente (bei Insekten und Säugern) ein typisches Merkmal cytoplasmatischer mRNAs eukaryotischer Zellen. Die Existenz dieser Sequenzen, ihre Stabilität und Heterogenität, sind die methodische Basis für die Isolierung und Fraktionierung eukaryotischer mRNAs, deren Natur durch die Entdeckung der poly(A)-Sequenzen und die Entwicklung entsprechender Methoden in bemerkenswertem Detail aufgeklärt werden konnte (s. LEWIN, 1975).

Neben typischen poly(A)-Abschnitten sind sowohl in mRNA- als auch HnRNA-Molekülen eukaryotischer Zellen oligo(U)- bzw. oligo(A)-Sequenzen nachgewiesen worden, die aller Wahrscheinlichkeit nach transkribiert werden (s. MOLLOY et al., 1974). Die Funktion dieser „Sonder"-Sequenzen in der DNA und in den von ihr transkribierten RNA-Molekülen ist weitgehend unbekannt.

4.1.1. Isolierung von poly(A)$^+$-RNA

Sowohl Homooligo- [z. B. oligo(A)- und oligo(U)-Sequenzen] als auch Homopolynucleotide und damit auch die solche Sequenzen enthaltenden RNA-Fraktionen können mittels Affinitätschromatographie isoliert und charakterisiert werden (s. u.). Neben der Affinitätschromatographie, die sowohl für analytische als auch präparative Zwecke benutzt werden kann, ist zur poly(A)$^+$-RNA-Analyse vor allem die Hybridisierung von mRNA mit ^{3}H-poly(U) in Lösung und nachfolgende Chromatographie an Hydroxyapatit (GREENBERG und PERRY, 1972) und/oder radioaktive Auswertung benutzt worden (GILLESPIE et al., 1972; BISHOP et al., 1974).

Bei der Hybridisierung von poly(U) mit poly(rA) entstehen Duplexe, deren Stabilität bei 0°C in Gegenwart von 0,3—0,4 M Na^+ bzw. K^+ gegenüber Pankreas-RNase zum Hybridnachweis und damit zum Nachweis der Existenz von poly(A)-Strängen benutzt wird. Methodische Voraussetzung dafür ist eine hohe spezifische Radioaktivität des verwendeten ^{3}H-poly(U), das kommerziell oder durch Polynukleotid-Phosphorylase aus UDP erhalten werden kann (s. BISHOP et al., 1974). Mit Hilfe der Hybridisierung von ^{3}H-poly(U) konnte z. B. die cytoplasmatische Adenylierung von mRNA in Seeigel-Embryonen (SLATER et al., 1973) und der mRNA-Gehalt von Xenopus-Oocyten und -Embryonen (ROSBASH und FORD, 1974) bestimmt werden.

Besondere Bedeutung für die Isolierung eukaryotischer mRNA hat die Affinitätschromatographie erlangt. Unter Affinitätschromatographie versteht man eine besondere Form der Adsorptionschromatographie, bei der die biologische Affinität des Bett(Matrix)-Materials zur extrahierenden Substanz für präparative Zwecke genutzt wird. In der Praxis wird ein entsprechender Ligand [z. B. poly(U) oder poly(C)] an eine stabile Matrix (z. B. Sepharose oder Cellulose) gebunden, ohne daß dieser seine spezifische Aktivität [z. B. die Hybridisierungseigenschaft mit poly(A) oder poly(G)] verliert. Der gebundene Ligand ist befähigt, die zu isolierende Substanz aus einem Substanzgemisch (z. B. aus der Gesamt-RNA-Präparation einer Zelle) unter optimalen Reaktionsbedingungen spezifisch zu adsorbieren und bei Änderung der Reaktionsbedingungen wieder freizusetzen.

Für die Isolation eukaryotischer mRNA hat sich besonders die Affinitätschromatographie an oligo(dT)-Cellulose und poly(U)-Sepharose durchgesetzt, die mehrere methodische Vorteile gegenüber einer Vielzahl, hier nicht genannter Arbeitstechniken zur Isolierung von poly(A)$^+$RNA besitzt. Im Detail werden die oligo(dT)-Cellulose- und poly(U)-Sepharose-Chromatographie in den Abschn. 4.2.1. und 4.2.2. besprochen.

Neben poly(U)-Sepharose haben poly(U)-Glasfaserfilter bei der methodischen Entwicklung von Techniken zur mRNA-Affinitätschromatographie eine wichtige Rolle gespielt und werden auch heute noch z. T. für analytische Zwecke benutzt. Bei der von SHELDON et al. (1972) entwickelten Technik werden Whatman GF(A)-Glasfaserfilter (Durchmesser 2—3 cm) mit 0,15 ml einer poly(U)-Lösung (1 mg/ml in A. dest.) äquilibriert und zunächst kurz bei Zimmertemperatur, dann ca. 2 h bei 37 °C getrocknet. Anschließend werden die Filter zur Vernetzung der poly(U)-Ketten mit den Glasfasern des Filters beidseitig je 2—3 min mit einer UV-Lampe (z. B. Minivus, DESAGA) aus ca. 5 cm Entfernung bestrahlt. Die Bindung der in 0,12 M NaCl/25 mM Tris-HCl (pH 7,4) gelösten (und radioaktiv markierten) RNA erfolgt durch mehrmalige Filtration bei Zimmertemperatur. Die Filter werden anschließend mit ca. 20 ml des RNA-Puffers gewaschen und mit 20 ml eiskalter 5% TCE sowie 10 ml 95% Alkohol gespült. Nach dem Trocknen der Filter werden diese im Szintillations-Zähler gemessen. Von der Gesamt-RNA (vor der Fraktionierung!) und vom Durchfluß werden Proben abgenommen, deren Radioaktivität nach TCE-Fällung gleichfalls gemessen wird. Somit kann der Gehalt an poly(A)$^+$-RNA in Präparationen zellulärer RNA ziemlich genau ermittelt werden. Für präparative Zwecke kann an poly(U)-Filter gebundene poly(A)$^+$-RNA analog zur poly(U)-Sepharose-Chromatographie von den Filtern eluiert werden [Methodische Details der Technik sind von SHELDON et al. (1972), SINGER und PENMAN (1972) und MAINWARING et al. (1974) publiziert worden].

Abschließend soll noch kurz auf die Bindung von poly(A)$^+$-RNA an Nitrocellulose-Membran- (Millipor-) Filter eingegangen werden, die im Labor von BRAWERMAN entwickelt wurde (s. BRAWERMAN et al., 1972) und heute z. T. noch für präparative Zwecke benutzt wird. Bei dieser Methode wird das in 0,5 M KCl/1 mM $MgCl_2$/10 mM Tris- HCl, pH 7,6, gelöste RNA-Gemisch bei 0—4 °C mehrmals (Durchflußrate: ca. 0,5 ml/min) durch ein äquilibriertes Milliporfilter gegeben, das anschließend mit dem gleichen Puffer gründlich gewaschen wird. Die Elution der poly(A)$^+$-RNA erfolgt durch mehrmaliges Waschen mit 0,5% SDS/0,1 M Tris-HCl, pH 9,0. Der Trennung zugrunde liegt aller Wahrscheinlichkeit nach die Bindung von poly(A) an Ligningruppen der Cellulosemembran-Filter. Ein Vorteil der Technik ist ihre einfache Handhabbarkeit, Nachteile sind die Verunreinigung der mRNA-Präparation mit ribosomaler RNA (s. BRAWERMAN et al., 1972) sowie die nur z. T. erfolgende Bindung zellulärer poly(A)$^+$-RNA, deren Ursache die Eigenschaft der Millipor-Filter ist, poly(A)-Stränge mit weniger als 50—60 Nukleotiden nicht mehr zu binden (GORSKI et al., 1974).

4.1.2. Isolierung von Polysomen und polysomaler Messenger-RNA

Messenger-RNA wird im allgemeinen nach ihrem Eintreten ins Cytoplasma polysomengebunden translatiert. An den Polysomen werden im Zuge der Translation Aminosäurereste zu Polypeptiden verknüpft. Polysomen können frei oder membrangebunden vorkommen. Letztere sind typisch für sekretorische Zellen und somit Ausdruck der Synthese von Sekretproteinen. Die Länge der Polysomen wird entscheidend vom Molekulargewicht (der Länge) der mRNA bestimmt. Als allgemeine Formel kann gelten, daß Proteine der Molekularmasse $n \times 10^4$D an Polysomen von ca. 3n Ribosomen synthetisiert werden (s. MATHEWS, 1973).

Die definierte Größe der Polysomen spezifischer mRNAs erlaubt bei hochdifferenzierten Geweben (wie Muskelzellen, Retikulozyten u. a.) die Isolierung der mRNA durch Extraktion der Polysomen. Dazu werden nach dem Zellaufschluß und, im Falle membrangebundener Polysomen, nach der Lyse des endoplasmatischen Retikulums, die Polysomen durch Ultrazentrifugation vom übrigen Zellmaterial getrennt. Alternative, jedoch nur selten angewandte Techniken, sind die Polysomenisolierung mittels Gelfiltration bzw. durch Mg^{++}-Präzipitation (s. MATHEWS, 1973).

Messenger-RNA kann aus Polysomen direkt durch Deproteinisierung der Polysomen mittels „Phenol"-Chloroform oder nach Dissoziierung der Polysomen und nachfolgende Deproteinisierung extrahiert werden. Bei der direkten Deproteinisierung von Polysomen sind die Charakteristika eukaryotischer mRNA [wie z. B. die Anwesenheit von poly(A)] zu berücksichtigen, die entscheidenden Einfluß auf die Extrahierbarkeit der mRNA besitzen.

Von besonderer Bedeutung bei der Isolierung polysomaler mRNA ist der pH-Wert des Extraktionspuffers, der im alkalischen Bereich liegen sollte. Puffer mit sauren pH-Werten (wie z. B. Acetat-Puffer, pH 5,0), die präferentiell zur Isolierung ribosomaler RNA benutzt werden, führen zum Verlust eines großen Teils der mRNA.

Eine nahezu vollständige Extraktion polysomaler mRNA erreichten BRAWERMAN u. a. (1972) durch die Lysis von Polysomen in 50 mM Tris · HCl, pH 7,6/50 mM KCl/1 mM $MgCl_2$/0,1 Vol. 0,5% SDS (in 1 M Tris · HCl, pH 7,6) und Deproteinisierung mit 1 Vol. wassergesättigtem Phenol. Die Polysomen werden dabei 5 min geschüttelt, danach zentrifugiert (10 min, 12000 × g) und die Wasserphase entfernt (sie enthält im wesentlichen ribosomale RNA). Mittel- und Unterphase werden mit 1 Vol. 0,1 M Tris · HCl, pH 7,6, gewaschen und das Gemisch wird erneut zentrifugiert. Die in Mittel- und Unterphase befindliche mRNA wird anschließend mit einem gleichen Vol. 0,1 M Tris · HCl, pH 9,0/0,5% SDS extrahiert und die so erhaltene mRNA-Präparation noch dreimal mittels Phenol deproteinisiert.

Die poly(A)-Sequenzen eukaryotischer mRNAs bewirken aller Wahrscheinlichkeit nach das präferentielle Auftreten von mRNA in der Mittelphase der bei saurem oder neutralem pH gewonnenen Phenol-Extrakte. PERRY et al. (1972) konnten die Extrahierbarkeit polysomaler mRNA durch Chloroform-Zusätze wesentlich erhöhen. Bei Deproteinisierung von in 0,01 M Na-acetat, pH 6,0/0,1 M NaCl/1 mM EDTA suspendierten Polysomen mit Phenol/Chloroform konnte nahezu alle polysomale mRNA extrahiert werden.

Die am häufigsten zur Dissoziierung von Polysomen in Messenger-RNP-Partikeln benutzte Technik ist die EDTA-Behandlung (s. BUSCH u. a., 1976). Dabei entstehen im Falle der Globin mRNAs Messenger-RNP-Partikel von 14S, im Falle der 10S- bzw. 14S-Kristallin-mRNAs aus Augenlinsen mRNP-Partikeln von 16S bzw. 21S. Ein Nachteil der EDTA-Behandlung ist die Abspaltung weiterer Partikel (z. B. von 8S, die 5S-RNA-Moleküle enthalten) der ribosomalen Untereinheiten, die die Messenger-RNP-Fraktion kontaminieren. Eine alternative Technik ist die in vivo- bzw. in vitro-Inkubation isolierter Polysomen mit Puromycin bei 37 °C, die gleichfalls zur Freisetzung von mRNP-Partikeln, jedoch oft auch zum Abbau der mRNA (längere Inkubation bei 37 °C begünstigt den Abbau durch RNase!) führt. — Nach erfolgter Dissoziation werden die mRNP-Partikeln durch Saccharose-Gradientenzentrifugation vom Ribosomen-„Rest" getrennt und die mRNA wird wie oben beschrieben isoliert (s. MATHEWS, 1973).

Eine Gefahr, die die hier vorgestellten Techniken in sich bergen, ist der RNase-Abbau der mRNA während der Polysomen- und/oder mRNA-Isolierung. Außer „Phenol"/

Chloroform sind zur schonenden Isolierung polysomaler mRNA im wesentlichen SDS und Proteinase K benutzt worden. Zu empfehlen sind des weiteren Zusätze von RNase-Inhibitoren zum Extraktionspuffer. Für jeden speziellen Fall ist jedoch zu prüfen, welche Puffer, Detergentien bzw. Inhibitoren den besten Erfolg, d. h. eine intakte mRNA-Fraktion, erbringen.

4.1.3. Isolierung spezifischer mRNA-Fraktionen durch immunologische Methoden

Alle mRNA-Isolierungstechniken, die auf bevorzugter Biosynthese eines einzelnen Proteins beruhen oder die spezielle biophysikalische und biochemische Parameter von mRNA und Protein nutzen, müssen zwangsläufig auf einige wenige biologische Systeme beschränkt bleiben. Immunologische Techniken der Isolierung spezifischer mRNA aus Polysomenpräparationen sind dagegen spezifisch und generell einsetzbar.

Ihre Spezifität wird dadurch garantiert, daß Antikörper, die gegen native Proteine produziert werden, auch mit den naszenten Polypeptidketten, die durch die entsprechenden Polysomen synthetisiert werden, mit großer Spezifität reagieren (z. B. Palacios et al., 1973 a + b; Rhodas et al., 1973; Shapiro et al., 1974, 1975). Generell kann diese Methode in allen Systemen eingesetzt werden, für die es gelingt, gegen das entsprechende Protein monospezifische Antikörper herzustellen.

Besteht ein Protein aus einer oder mehreren, aber identischen Untereinheiten, wird der Antikörper gegen das komplette Protein erzeugt (Taylor et al., 1976; Sarkar et al., 1973). Setzt sich das Protein aus verschiedenen Untereinheiten zusammen, sollten sowohl Antikörper gegen das komplette Protein als auch gegen die einzelnen Untereinheiten Anwendung finden (Gelvin et al., 1977; Boyer et al., 1974; Moav et al., 1970; Bouma et al., 1975; Delovitch et al., 1972). Eine Quervernetzung der Polysomen über die naszenten Polypeptidketten durch den Antikörper ist vermutlich aus sterischen Gründen nicht möglich. Deshalb werden die Polysomen durch den Antikörper nicht präzipitiert, sondern es bilden sich lösliche Polysomen-Antikörper-Komplexe, die entweder durch homologes Antigen (direkte Immunpräzipitation) oder durch anti-Antikörper (indirekte Immunpräzipitation) immunpräzipitiert werden.

Direkte und indirekte Immunpräzipitation werden bevorzugt dann eingesetzt, wenn das entsprechende Protein mehr als 10% am total synthetisierten Protein ausmacht.

Immunglobuline neigen besonders durch ihren Fc-Anteil zu unspezifischer Adsorption an Ribosomen (Holme et al., 1971; Eschenfeldt et al., 1975; Ikehara et al., 1973). Bei Antigen- bzw. Antikörperzusatz kommt es deshalb zu Kopräzipitation von Polysomen, die nicht das entsprechende naszente Polypeptid tragen, da auch unspezifisch adsorbierte Antikörpermoleküle vom Antigen- bzw. anti-Antikörper erkannt werden. Daher wird häufig nicht mit dem kompletten Antikörpermolekül, sondern mit seinem Fab'-Fragment gearbeitet.

Einer unspezifischen Adsorption an die Ribosomen könnten auch nichtimmunglobuläre Proteine unterliegen. Warner et al. (1966) wiesen an Ribosomenpräparationen aus HeLa Zellen nach, daß etwa 20% der in Ribosomenpräparationen nachgewiesenen Proteine nicht mit ribosomalen Strukturproteinen identisch waren. Nach Petermann (1964) werden Proteine elektrostatisch oder über Salzbrücken an Ribosomen gebunden, wobei positiv geladene Proteine zur Bindung favorisiert sind.

Als ribosomale Proteinbindungsorte werden Imidazol-, Histidin- und Phosphorylgruppen der Phospholipide und Nukleinsäuren postuliert. Unterliegt das Protein, dessen mRNA durch immunologische Techniken isoliert werden soll, einer solchen unspezifischen Adsorption an den Ribosomen, so wird es gleichfalls zu Kopräzipitationen von Polysomen kommen, da der spezifische Antikörper das unspezifisch adsorbierte Protein wie das naszente Protein als Antigen erkennt. Veränderungen des pH-Wertes, der Ionenstärke des Polysomenisolierungsmediums oder der Einsatz von Detergenzien werden hier nur teilweise Abhilfe schaffen, da sie zugleich einen Abbau polysomaler Strukturen bei simultaner Freisetzung der naszenten Polypeptidketten bewirken.

Neben Kopräzipitationen kann es während der Immunpräzipitation wie bei allen Fällungsreaktionen zu physikalischen Mitfällungen von Polysomen und Proteinen kommen. Nach Shapiro et al. (1974) ist die Größe der unspezifischen Adsorption durch Kopräzipitation und physikalische Mitfällung der Menge des Immunpräzipitates proportional und nur teilweise mit der Menge der immunpräzipitierten Polysomen korreliert. Um diese Fehlerquellen einzuschränken, kann die Immunpräzipitation des löslichen Polysomen-Antikörper-Komplexes durch eine Immunadsorption an unlösliche Immunsorbentien ersetzt werden. Antigene bzw. anti-Antikörper können zu diesem Zweck an die unterschiedlichsten Trägermaterialien gekoppelt werden (Schutz et al., 1977). Nimmt das Protein nur einen kleinen Anteil am Gesamtprotein ein ($\leq 1\%$), wird die Immunadsorption der Immunpräzipitation vorgezogen, weil das ungünstige Verhältnis von unspezifischen zu spezifischen Polysomen in der Präparation eine signifikante physikalische Mitfällung der unspezifischen Polysomen bedingt. Außerdem gestattet die Bindung des löslichen Polysomen-Antikörper-Komplexes an einen Träger eine intensive Reinigung der Polysomen von Verunreinigungen.

Der Bedarf an reinem Protein kann auch für die Immunadsorption eingeschränkt werden, wenn statt des homologen Antigens der anti-Antikörper an den Träger gekoppelt wird. Bei der Wahl des Trägermaterials ist darauf zu achten, daß Polysomen an ihm nicht unspezifisch adsorbiert werden (Polyacrylamid, Polysterol). Um optimale Reaktionsbedingungen zwischen Polysomen-Antikörper-Komplex und Immunsorbens zu garantieren, sollte der anti-Antikörper über einen langen ‚spacer arm' an den Träger gekoppelt werden. Nach Schutz et al. (1977) ist p-aminobenzyl-Cellulose ein gut geeignetes Trägermaterial, während sich Sephadexe und Sepharose nicht empfehlen. Der lösliche Polysomen-Antikörper-Komplex wird im ‚batch'-Verfahren mit dem Immunsorbents inkubiert. Das Immunsorbents mit dem adsorbierten Polysomen-Antikörper-Komplex kann nach beendeter Inkubation durch Zentrifugation gewonnen werden. Intensives Waschen des Sorbents mit detergenshaltigen Pufferlösungen (1% Triton X100 + 1% Na-desoxycholat) entfernt unspezifisch adsorbierte Polysomen und Proteine. Die an das Immunsorbens gebundenen Polysomen können wie die immunpräzipitierten Polysomen durch eine EDTA-Behandlung (20 mM) in ribosomale Untereinheiten, mRNA und naszente Polypeptidketten zerlegt werden. Das Immunsorbens ist nach Regeneration wieder verwendbar.

Die Dissoziation des Polysomen-Antikörper-anti-Antikörper-Komplexes kann auch durch Einsatz von EDTA in Kombination mit Detergenzien erfolgen (Jost et al., 1976).

Die Spezifität der angewandten immunologischen Technik zur Polysomenisolierung muß durch geeignete Kontrollversuche überprüft werden:

— Steigende Antikörperquantitäten müssen bei Einsatz äquivalenter Polysomenmengen zu einem Anstieg des Immunpräzipitates führen, bis der Sättigungsbereich des Antikörpers erreicht ist.
— Polysomen dürfen nicht präzipitiert werden, wenn der spezifische Antikörper gegen das native Protein durch einen unspezifischen Antikörper ersetzt wird.

- Der spezifische Antikörper darf nicht zur Präzipitation von Polysomen führen, die nicht in der Lage sind, das Protein zu synthetisieren, gegen das der Antikörper produziert wurde.
- Bei Einsatz der mRNA-Fraktion der immunpräzipitierten Polysomen in ein in vitro Proteinbiosynthesesystem muß das Syntheseprodukt mit dem nativen Protein übereinstimmen.
- Werden die naszenten Polypeptidketten aus dem Polysomen-Präzipitat isoliert, müssen auch sie Übereinstimmung mit dem nativen Protein aufweisen.

Die mRNA kann aus den RNA-Präparationen durch Affinitätschromatographie an poly(U)-Sepharose (Abschnitt 4.2.2.) oder oligo(dT)-Cellulose (Abschnitt 4.2.1.) isoliert werden.

Durch Dichtegradientenzentrifugation (Kapitel 7) und Gelelektrophorese (Kapitel 5) sind die biophysikalischen Parameter der isolierten mRNA-Präparation zu ermitteln. Ihre biologische Aktivität ist im in vitro-Proteinbiosynthesesystem durch Endproduktanalyse zu überprüfen.

4.2. Experimentelle Protokolle

4.2.1. Oligo(dT)-Cellulose-Chromatographie

Cellulose ist ein geeignetes Matrix-Material zur Affinitätschromatographie von Nucleinsäuren. Durch chemische Verfahren können Homo- und Heteronucleotidsequenzen an die inerte Cellulose gebunden werden (Gilham, 1964) und als Ligand zur Adsorption komplementärer Nucleotidsequenzen dienen.

Nicht-modifizierte Zellulose besitzt die Eigenschaft, bestimmte Homopolynucleotide bei hohen Ionenkonzentrationen zu binden. Eine wichtige Rolle dabei spielen die für die Bindung wichtigen Kationen (s. Kitos et al., 1974) sowie die Konformation des entsprechenden Polynucleotids. Poly(A)-Sequenzen, die bei Ionenstärken von 0,4 M Na^+ bzw. K^+ und pH 7 lineare Moleküle ergeben, werden (offensichtlich über polyaromatische Lignine) an nicht-modifizierte Cellulose gebunden, poly(U)-Sequenzen dagegen nicht (Kitos und Amos, 1973). Da die Bindung von poly(A)$^+$-RNA jedoch schlecht reproduzierbar und weniger effektiv als die an oligo(dT)-Cellulose ist (nur lange poly(A)-Ketten werden gut gebunden!), wird nichtmodifizierte Zellulose heute zur Isolierung von mRNA kaum noch benutzt.

Durch die Verwendung wasserunlöslicher Carbodiimid-Derivate können alle Mono-, Oligo- und Polynucleotide mit Phosphomonoester-Gruppen an Cellulose gebunden und so als Adsorptionsmaterial für Nucleinsäuren benutzt werden (s. Gilham, 1968). Auf diese Weise hergestellte oligo(A)- bzw. oligo(G)-Cellulosen sollten somit z. B. zur Isolierung von HnRNA-Molekülen, die oligo(U)-Sequenzen tragen (Molloy et al., 1974), bzw. von viraler mRNA mit poly(C)-Abschnitten (Brown et al., 1974) benutzt werden. Entsprechende Cellulosen dürften in Zukunft weite Verbreitung zur Extraktion spezifischer Nucleinsäuren finden. Besondere Bedeutung zur Isolierung von mRNA hat die Chromatographie von poly(A)$^+$-RNA an oligo(dT)-Cellulose erlangt, ein Verfahren, das aufgrund methodischer Vorteile in einer Vielzahl von Laboratorien angewandt wird.

Spezielles Material

- oligo(dT)-Cellulose von Searle (High Wycombe, U. K.) oder Collaborative Res., Inc. (Waltham, Mass., USA)

- Bindungspuffer: 0,4 M NaCl/10 mM Tris-HCl, pH 7,6/1 mM EDTA (+0,2% Sarkosyl)
- Waschpuffer: 0,1 M NaCl/10 mM Tris-HCl, pH 7,6/1 mM EDTA, 0,2% SDS (oder Sarkosyl)
- Elutionspuffer: 10 mM Tris-HCl, pH 7,6/1 mM EDTA/0,2% SDS (oder Sarkosyl) (Alle Puffer werden mit DEP (s. S. 15) vorbehandelt und autoklaviert)
- Säure-gewaschene Glaswolle und Glassäulen

Versuchsdurchführung

(1) 10—50 mg oligo(dT)-Cellulose werden in 3—5 ml Bindungspuffer suspendiert und in eine kleine Glassäule (z. B. abgeschnittene 1 oder 2 ml Pipette; versehen mit einem Pfropf Glaswolle) gefüllt. Feine Bestandteile der oligo(dT)-Cellulose sollten vorher durch 1 × *g*-Zentrifugation entfernt werden.

(2) Die RNA wird in Bindungspuffer (ca. 1 mg/ml) gelöst und bei 2—4 °C auf die oligo(dT)-Cellulosesäule aufgetragen.

(3) Die durchfließende RNA wird in silikonisierten Gläschen aufgefangen und noch 1—2mal über die Säule gegeben. Danach wird die RNA des Durchflusses mit Alkohol gefällt (oder verworfen).

(4) Die Säule wird mit ca. 5 Säulen-Vol. Bindungspuffer bei 4 °C gewaschen (bis A_{260} bzw. Radioaktivität = 0), anschließend mit 5 Vol. Waschpuffer bei 20 °C.

(5) Elution der poly(A)$^+$-RNA mit 3—5 Säulen-Vol. Elutionspuffer. Die RNA wird in eisgekühlten Zentrifugenbechern aufgefangen, mit 1/10 Vol. 1 M NaCl versetzt und mit 3 Vol. Alkohol gefällt.

(6) Waschen der Säule mit 5 Vol. 0,1 N NaOH.

(7) Waschen mit 5 Vol. Bindungspuffer (+0,5% SDS) und Aufbewahrung bei +4 °C in diesem Puffer.

(8) Proben aller Fraktionen der Schritte 3, 4, 5 und 6 werden abgenommen und deren Radioaktivität (bzw. Absorption bei 260 nm) nach TCE-Fällung gemessen. Die nach Schritt 5 ausgefällte RNA wird aufgenommen und gelelektrophoretisch oder mittels anderer Techniken weiter charakterisiert.

Anmerkungen

Zum Material: Von Collaborative Research (Waltham, Mass., USA) werden mehrere Typen von oligo(dT)-Cellulose angeboten, die sich bezüglich ihrer mRNA-Bindungskapazität und oligo(dT)-Längen unterscheiden (s. Firmenschriften). T2-oligo(dT)-Cellulose (enthält Ketten bis zu 10(dT)-Resten) bindet 30—200 A_{260}-Einheiten pro g Cellulose, T3-Cellulose (Kettenlänge: bis 20(dT)-Reste) 40—150 A_{260}-Einheiten pro g Cellulose (laut Firmenmaterial). T3I ist eine T3-Cellulose, deren Matrix nach der Methode von Alberts und Herrick (1971) gewaschen wurde und die somit die geringste unspezifische Bindung von nicht-poly(A)$^+$-RNA besitzt. In jedem Falle sind T3-Cellulosen den T2-Typen vorzuziehen (s. Bantle et al., 1976). — Die Bindungskapazität selbst hergestellter oligo(dT)-Cellulose (z. B. nach der Methode von Gilham, 1964) bzw. von Cellulosen unbekannter Herkunft sollte vor Gebrauch getestet werden. Die beste Methode dazu ist die Bindung von ^{3}H-poly(A) in Gegenwart eines Überschusses unmarkierter ribosomaler RNA (s. Faust et al., 1973).

Schritt 1: Mit gleicher Effektivität kann poly(A)$^+$-RNA durch oligo(dT)-Cellulose auch im ‚batch'-Verfahren (d. h. durch Schütteln der in Bindungspuffer gelösten RNA mit oligo(dT)-Cellulose und anschließender Zentrifugation) extrahiert werden. Zur Untersuchung einer großen Anzahl von Proben sollte man dieses Verfahren benutzen.

Schritt 2: Die Fraktionierung von RNA an oligo(dT)-Cellulose bei 2—4 °C ist unspezifischer, jedoch schonender als bei Zimmertemperatur. Zur Isolierung hochmolekularer RNA sollte deshalb die Kälte-Extraktion bevorzugt werden. Zusätze von Sarkosyl verhindern RNase-induzierten RNA-Abbau.

Schritt 3: Mehrmalige Säulen-Passagen der RNA sollen eine effektive Bindung der RNA bewirken. Unspezifische Bindung von nicht-poly(A)$^+$-RNA an oligo(dT)-Cellulose muß besonders bei experimentellen Arbeiten im Mikrobereich (z. B. bei Trennungen von µg-Mengen radioaktiv markierter RNA) berücksichtigt werden. Günstig ist in diesem Falle eine „Vorsättigung" der Cellulose mit unmarkierter *E. coli*-transfer RNA (s. Bantle et al., 1976). Bei Benutzung vorgewaschener oligo(dT)-Cellulosen (Typ 3I-Cellulosen, s. oben), denen Lignine weitestgehend fehlen, ist die Gefahr unspezifischer Bindung herabgesetzt.

Schritt 4: Die Säulen müssen mit Bindungs-Puffer solange gewaschen werden, bis keine RNA mehr im Durchfluß erscheint. — Waschen mit 0,1 M NaCl bei 20 °C bewirkt die Elution unspezifisch gebundener RNA, kann jedoch auch mRNA-Moleküle mit kurzen poly(A)-Sequenzen eluieren. Eine Analyse dieser RNA ist bei ersten Experimenten deshalb notwendig.

Schritt 5: Die angegebene Puffermenge dürfte zur Elution der gebundenen mRNA ausreichen. Trotzdem sollte man prüfen, ob durch Elution bei 50 °C (mit Elutionspuffer oder A. dest.) oder mit 90% Formamid (s. Abschn. 4.2.2.) noch RNA eluiert wird. — Zu empfehlen ist eine zweite Bindung der eluierten poly(A)$^+$-RNA an oligo(dT)-Cellulose. Erscheint in diesem Falle ein Großteil der bei der ersten Chromatographie gebundenen RNA im Durchlauf, fand Aggregation zwischen ribosomaler RNA mit poly(A)$^+$-RNA statt. Durch 5 min Erhitzen der gebundenen RNA bei 55 °C in 80% Dimethylsulfoxid (DMSO) dissoziieren die poly(A)$^+$-RNA-rRNA-Aggregate und können in 10% DMSO und 0,4 M NaCl erneut an oligo(dT)-Cellulose chromatographiert werden. In diesem Falle kommt es, wie entsprechende Testversuche zeigten, zur vollständigen Trennung von rRNA und poly(A)$^+$-RNA (Bantle et al., 1976).

Schritte 6 und 7: Waschen der oligo(dT)-Cellulose mit 0,1 N NaOH bewirkt die vollständige Elution gebundener Nukleinsäuren. — Die wie angegeben gewaschenen und aufbewahrten Säulen können, falls keine verunreinigten RNA-Präparationen fraktioniert wurden, sehr oft (bis zu 50mal und mehr) ohne Anzeichen des Verlustes ihrer Bindungskapazität benutzt werden.

4.2.2. Poly(U)-Sepharose-Chromatographie

Wie Cellulose ist Sepharose ein geeignetes Matrixmaterial, das, chemisch selbst nahezu inert, durch die kovalente Kopplung mit Polynucleotiden zur Affinitätschromatographie von Nucleinsäuren benutzt werden kann. Weite Verbreitung hat der Einsatz von poly(U)-Sepharose gefunden, die wie oligo(dT)-Cellulose zur Isolierung von mRNA benutzt wird und gegenüber letzterer mehrere methodische Vorteile (s. unten) besitzt.

Poly(U)-Sepharose (Pharmacia, Schweden) besteht aus Sepharose 4B und poly(U)-Resten von 30—40 Nukleotiden Länge, die mittels der Cyanogenbromid-Methode an Sepharose kovalent gekoppelt wurden (s. Wagner et al., 1971). Die gegenüber den oligo(dT)-Resten der oligo(dT)-Cellulose etwa doppelt bis dreifach längeren poly(U)-Reste bewirken die Bindung von RNA-Molekülen mit sehr kurzen oligo(A)-Resten und des weiteren die Möglichkeit der Trennung von RNA-Präparationen hinsichtlich der Länge ihrer oligo(A)- bzw. poly(A)-Abschnitte. Aus diesem Grunde ist es für bestimmte Fragestellungen vorteilhafter, poly(U)-Sepharose anstelle von oligo(dT)-Cellulose zu verwenden.

Spezielles Material

- poly(U)-Sepharose 4B (Pharmacia, Uppsala, Schweden)
- Bindungspuffer: 0,4 M NaCl/10 mM Tris-HCl, pH 7,6/ 1 mM EDTA/0,2% Sarkosyl

— Waschpuffer: 10 mM Tris-HCl, pH 7,6, 1 mM EDTA/0,2% Sarkosyl
— Elutionspuffer: Wie Waschpuffer, doch mit steigenden Formamid (FA)-Konzentrationen: 10% FA, 25% FA, 50% FA (75% FA), 90% FA und 0,1% SDS anstelle von FA

Alle Puffer werden mit DEP vorbehandelt (s. S. 15) und autoklaviert.

— gereinigtes (s. S. 91) Formamid, p. A. (Merck).
— Säure-gewaschene Glaswolle und Glassäulen

Versuchsdurchführung

(1) 10—50 mg poly(U)-Sepharose werden mit je 2 ml 90% FA-Elutionspuffer mehrmals geschüttelt und zentrifugiert.
(2) Die gewaschene poly(U)-Sepharose wird in 1 ml Bindungspuffer suspendiert und in eine kleine Glassäule (abgeschnittene 2 ml Pipette mit Glaswollepfropf) gefüllt.
(3) Die in Bindungspuffer gelöste RNA (ca. 1 mg/ml) wird 2—3 × bei 4 °C und einer Durchflußrate von ca. 4 ml/Std. durch die Säule filtriert.
(4) Der Durchfluß wird in silikonisierten Gläschen aufgefangen und die RNA mit Alkohol gefällt (oder verworfen).
(5) Die Säule wird bei 4 °C mit ca. 5 Säulen-Vol. Bindungspuffer, anschließend mit 5 Vol. Waschpuffer, gewaschen.
(6) Elution der gebundenen poly(A)$^+$-RNA bei Zimmertemperatur mit 3—5 Vol. Elutionspuffer steigender FA-Konzentrationen: 10% FA, 25% FA, 50% FA (75% FA), 90% FA.
(7) Die Proben werden in eisgekühlten silikonisierten Zentrifugengläsern aufgefangen und mit einem gleichen Vol. Bindungspuffer versetzt. Nach Zugabe unmarkierter Träger-RNA (ca. 20 µg/ml) wird die RNA mit 3 Vol. Alkohol bei —20 °C über Nacht gefällt.
(8) Waschen der Säule mit 3 Vol. Formamid und 5 Vol. Bindungspuffer. Die Säule wird in Bindungspuffer (+0,5% SDS) bei 4 °C aufbewahrt.
(9) Zur Auswertung s. Schritt 8, S. 64.

Anmerkungen

(vgl. auch Anmerkungen zu Abschnitt 4.2.1.)

Zum Material: Poly(U)-Sepharose 4B wird als gefriergetrocknetes Pulver geliefert, das bei Lagerung unter +8 °C innerhalb eines Jahres nicht mehr als 2% des Nucleotidmaterials verliert. Die Bindungskapazität der poly(U)-Sepharose beträgt ca. 150 µg mRNA/ml gequollenen Sepharose-Gels (s. Pharmacia Firmenschrift).

Schritte 1 und 2: Pro ml gequollener poly(U)-Sepharose können 60—90 A_{260}-Einheiten polysomaler RNA fraktioniert werden, so daß bei einem Verhältnis von 1:5 zwischen Trocken- und gequollenem Material 10—50 mg poly(U)-Sepharose zur Fraktionierung von 10—20 A_{260}-Einheiten zellulärer RNA ausreichen dürften.

Schritt 3: Nur ca. 90% der an poly(U)-Sepharose getrennten Nucleinsäuren werden nach der Fraktionierung wieder erhalten, d. h. daß auch poly(U)-Sepharose unspezifisch RNA bindet. Zu empfehlen ist deshalb bei Arbeiten im Mikrobereich ein Vorsättigen der Säulen mit unmarkierter transfer-RNA.

Schritt 5: Das Waschen der Säule sollte (wie auch die Bindung der RNA) im Falle der Fraktionierung hochmolekularer RNA-Spezies bei 2—4 °C erfolgen. — Waschen mit Tris-Puffer (ohne NaCl) bei Zimmertemperatur führt zur Elution eines Teils der poly(A)$^+$-RNA und wird deshalb

z. T. zur Isolierung von RNA mit kurzen poly(A)-Segmenten benutzt. Es ist deshalb auf jeden Fall zu empfehlen, die bei diesem Schritt eluierte RNA näher zu charakterisieren.

Schritt 6: Die vorgeschlagene stufenweise Elution der RNA mit Formamid führt zu einer schrittweisen Elution und damit zur Fraktionierung der poly(A)+-RNA. Moleküle mit 20—50(rA)-Resten werden mit 10% FA, solche mit 100—200 (rA)-Resten mit 25—50% FA eluiert. Zu empfehlen ist die Benutzung eines stufenlosen Formamidgradienten (s. z. B. Molloy et al., 1974) der bei Fraktionierung unbekannter RNA-Präparationen Auskunft über die für die Elution optimale Formamidkonzentration gibt und somit erste Angaben zur Länge der poly(A)-Sequenzen der mRNA zuläßt. — Eine alternative Möglichkeit ist die Elution der RNA mit Puffer (oder A. dest.) steigender Temperatur, wobei analog zur Formamid-Elution poly(U)-poly(A)-Hybriden getrennt werden.
Zur Bestimmung möglicher Aggregatbildung zwischen poly(A)+-RNA und ribosomaler RNA (s. auch S. 65) ist eine zweite Bindung der eluierten poly(A)+-RNA an poly(U)-Sepharose zu empfehlen. Wird in diesem Falle nur ein Teil der RNA gebunden, sollte die RNA-Präparation vor der ersten Säulenpassage in Puffer geringerer Ionenstärke (z. B. 0,1 M NaCl) oder mit niedriger FA-Konzentration (z. B. 10% FA) suspendiert und an poly(U)-Sepharose getrennt werden. Die optimalen Bedingungen der Fraktionierung hängen in jedem Fall von den Parametern der zu isolierenden RNA ab und müssen entsprechend getestet werden.

Schritt 8: Wie oligo(dT)-Cellulose kann mit der CNBr-Methode hergestellte poly(U)-Sepharose mehrmals zur poly(A)+-RNA Extraktion benutzt werden. Die langen poly(U)-Ketten werden allerdings schneller als oligo(dT)-Sequenzen abgebaut, so daß nach oftmaliger Benutzung die Bindungs- und Fraktionierungseigenschaften nachlassen. Es ist deshalb zu empfehlen, die Bindungskapazität der poly(U)-Sepharose nach oftmaliger Benutzung mittels ^{3}H-poly(A) [oder einer geeigneten (radioaktiv markierten) mRNA, wie z. B. Globin-mRNA] zu prüfen.

4.2.3. Isolierung und Analyse von an mRNA gebundeneu poly(A)-Sequenzen

Zur Isolierung und Charakterisierung der poly(A)-Sequenzen eukaryotischer messenger RNA sind eine Vielzahl biochemischer und elektronenoptischer Methoden entwickelt und angewandt worden, die hier nur zum Teil besprochen werden können.

Die Anwesenheit eines poly(A)-Strangs im bzw. am mRNA-Molekül kann nach Hybridisierung von mRNA mit poly(dT) elektronenoptisch, wie es im Falle der Fibroin-mRNA geschah (Lizardi et al., 1975), untersucht werden. Eine alternative (und offensichtlich bessere) Möglichkeit ist die elektronenoptische Analyse von Hybriden zwischen mRNA und SV 40-DNA, der mittels Terminaler Transferase (EC 2.7.7.31) mehrere poly(dT)-Stränge „angehängt" wurden. Die enge Assoziation zirkulärer SV 40-DNA mit mRNA ist ein Indiz für die Existenz von poly(A) in letzterer (Bender und Davidson, 1976).

Die (3'-terminale) Anordnung des poly(A)-Strangs am Messenger RNA-Molekül kann mit Hilfe von Enzymen mit 3'-exonucleolytischer Wirkung untersucht werden. So benutzten Huez et al. (1974) Polynukleotid-Phosphorylase (EC 2.7.7.8) bzw. Bard et al. (1974) 3'-OH spezifische Exonuclease aus Maus-Asziteszellen zur Entfernung des poly(A)-Strangs von Globin mRNA bzw. von Molekülen einer mRNA-Population aus Mäuse-Gewebekultur (L)-Zellen und bewiesen damit dessen Anordnung am 3'-Ende. Indirekt bewiesen wird die Existenz von poly(A) am 3'-terminalen Ende durch die ‚template'-Wirkung von mRNA zur Synthese komplementärer DNA (cDNA). In diesem Falle wird oligo(dT)$_{10}$ als ‚primer' an den poly(A)-Strang hybridisiert und cDNA mittels Reverstranskriptase in Anwesenheit von Desoxy-Nucleosidtriphosphaten synthetisiert (s. Abschn. 8.3.). Poly(A) kann des weiteren durch Hybridisierung der mRNA mit poly(dT) und anschließender Ribonuclease H(EC 3.1.4.34)-Behandlung nachgewiesen werden. Das Enzym verdaut spezifisch RNA von DNA-RNA Hybriden (s. WYERS et al., 1976). (Auf die Möglichkeit, 3'-terminales poly(A) durch alkalische Hydrolyse und Identifizierung des am 3'-Ende befindlichen Adenosins nachzuweisen, wird in der „Auswertung" des experimentellen Protokolls (s. unten) hingewiesen).

Die Längenbestimmung von poly(A)-Segmenten nach RNase-Abbau der RNA und Polyacrylamidelektrophorese des poly(A)-Strangs, die zum Nachweis radioaktiv markierter poly(A)-Sequenzen gut geeignet ist, soll hier in Form eines experimentellen Protokolls vorgestellt werden.

Spezielles Material

- RNase-Puffer: 0,01 M Tris-HCl, pH 7,5/0,3 M NaCl
- RNase-Stammlösung: 50—100 µg/ml Pankreas-RNase und 50—250 Einheiten/ml T1-RNase in RNase-Puffer, 5 min gekocht, in Einzelproben abgefüllt und bei —20 °C aufbewahrt.
- Phenol-Chloroform-Gemisch: 1:1 Gemisch von Phenol/m-Kresol/8-Hydroxychinolin (s. S. 15) und Chloroform/Isoamylalkohol (24:1)
- 10%ige Harnstoff-Polyacrylamidgele (oder 6—8%ige Formamid-PAA-Gele) (s. Abschn. 5.2.1.3).

Versuchsdurchführung

(1) Mittels oligo(dT)-Cellulose bzw. poly(U)-Sepharose extrahierte poly(A)$^+$RNA (radioaktiv markiert mit ^{32}P oder ^3H-(rA)) wird mit 20—100 µg poly(A) präzipitiert und anschließend mit DNase behandelt (s. Abschn. 3.2.1.).
(2) Deproteinisierung der RNA-Präparation durch 30 min Schütteln mit Phenol-Chloroform-Gemisch und Gelfiltration an Sephadex G 50 (s. Abschn. 3.1.5.).
(3) Nach Alkoholpräzipitation und Zentrifugation Lösen der RNA in 0,01 M Tris-HCl, pH 7,5/0,3 M NaCl (max. 1 mg/ml).
(4) 5 min Erhitzen der RNA bei 90 °C und anschließend Abkühlen in Eiswasser.
(5) Zusatz von 1/10 Vol. der RNase-Stammlösung (Endkonz.: 5—10 µg/ml Pankreas-RNase und 5—25 Einheiten/ml T1-RNase) und 30 min Verdauung der RNA bei 37 °C.
(6) Zugabe eines gleichen Vol. Phenol-Chloroform-Gemisch und 30 min Schütteln bei 4 °C.
(7) Zentrifugation (6000 × *g*, 15 min), Abheben der Oberphase und Präzipitation der verdauten RNA mit einer entsprechenden Menge (4S + 5S) Referenz-RNA bei —20 °C über Nacht.
(8) Trennung der verdauten RNA an einem 10%igen Harnstoff- (oder 6%igen Formamid-) Polyacrylamidgel unter denaturierenden Bedingungen (zur Methodik siehe Abschn. 5.2.1.).

Auswertung

Zur gelelektrophoretischen Auswertung siehe Abschn. 5. Dem kann sich zur Bestimmung der poly(A)-Länge die alkalische Hydrolyse des fraktionierten poly(A)-Strangs mit nachfolgender Chromatographie der Hydrolyseprodukte anschließen (s. HIRSCH und PENMAN, 1973). Aus dem AMP/Adenosin-Verhältnis läßt sich dann die Anzahl der rA-Reste des poly(A)-Stranges wie folgt ableiten: $\frac{\text{cpm AMP}}{\text{cpm Adenosin}} + 1$

Anmerkungen

Schritt 1: Zusatz eines Überschusses an unmarkiertem poly(A) dient dazu, möglicherweise stattfindende Hydrolyse ^{3}H- bzw. ^{32}P-markierter poly(A)-Sequenzen der mRNA durch die benutzten RNasen (oder deren Verunreinigungen) zu verhindern. — Die Entfernung von DNA mittels DNase ist zur besseren Reproduzierbarkeit erhaltener Ergebnisse wichtig, da z. T. DNA-Sequenzen durch das Auftreten von oligo(A)-Sequenzen in Eukaryoten-DNA (s. Mol et al., 1976) an poly(U)-Sepharose gebunden werden.

Schritt 2: Gelfiltration entfernt an RNA-Moleküle assoziiertes ^{32}P und Spuren von Phenol, die Enzyme inhibieren (s. Abschn. 3.1.5.).

Schritt 3: In Puffern hoher Ionenstärke (jedoch nicht in A. dest. oder Tris-Puffer!) sind poly(A)-Sequenzen resistent gegenüber der Wirkung von Pankreas- und T1-RNase.

Schritt 4: Die angegebene Hitzebehandlung führt zur Denaturierung intra- und intermolekular gepaarter RNA-Stränge (so z. B. von ‚loops' und ‚hairpins'), die durch RNase-Behandlung ansonsten nicht vollständig abgebaut würden und die Existenz von poly(A)- und oligo(A)-Sequenzen vortäuschen.

Schritt 5: Kochen der RNase oder 10—15 min Hitzebehandlung bei 90 °C führt zur Denaturierung kontaminierender Enzyme (z. B. von DNasen). — Die Brauchbarkeit der RNase-Präparation für den hier genannten Zweck kann durch Inkubation mit (^{3}H-) poly(A) bzw. mit anderen (^{3}H-) Polynucleotiden getestet werden. Letztere sollten, wenn sie in Mengenverhältnissen vorliegen, die der poly(A)-Menge des Versuchs vergleichbar sind, durch die RNase-Lösung vollständig abgebaut werden.

Schritt 6: Zu empfehlen ist die Bindung der nach RNase-Behandlung freigesetzten poly(A)-Sequenzen an oligo(dT)-Cellulose bzw. poly(U)-Sepharose und anschließende gelelektrophoretische Trennung. Dadurch wird die Kontaminierung von poly(A) mit die RNase-Behandlung möglicherweise überstehenden RNA-Abschnitten vollständig vermieden.

Schritt 7: Wichtig ist die Zugabe der Referenz-RNA nach der Phenol-Chloroform-Behandlung. Anderenfalls wird die RNA (und damit auch die 4S und 5S RNA-Fraktionen, die als Referenz-RNA dienen) abgebaut.

Schritt 8: Die meisten der zur Charakterisierung von poly(A)-Sequenzen durchgeführten Molekulargewichts- (Längen-) Bestimmungen wurden mittels Gelelektrophorese und unter Verwendung von Heteropolynucleotiden (wie 4S RNA und 5S RNA) als Referenzsubstanzen durchgeführt. Es zeigte sich jedoch, daß poly(A)-Sequenzen (selbst unter denaturierenden Bedingungen, wie in Gegenwart von 2,2 M Formaldehyd) ein von Heteroduplexmolekülen abweichendes elektrophoretisches Wanderungsverhalten besitzen, indem sie wesentlich langsamer in Polyacrylamidgelen wandern als 4S RNA und 5S (Burness et al., 1975). Es ist deshalb zur Ermittlung exakter Molekulargewichte von poly(A)-Sequenzen zu empfehlen, diese zusammen mit poly(A)-Sequenzen definierter Kettenlänge im gleichen Gel zu trennen (s. Abschnitt 5).

4.2.4. Immunpräzipitation von Polysomen

Direkte und indirekte Immunpräzipitation der Polysomen sind vom methodischen Prinzip und von der Verfahrensweise her zwei sehr ähnliche Techniken.

Der gegen das native Protein produzierte Antikörper reagiert unter Bildung eines löslichen Polysomen-Antikörper-Komplexes in spezifischer Weise mit den naszenten Polypeptidketten an den Polysomen, die das homologe Protein synthetisieren.

In der direkten Technik wird der lösliche Polysomen-Antikörper-Komplex durch Zugabe des nativen Proteins, gegen das der Antikörper produziert wurde, präzipitiert. Deshalb erfordert die direkte Immunpräzipitation den Einsatz eines großen Antikörperüberschusses und liefert verhältnismäßig große Immunpräzipitate. Die Möglichkeit einer

Kontamination des Immunpräzipitates durch kopräzipitierte oder unspezifisch mitgefällte Polysomen ist demzufolge groß. Für die direkte Immunpräzipitation der Polysomen werden große Mengen reinen Antigens benötigt, die für Systeme, in denen das distinkte Protein nur einen prozentual kleinen Anteil am Gesamtprotein ausmacht, schwer zu erhalten sind. Dagegen ist für die indirekte Technik der Immunpräzipitation von Polysomen außer für die Produktion des monospezifischen Antikörpers kein weiteres reines Antigen erforderlich. Der lösliche Polysomen-Antikörperkomplex wird in dieser Technik durch einen zweiten Antikörper (Doppelantikörper), der gegen den Antikörper des Polysomen-Antikörper-Komplexes gerichtet ist, präzipitiert. Deshalb ist die benötigte Menge an Antikörper, der spezifisch mit dem nativen Protein reagiert, klein. Der Doppelantikörper besitzt keine Spezifität für das native Protein, sondern IgG-Spezifität und kann deshalb in den unterschiedlichsten biologischen Systemen eingesetzt werden. Das in der indirekten Immunpräzipitation entstehende Immunpräzipitat ist relativ klein und die unspezifische Adsorption von Polysomen demzufolge gering.

In vergleichenden quantitativen Bestimmungen ermittelten SHAPIRO et al. (1975) die Kontamination der Polysomenfraktion durch unspezifische Adsorption für die direkte Technik mit $> 2\%$, für die indirekte Technik mit $0{,}4\%$. Die Reinheit der erhaltenen mRNA-Fraktionen bei Anwendung der indirekten Technik wird mit 75—80% (HOUDEBINE et al., 1976), 95% (LASKOV et al., 1975, TAYLOR et al., 1974) oder $> 99\%$ (SHAPIRO et al., 1975) veranschlagt.

Bei Einsatz der direkten Technik liegt der Reinheitsgrad der erhaltenen mRNA-Präparationen niedriger.

Spezielles Material

- Polysomenpuffer: 0,02 M Triäthanolamin · HCl, pH 7,6/0,1 M KCl/ 0,003 M $MgCl_2$/ 0,5% Tween 20/0,5% Na-desoxycholat.
- Waschpuffer: Polysomenpuffer ohne Detergenszusatz.
- Polysomenpräparation aus ^{3}H-Uridin- und ^{3}H-Cytidin-markierten Speicheldrüsen von *Chironomus thummi* (s. Abschnitt 3.2.3.).
- Spezifische Antikörper gegen Speicheldrüsensekret von *C. thummi*, produziert in Kaninchen, gereinigt bis zur IgG-Fraktion und RNase-frei (s. PALACIOS et al., 1973).
- unspezifische Antikörper, hergestellt aus Kaninchen-Normalserum, gereinigt bis zur IgG-Fraktion, RNase-frei.
- anti-Kaninchen-IgG-Antikörper, produziert in Ziegen, gereinigt bis zur IgG-Fraktion und RNase-frei.
- Glasgeräte und Lösungen werden vor Gebrauch sterilisiert und mit DEP behandelt (s. S. 15).

Versuchsdurchführung

(1) 0,3 ml einer Polysomensuspension in Polysomenpuffer (0,6 A_{260}-Einheiten/ml) werden mit 0,1 ml Kaninchen-anti-Sekretprotein-IgG (0,2 mg) in Polysomenpuffer 30 min bei 4 °C inkubiert.
Der Kontrollansatz I wird mit äquivalenter Polysomenmenge und der unspezifischen Kaninchen IgG-Präparation durchgeführt. Kontrollansatz II enthält den spezifischen Antikörper, aber äquivalente Mengen einer Polysomenpräparation, die nicht aus Speicheldrüsen gewonnen wird.

(2) Zu Kontroll- und Versuchsansätzen werden 0,3 ml Ziegen-anti-Kaninchen-IgG (6 mg) in Polysomenpuffer zugesetzt und die Inkubation 45 min bei 4 °C fortgesetzt.
(3) Immunpräzipitate werden auf ein 5 ml Saccharosepolster (1 M RNase-freie Saccharose in Polysomenpuffer) aufgeschichtet und durch Zentrifugation (15000 Upm, 20 min, 4 °C) pelletiert.
(4) Immunpräzipitate werden in 1,5 ml Waschpuffer suspendiert und bei 15000 Upm 10 min bei 4 °C zentrifugiert. Dieser Schritt wird 3 × wiederholt.
(5) Immunpräzipitate werden zur Radioaktivitätsbestimmung in 0,3 ml Soluen TM 100 (Packard) gelöst und anschließend in 10 ml Toluol-Scintillator (s. S. 95) aufgenommen.
(6) Äquivalente der Polysomenpräparationen und Überstandsfraktionen aus den Waschungen der Immunpräzipitate werden auf Whatman No. 5-Filtern mit 10% TCE gefällt, die Filter 1 × mit 10% TCE, 2 × mit 5% TCE, 1 × mit Äthanol und 1 × mit Äther (je 5 ml) gewaschen, 1 Stunde bei 80 °C in 1 N HCl hydrolisiert und in 10 ml Präwozellscintillator (s. S. 95) zur Radioaktivitätsbestimmung überführt.

Auswertung

Aus den im Versuch eingesetzten Radioaktivitäten der Polysomenfraktion und den für die Überstandsfraktionen und das Immunpräzipitat ermittelten Radioaktivitäten wird durch Differenzbildung zwischen Versuchs- und Kontrollansätzen I und II die Spezifität der Immunpräzipitation von Speicheldrüsenpolysomen durch die indirekte Immunpräzipitationstechnik geprüft.

Anmerkungen

Die Technik der Polysomenisolierung und damit die Wahl des Isolierungspuffers wird in erster Linie durch das Versuchsobjekt bestimmt. Sie muß aber auch die Besonderheiten der immunologischen Methodik berücksichtigen, um optimale Bedingungen für die spezifische Immunpräzipitation der Polysomen zu gewährleisten.

Zum Material: Der Einsatz von Inhibitoren der Termination der Proteinbiosynthese wie Trichodermin (Scott et al., 1975) oder Cycloheximid (Jost et al., 1976) während der Polysomenisolierung liefert Polysomenpräparationen, die in der Mehrzahl große Polysomen mit entsprechend langen naszenten Polypeptidketten pro mRNA-Molekül enthalten. Da die Bindungsaktivität des spezifischen Antikörpers mit den Polysomen von der Anzahl der antigenen Determinanten auf den naszenten Polypeptidketten abhängig ist, werden Polysomen, die längere Polypeptidketten tragen, mit größerer Spezifität und Ausbeute präzipitiert werden als solche, die nur kurze Ketten besitzen.

Unspezifisch an die Polysomen adsorbierte Proteine können von den Polysomen abgelöst werden, wenn diese unmittelbar vor dem Antikörperkontakt mit Salzlösungen hoher Ionenstärke behandelt werden. Nach McLaughlin et al., (1976) wird die Kontamination des Immunpräzipitates durch unspezifische Kopräzipitation beträchtlich reduziert, wenn die Polysomen vor ihrem Einsatz in die Immunpräzipitation mit einer 0,5 M NH_4Cl-Lösung gewaschen werden. Vor dem Einsatz der Polysomen in die Immunpräzipitation ist aggregiertes Material durch Zentrifugation (10000 Upm, 10 min, 4 °C) zu entfernen.

Der monospezifische Antikörper ist unbedingte Voraussetzung für die Spezifität der Immunpräzipitation der Polysomen. Die Reinigung der Antikörper über $(NH_4)_2SO_4$-Fraktionierung mit anschließender Ionenaustauscherchromatographie an CM- und DEAE-Cellulose liefert zwar RNase-freie IgG-Präparate, garantiert aber nicht die Spezifität des Antikörpers. Deshalb wird eine Reinigung der Antikörper an Immunsorbenzien empfohlen (Palacios et al., 1973, Schutz et al., 1977). Auf diese Weise wird es auch möglich, den Titer der eingesetzten Antikörper-Präparation beträchtlich zu steigern.

Schritt 1: Um die Stabilität der Polysomenpräparation zu garantieren, sollte die $MgCl_2$-Konzentration des Polysomenisolierungspuffers höher als 3 mM gewählt werden. Die Dissoziation der Polysomen mit simultaner Freisetzung der naszenten Polypeptidketten während der Immunpräzipitation wird eingeschränkt, wenn die $MgCl_2$-Konzentration aller in der Immunpräzipitation verwandten Lösungen 5 mM beträgt (Holme et al., 1971). Suboptimale $MgCl_2$-Konzentrationen oder die Eliminierung von $MgCl_2$ aus den Waschlösungen führen zu Immunpräzipitaten, die fast ausschließlich aus naszenten Polypeptidketten-Antikörperkomplexen und nicht aus Polysomen-Antikörper-Komplexen bestehen.
Ein Zusatz von Carrier-RNA zum Inkubationsmedium der Immunpräzipitation kann die Polysomen vor einem Abbau durch RNase schützen (Jost et al., 1976). Weiterhin können zur Inaktivierung von RNasen andere Detergenzien wie Triton X-100, Nonidet, sowie Macaloid und Heparin (s. S. 14) in den verschiedensten Konzentrationen und Kombinationen Anwendung finden. Alle in der Immunpräzipitation eingesetzten Lösungen sollten diese Zusätze in Konzentrationen enthalten, die die immunologische Reaktion nicht stören.

Schritt 2: Da das Ausmaß der unspezifischen Adsorption durch Kopräzipitation und Mitfällung proportional der Menge des Immunpräzipitates ist (Shapiro et al., 1974), muß das Immunpräzipitat der Polysomen möglichst klein sein. Ein Arbeiten im Bereich des Antikörperüberschusses ist zu vermeiden. Deshalb ist in Vorversuchen die optimale Menge an spezifischem Antikörper zur Polysomenpräparation und der Äquivalenzpunkt im System Antikörper-anti-Antikörper durch Titration zu ermitteln.
Führen die beschriebenen Verfahrensweisen nicht zur erfolgreichen Reduktion der unspezifischen Adsorption, müssen die Fab'-Fragmente der Antikörper nach der Methode von Porter (1959) hergestellt werden.

Schritt 3: Die Reinigung der Immunpräzipitate von unspezifisch adsorbierten Polysomen und Proteinen mittels Zentrifugation durch ein Saccharosepolster kann wiederholt werden. Häufig wird die 1 M Saccharoselösung durch einen diskontinuierlichen Saccharosegradienten (0,5 bis 0,1 M) ersetzt (Palacios et al., 1973, Houdebine et al., 1976). Zusätze von Triton X-100 (0,5 bis 1%) und Natriumdesoxycholat (0,5–1%) zur Saccharoselösung (Shapiro et al., 1974) oder die Kombination der Detergentien mit NH_4Cl erhöhen die Effektivität des Waschvorganges (McLaughlin et al., 1976). Die Detergenzien können aus dem Immunpräzipitat durch Waschen mit detergensfreien Lösungen entfernt werden.

Nachtrag: Da mittels der DNA-Klonierungstechniken größere Mengen reiner Gen-Sequenzen zur Verfügung stehen, können die entsprechenden mRNA-Sequenzen mittels Hybridisierungstechniken isoliert werden. DNA wird an Nitrocellulose-Filter (s. S. 200) oder kovalent an Sepharose bzw. Cellulose gebunden (z. B. Noyes, B. E. und Stark, G. R., 1975, Cell 5, 301–310; Levy, S. und Aviv, H., 1976, Biochemistry 15, 1844–1847) und mit einer RNA-Präparation unter optimalen Bedingungen (s. S. 163) hybridisiert. Besonders günstig scheint die Bindung von DNA an Cellulose über Diazobenzyloxymethyl-Gruppen zu sein. Entsprechend hergestellte Cellulose-Papiere oder -Säulen (Stark, G. R. und Williams, J. G., 1979, Nucleic Acids Res. 6, 195–203; Childs, G., Levy, S. und Kedes L. H., 1979, Biochemistry 18, 208–213) können ohne DNA-Verlust mehrmals benutzt werden und sind zur Isolation einer Reihe spezifischer mRNAs (z. B. Histon-mRNA: Childs et al., o. c.; Kollagen-mRNA: Sobel, M. E., Yamamoto, T., Adams, S. L., Dilauro, R., Avvedimento, V. E., de Chrombrugghe, B. und Pastan, I., 1978, Proc. Natl. Acad. Sci. USA 75, 5846–5850) eingesetzt worden.

Eine neuere Übersicht zur Isolation von mRNA publizierte J. M. Taylor (1979, Ann. Rev. Biochem. 48, 681–717).

Literatur

ALBERTS, B. und HERRICK, G. (1971): Methods Enzymol. 21 D, 198—217.

BANTLE, J. A., MAXWELL, I. H. und HAHN, W. E. (1976): Anal. Biochem. 72, 413—427.

BARD, E., EFRON, D., MARCUS, A. und PERRY, R. P. (1974): Cell 1, 101—106.

BENDER, W. und DAVIDSON, N. (1976): Cell 7, 595—607.

BISHOP, J. O., ROSBASH, M. und EVANS, D. (1974): J. Mol. Biol. 85, 75—86.

BOUMA, H., KOVAN, S. W., FULLER, G. M. (1975): Biochemistry 14, 4787—4792.

BOYER, S. H., SMITH, K. D., NOYES, A. N. und MULLEN, M. A. (1974): J. Biol. Chem. 249, 7210—7219.

BRAWERMAN, G., MENDECKI, J. und LEE, S. Y. (1972): Biochemistry 11, 637—641.

BROWN, F., NEWMAN, J., STOTT, J., PORTER, A., FRISBY, D., NEWTON, C., CAREY, N. und FELLNER, P. (1974): Nature 251, 342—344.

BUSCH, H., CHOI, Y. C., DASKAL, Y., LIARAKOS, Ch. D., RAO, M. R. S., RO-CHOI, T. S. und WU, B. C. (1976): Methods Cancer Res. 13, 101—197.

BURNESS, A. T. H., PARDOE, U. U. und GOLDSTEIN, N. O. (1975): Biochem. Biophys. Res. Comm. 76, 1408—1414.

Collaborative Research. Inc. (1977): Oligo(dT) celluloses for the isolation of RNA containing poly(rA) (Firmenschrift).

DELOVITCH, T. L., DAVIS, B. K., HOLME, G. und SEHON, A. H. (1972): J. Mol. Biol. 69, 373—381.

ESCHENFELDT, W. H. und PATTERSON, R. J. (1975): Biochem. Biophys. Res. Comm. 67, 935—945.

FAUST, C. H., DIGGELMANN, H., und MACH, B. (1973): Biochemistry 12, 925—931.

GELVIN, S. und HOWELL, S. H. (1977): Plant Physiol. 59, 471—477.

GILHAM, P. T. (1964): J. Am. Chem. Soc. 86, 4982—4985.

GILHAM, P. T. (1968): Biochemistry 7, 2809—2814.

GILLESPIE, D., MARSHALL, S. und GALLO, R. (1972): Nature New Biol. 236, 227—231.

GORSKI, J., MORRISON, M. R., MERKEL, C. G. und LINGREL, J. B. (1974): J. Mol. Biol. 86, 363—371.

GREENBERG, J. R. und PERRY, R. P. (1972): J. Mol. Biol. 72, 91—98.

HIRSCH, M. und PENMAN, S. (1973): J. Mol. Biol. 80, 379—391.

HOLME, G., DELOVITCH, T. L., BOYD, S. L. und SEHON, A. H. (1971): Biochim. Biophys. Acta 247, 104—108.

HOUDEBINE, L.-M. und GAYE, P. (1976): Eur. J. Biochem. 63, 9—14.

HUEZ, G., MARBAIX, G., HUBERT, E., LECLERQ, M., NUDEL, U., SOREQ, H., SALOMON, R., LEBLEU, B., REVEL, M., und LITTAUER, U. Z. (1974): Proc. Nat. Acad. Sci. USA 71, 3143—3146.

IKEHARA, Y. und PITOT, H. C. (1973): J. Cell Biol. 59, 28—35.

JOST, J.-P. und PEHLING, G. (1976): Eur. J. Biochem. 66, 339—346.

KITOS, P. A. und AMOS, H. (1973): Biochemistry 12, 5086—5091.

KITOS, P. A., FULLER, T., KING, G. S. und HERSH, R. T. (1974): Biochim. Biophys. Acta 353, 362—374.

LASKOV, R. und MITELMANN, S. (1975): J. Immunol. 114, 566—570.

LEWIN, B. (1975): Cell 4, 77—94.

LIZARDI, P. M., WILLIAMSON, R. und BROWN, D. D. (1975): Cell 4, 199—206.

MAINWARING, E. I. P., WILCE, P. A. und SMITH, A. E. (1974): Biochem. J. 137, 513—524.

MATHEWS, M. B. (1973): In Campell, P. N. und Dickens, F. (Eds.) Essays in Biochemistry Vol. 9, 59—102; Academic Press, London—New York.

McLAUGHLIN, Ch. A. und PITOT, H. C. (1976): Biochemistry 15, 3541—3549.

MOAV, B. und HARRIS, T. N. (1970): J. Immunol. 104, 957—964.

MOL, J. N. M., FLAVELL, R. A. und BORST, P. (1976): Nucleic Acids Res. 3, 2367—2377.

MOLLOY, G. R. und DARNELL, J. E. (1973): Biochemistry 12, 2324—2330.

MOLLOY, G. R., JELINEK, W., SALDITT, M. und DARNELL, J. E. (1974): Cell 1, 43—53.

PALACIOS, R. und SCHIMKE, R. T. (1973): J. Biol. Chem. 248, 1424—1430.

PALACIOS, R., SULLIVAN, D., SUMMERS, N. M., KIELY, M. L. und SCHIMKE, R. T. (1973): J. Biol. Chem. 248, 540—548.

PERRY, R. P., LA TORRE, J., KELLEY, D. E. und GREENBERG, J. R. (1972): Biochim. Biophys. Acta 262, 220–226.

PETERMANN, M. L. (1964): The physical and chemical properties of ribosomes; Elsevier, Amsterdam.

Pharmacia Fine Chemicals (1974): Poly(U)-Sepharose 4 B for affinity chromatography of mRNA (Firmenschrift).

PORTER, R. R. (1959): Biochem. J. 73, 119–121.

PROUDFOOT, N. J. und BROWNLEE, G. G. (1976): Nature 263, 211–214.

RHODAS, R. E., MCKNIGHT, G. S. und SCHIMKE, R. T. (1973): J. Biol. Chem. 248, 2031–2039.

ROSBASH, M. und FORD, P. J. (1974) J. Mol. Biol. 85, 87–101.

ROSS, J. (1976): J. Mol. Biol. 106, 403–420.

SARKAR, P. K. und MOSCONA, A. A. (1973): Proc. Nat. Acad. Sci. USA 70, 1667–1671.

SCHUTZ, G., KIEVAL, S., GRONER, B., SIPPEL, A. E., KURTZ, D. T. und FEIGELSON, P. (1977): Nucleic Acids Res. 4, 71–84.

SCOTT, A. C. und WELLS, J. R. E. (1975): Biochem. Biophys. Res. Commun. 64, 448–455.

SERFLING, E. und HUTH, A. (1978): Chromosoma 66, 205–223.

SHAPIRO, D. J. und SCHIMKE, R. T. (1975): J. Biol. Chem. 250, 1759–1764.

SHAPIRO, D. J., TAYLOR, J. M., MCKNIGHT, G. S., PALACIES, R. und GONZALES, C. (1974): J. Biol. Chem. 249, 3665–3671.

SHELDON, R., JURALE, C. und KATES, J. (1972): Proc. Nat. Acad. Sci. USA 68, 417–421.

SINGER, R. H. und PENMAN, S. (1972): Nature 240, 100–102.

SLATER, I., GILLESPIE, D. und SLATER, D. (1973): Proc. Nat. Acad. Sci. USA 70, 406–411.

TAYLOR, J. M. und TSE, T. P. H. (1976): J. Biol. Chem. 251, 7461–7467.

WARNER, J. R. und PENE, M. G. (1966): Biochem. Biophys. Acta 129, 359–364.

WAGNER, A. F., BUGIANESI, R. L. und SHEN, T. Y. (1971): Biochem. Biophys. Res. Comm. 45, 184–189.

WYERS, F., SENTENAC, A. und FROMAGEOT, P. (1976): Eur. J. Biochem. 69, 377–383.

Kapitel 5

Gelelektrophorese von Nukleinsäuren (E. Serfling)

5. Gelelektrophorese von Nukleinsäuren

5.1. Einführung

Die Elektrophorese von Nukleinsäuren in Polyacrylamid- und Agarose-Gelen ist die Methode der Wahl zur Fraktionierung von RNA- und DNA-Molekülen. Entwickelt zur Trennung und Charakterisierung von Proteinen ist die Gelelektrophorese zuerst zur RNA-Analyse benutzt und dann in breitem Maße zur Nukleinsäurefraktionierung eingesetzt worden. Tsanev und Mitarbeiter (1964, 1965) trennten als erste hochmolekulare RNA-Fraktionen an 1—3%igen Agar-Gelen und erzielten damit Trennergebnisse, die denen mittels besserer apparativer Ausrüstungen und in Agarose- bzw. Polyacrylamid-Gelen Jahre später erhaltenen um nichts nachstehen. Die Polyacrylamid-Gelelektrophorese ist zunächst zur Fraktionierung niedermolekularer RNA-Moleküle eingesetzt worden (Richards et al., 1965), ehe Bishop et al. (1967) und Loening (1967) und Grossbach und Weinstein (1968) hochmolekulare RNA-Fraktionen mit dieser Technik trennten. Der Einsatz logarithmischer Formamidgel-Gradienten zur Fraktionierung von RNA-Molekülen im Bereich von $0{,}25 \times 10^5$ D — ca. 10^6 D (Spohr et al., 1976) zeigt den Endpunkt dieser Entwicklung, die wesentliche neue Erkenntnisse zur Struktur und Synthese zellulärer RNA erbrachte.

Nicht minder bedeutungsvoll wie für die RNA-Analyse wurde die Gelelektrophorese für die DNA-Fraktionierung. Obwohl später als zur Charakterisierung von RNA eingesetzt, ist die gelelektrophoretische Trennung von DNA an Agarose- und Polyacrylamidgelen heute zu der Standardmethode zur Fraktionierung von DNA im analytischen und (semi-) präparativen Bereich geworden. Die enormen methodischen und davon ausgehend wissenschaftlich-theoretischen Fortschritte auf dem Gebiet der Genomorganisation höherer Organismen wären ohne Anwendung der Gelelektrophorese von DNA nicht möglich gewesen.

Ziel dieses Beitrages ist die Vorstellung der am häufigsten benutzten und am breitesten anwendbaren gelelektrophoretischen Techniken zur Nukleinsäure-Fraktionierung. Die Vielzahl der zu dieser Thematik angewandten und publizierten Methoden sowie der begrenzte Raum erlauben keine vollständige Darstellung aller gelelektrophoretischen Techniken, doch wird wahrscheinlich jeder Experimentator anhand der methodischen Bemerkungen und Literaturhinweise die entsprechende, zur Fraktionierung seiner Nukleinsäurepräparation geeignete Methode finden können.

5.1.1. Einsatzmöglichkeiten der Gelelektrophorese

Die Gelelektrophorese ist vorrangig eine Fraktionierungstechnik mit hoher Auflösung. Der jeweils erzielte Fraktionierungsgrad hängt von einer Vielzahl von Faktoren ab, deren wichtigste Gelkonzentration (bei PAA-Gelen auch Vernetzer-Konzentration), Trennsystem (Elektrolytart, Ionenstärke, pH), Menge, Volumen und Lösungsmittel der Probe, Gellänge und Elektrophoresebedingungen (Stromfluß, Temperatur) sind.

Einerseits können in hochprozentigen (20—25%), sehr langen (20—50 cm) PAA-Gelen Oligonukleotide sauber aufgetrennt werden, deren Länge nur um jeweils ein Nukleotid differiert (z. B. Adams et al., 1969; Maxam und Gilbert, 1977), andererseits lassen sich in 0,3% Agarosegelen noch DNA-Moleküle mit Molekularmassen > 10^7 D gut fraktionieren (z. B. McDonell et al., 1977). Komplexe Sequenzgemische ähnlichen Molekulargewichts (z. B. tRNA-Populationen, s. S. 43) erfahren in zweidimensionalen Gelen eine gesteigerte Auflösung. Dabei können die Gele der beiden Dimensionen in bezug auf pH, Gelkonzentration und Einschluß denaturierender Substanzen variieren (vgl. Gould und Mathews, 1976). Gross et al. (1976) und Burckhardt und Birnstiel (1978) nutzten den Einfluß der Sekundärstruktur auf die elektrophoretische Beweglichkeit von RNA (s. u.) aus, um in Gradienten- und zweidimensionalen Gelen unter verschieden stark denaturierenden Bedingungen (erzielt durch Harnstoffgradienten im Plattengel oder einer Kombination von Harnstoff und erhöhter Temperatur) anderweitig nicht separierbare individuelle mRNAs (Histon-mRNAs von Seeigel und *Drosophila*) aufzutrennen.

Gelelektrophoretische Fraktionierungen können sowohl im Mikro- als auch im Makromaßstab durchgeführt werden. Unter Verwendung von Kapillaren als Gelröhrchen konnten Hydén (1968) bzw. Kuzmin et al. (1975) noch RNA-Mengen im 10^{-9}g-Bereich fraktionieren. Eine ähnlich sensitive Technik entwickelten Ringborg et al. (s. Daneholt et al., 1968; Ringborg et al., 1969) durch Modifikation und Adaptation der Plattengel-Technik für den Mikrobereich.

Für präparative Zwecke sowie für Arbeiten im Makromaßstab sind eine Vielzahl spezieller Apparaturen entwickelt worden (s. z. B. Hagen und Young, 1974; Weil und Hampel, 1973). Meist jedoch werden zur Isolierung definierter RNA- und DNA-Fraktionen große analytische (z. B. 10 mm Rund- oder 5 mm starke Platten-) Gele benutzt, an denen die Nukleinsäuregemische getrennt und einzelne Fraktionen anschließend wieder eluiert werden.

Ein vom methodischen Vorgehen der Gelelektrophorese sehr ähnliches Verfahren ist die isoelektrische Fokussierung in PAA-Gelen. Sie wurde vornehmlich zur Auftrennung von tRNA-Gemischen benutzt und ist von Righetti und Drysdale (1976) zusammenfassend dargestellt worden.

Neben der Auftrennung von Sequenzgemischen ist die Bestimmung des Molekulargewichts der separierten Fraktionen anhand ihrer elektrophoretischen Beweglichkeit wichtigster Anwendungsbereich der Gelelektrophorese. Prinzipiell verhält sich die elektrophoretische Beweglichkeit von Nukleinsäure-Molekülen bei der Trennung in PAA- und Agarose-Gelen umgekehrt proportional zum Logarithmus ihres Molekulargewichts. Diese Gesetzmäßigkeit, die sowohl für RNA- als auch für DNA-Moleküle gilt, wurde zuerst von Bishop et al. (1967) und Loening (1968, 1969) bei der Analyse viraler bzw. ribosomaler RNAs gefunden und beschrieben. Im Zuge der besseren Charakterisierung der Nukleinsäuren einerseits und der den gelelektrophoretischen Trennungen zugrunde liegenden Gesetzmäßigkeiten andererseits wurde erkannt, daß nur Trennungen in ihrer Konformation gleicher oder ähnlicher Moleküle unter identischen Elektrophoresebedingungen zu reproduzierbaren Ergebnissen und somit zu exakten Molekulargewichtsbestimmungen führen. Demnach müssen die zu bestimmenden Nukleinsäuremoleküle mit den bezüglich des Molekulargewichts definierten Referenz-Molekülen im gleichen Gel getrennt werden. Da bei einer zu untersuchenden Nukleinsäure-Präparation die Konformation der einzelnen RNA-Fraktionen oft nicht bekannt ist, sollte die elektrophoretische Trennung zur Bestimmung des Molekulargewichts unter denaturierenden

Bedingungen durchgeführt werden. Gute Molekulargewichtsbestimmungen können durch Trennung in Formamid- (Pinder et al., 1974 a), Harnstoff- (Reijnders et al., 1973; Maniatis et al., 1975), Formalin- (Yaneva et al., 1976), Methyl-Quecksilberhydroxid- (Bailey und Davidson, 1976; Amalric et al., 1978) und Alkali- (McDonell et al., 1977) Gelen erhalten werden. Beispiele und Anmerkungen zur Molekulargewichtsbestimmung in Gelen enthalten die experimentellen Protokolle (für DNA vgl. auch Abschnitt 6.2.).

Es wurde bereits erwähnt, daß die Molekülkonformation, bedingt durch den Molekularsiebeffekt der Gele, einen großen Einfluß auf die elektrophoretische Beweglichkeit besitzt.

In der RNA-Analytik wird diese Tatsache vornehmlich zur Verbesserung der Fraktionierung von Molekülgemischen (s. S. 78), aber auch zur Untersuchung verschiedener Konformationen eines Moleküls (z. B. Richards et al., 1973) eingesetzt. Bei DNA-Untersuchungen lassen sich detaillierte Aufschlüsse über Konformationszustände vor allem ringförmiger Moleküle gewinnen. In 1% Agarose/50 mM Tris · HCl, pH 8,05/20 mM Na-acetat/18 mM NaCl/2 mM EDTA werden bei einem Spannungsgradienten von 1,6 V/cm CCC-, OC- und lineare DNA-Formen (s. S. 29) gut voneinander getrennt (Mobilität der CCC-Form am höchsten, der OC-Form am geringsten) (Helling et al., 1974). Änderungen von Gelkonzentration, Ionenstärke des Puffers und Spannungsgradient ändern jedoch speziell das Wanderungsverhalten linearer DNA relativ zu OC- und CCC-DNA. Anwesenheit von Äthidiumbromid, das in unterschiedlichem Maße von DNA verschiedener Konformation gebunden wird (s. S. 124), induziert weitere Änderungen im Wanderungsverhalten. Johnson und Grossman (1977) haben diese Effekte an Plasmid (Col E1)-, Phagen (PM 2)-, Virus (ΦX 174, replikative Form)- und Mitochondrien-DNA detailliert untersucht.

Eine ausführliche Diskussion der in diesem Abschnitt angesprochenen Probleme, zusammen mit vielen Beispielen, enthält die Übersicht von Gould und Matthews (1976).

5.1.2. Praxis der Gelelektrophorese

Gelelektrophoretische Trennungen werden entweder an Rund- oder Platten-Gelen (sogenannten ‚slab'-Gelen) durchgeführt. Beide Arbeitstechniken haben ihre Vor- und Nachteile. Während Rundgele leichter präparierbar und einfacher handhabbar sind, zeichnen sich Trennungen an Plattengelen durch bessere Reproduzierbarkeit der einzelnen Analysen eines Laufes aus, da die Proben im gleichen Gel unter nahezu identischen Bedingungen getrennt werden. Plattengele lassen sich des weiteren besser kühlen und sind einfacher zu trocknen. Letzteres ist vor allem für den autoradiographischen und fluorographischen Nachweis radioaktiv markierter Nukleinsäuren wichtig (s. Abschn. 5.2.1.4.).

Der apparative Aufwand der Gelelektrophorese ist, gemessen an dem anderer Fraktionierungstechniken, relativ gering. Mittelpunkt aller elektrophoretischen Trennungen ist die Elektrophorese-Apparatur, die immer aus zwei Pufferkammern besteht, zwischen die das Plattengel bzw. die Gelröhrchen gebracht und zur elektrophoretischen Trennung befestigt werden. In Abb. 5.1. ist eine Apparatur zur Röhrchenelektrophorese, in Abb. 5.2. und 5.3. sind Apparaturen zur horizontalen bzw. vertikalen Plattenelektrophorese dargestellt. Diese Apparaturen sind in vielen Elektrophoreseläufen erprobt und getestet worden.

Vertikale Plattengel-Elektrophoresegeräte besitzen gegenüber horizontalen Platten-

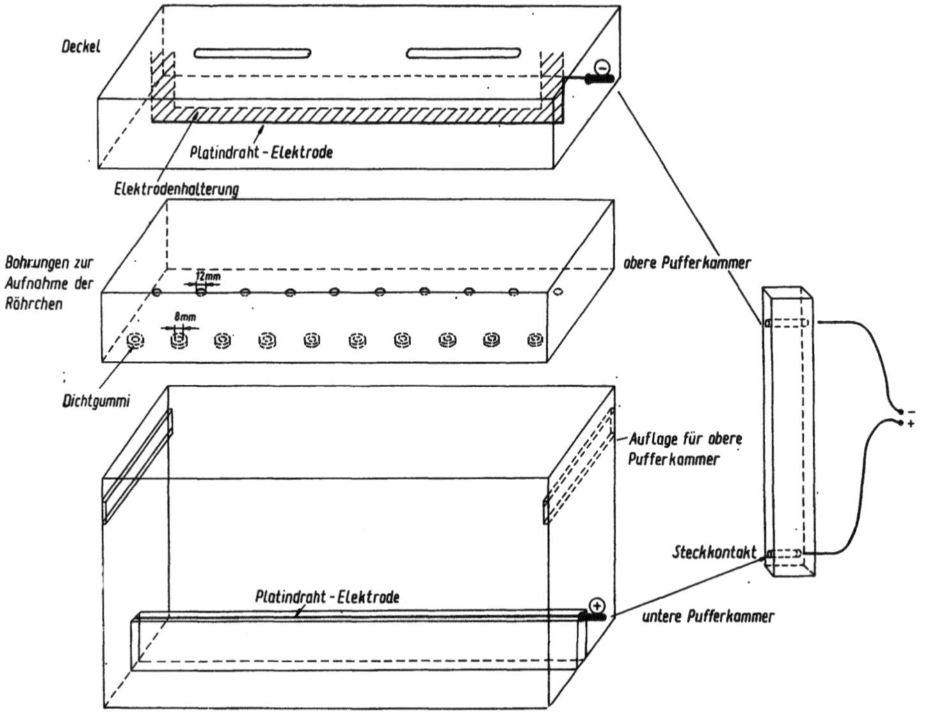

Abb. 5.1. Gerät zur Röhrchenelektrophorese (Eigenbau). Das Gerät erlaubt ein völliges Eintauchen der Röhrchen in den Puffer (und damit eine gute Temperaturäquilibrierung im Gel) und die Verwendung von Röhrchen sowohl mit 6 als auch mit 10 mm Innendurchmesser. Strom kann nur bei geschlossenem Deckel fließen.

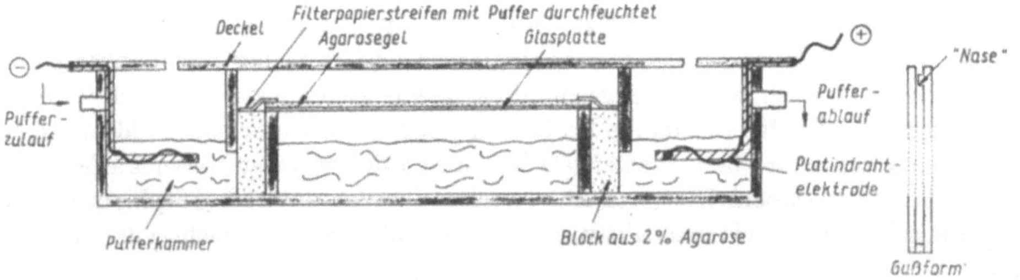

Abb. 5. 2. Gerät zur horizontalen Plattenelektrophorese nach WIEME, 1965 (Eigenbau). Die Gele werden in der rechts dargestellten Gußform hergestellt, wobei Anzahl und Größe der „Nasen" die Gruben zur Aufnahme der Proben determinieren. Liegt das Gel während der Elektrophorese auf einer Fluoreszenz-Glasplatte auf, kann der Lauf im UV-Licht verfolgt werden. Deckel und Puffer im mittleren Kammerabteil verhindern das Austrocknen des Gels. Wichtig ist ein ständiger Pufferaustausch, der durch steten Zulauf aus einem hochstehenden Vorratsgefäß und dementsprechenden Ablauf garantiert wird.

Gelen den Vorteil, mehr Probenmaterial am Start, der durch die Aussparung von Gelmaterial markiert wird, aufnehmen zu können. Sie besitzen andererseits, besonders im Falle niederprozentiger Agarose-Gele (0,3—1%) den Nachteil, wesentlich schwerer handhabbar zu sein.

Nach der elektrophoretischen Trennung von Nukleinsäuren werden die Gele entweder sofort gefärbt (s. Anm. 10, S. 88 und S. 97) oder, und das besonders im Falle von RNA-Gelen, densitometriert. Zur UV-Densitometrie stehen leistungsfähige Geräte, wie

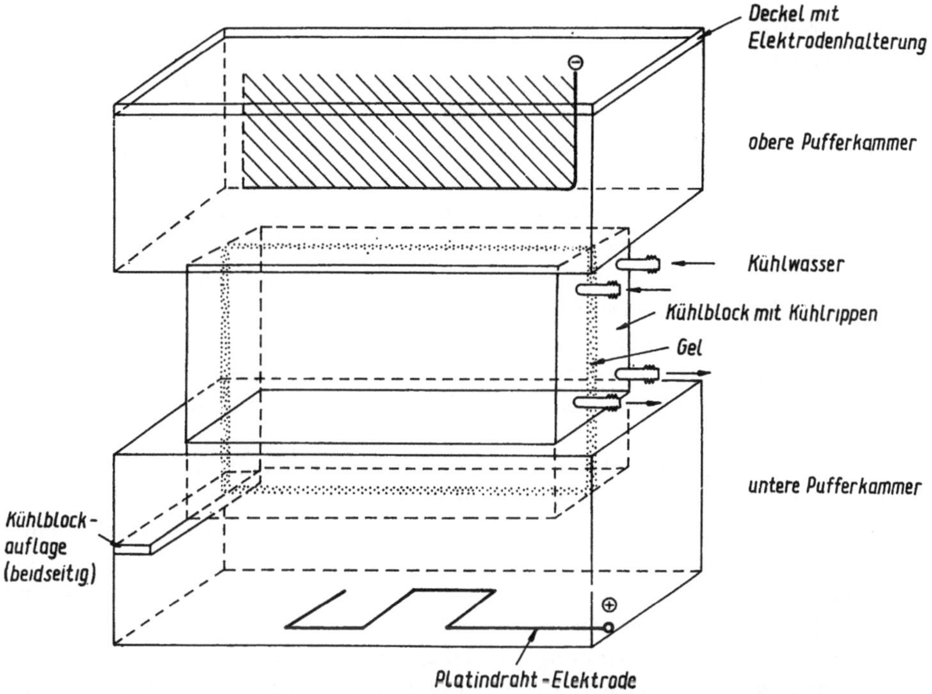

Abb. 5.3. Gerät zur vertikalen Plattenelektrophorese nach einem von der Firma DESAGA, Heidelberg, hergestellten Modell. Die drei Geräteteile werden mit Halterungen verspannt und somit eine Abdichtung zwischen Kühlblock und oberer Pufferkammer erreicht. Vorteile des Gerätes sind die effektive Kühlung und leichte Handhabbarkeit, Nachteile die durch den Kühlblock vorgegebenen Geldimensionen.

die Joyce-Loebl- und Gilford-Densitometer, zur Verfügung, deren Handhabung in entsprechendem Firmenmaterial oder in Übersichten zur Gelelektrophorese (z. B. Gould und Matthews, 1976) beschrieben werden.

Die Auswertung von Geltrennungen radioaktiv markierter Nukleinsäuren kann durch direkte Messung der fraktionierten Gelscheiben oder durch Autoradiographie und Fluorographie der unfraktionierten Gele (s. Abschn. 5.2.1.4.) erfolgen. Zur Fraktionierung von PAA- und Agarose-Gelen sind eine Reihe von Gelschneidern entwickelt worden und kommerziell verfügbar. Einfachere Geräte lassen sich aus ca. 100 Rasierklingen, die in gleichmäßigem Abstand auf 2 Eisenstäbe aufgezogen oder entsprechend in einem Metallblock fixiert werden, leicht herstellen. Entscheidend für die Qualität des Gelschneiders ist der gleichmäßige Abstand aller Klingen voneinander. Dies ist durch das Schneiden von Gelen, in denen die Radioaktivität gleichmäßig verteilt ist, feststellbar. Entsprechende Gele können durch Hinzufügen eines Isotops zu den Gellösungen vor dem Präparieren und durch gutes Mischen der Lösungen hergestellt werden.

Häufig ist die Elution der fraktionierten Nukleinsäuren aus den Gelscheiben notwendig. Hierfür stehen drei generelle, in vielen Varianten existierende Methoden zur Verfügung: (a) elektrophoretische Elution aus den Gelscheiben, (b) Puffer-Elution aus den Gelscheiben nach Homogenisation bzw. Einfrieren und Wiederauftauen und (c) Auflösung der Gelscheiben (nur für Agarosegele anwendbar) und Isolation der Nukleinsäure durch Zentrifugation oder Hydroxyapatitchromatographie.

Die elektrophoretische Elution (zur Methode s. z. B. S. 109) ist schonend und erlaubt auch die Gewinnung hochmolekularer RNA aus Agarosegelen (z. B. Case und Daneholt, 1976). Die Ausbeute an DNA ist nach Sugden et al. (1975) umgekehrt proportional zur Kettenlänge. Die Autoren empfehlen Phenolextraktion der eluierten DNA in 0,05 M Tris · HCl, pH 9/0,2 M NaCl vor der zur Konzentrierung meist notwendigen Alkoholfällung. Enthält das Alkoholpräzipitat nur geringe DNA-Mengen (0,01—1 µg/ml) muß 30 min bei 45000 Upm zentrifugiert werden. Entsprechend einer für Proteine beschriebenen Methode (Ziola und Scraba, 1976) kann die Nukleinsäure elektrophoretisch direkt in eine Lage Hydroxyapatit (HAP) in 0,1 M PB/0,1% SDS eluiert werden. In Plattengelen wird neben der die DNA enthaltenden Gelregion ein Loch ausgestanzt, mit HAP gefüllt und durch Anlegung der Spannung rechtwinklig zur Trennrichtung die DNA in das HAP eluiert. Anschließend wird das HAP sorgfältig entfernt und die DNA wie üblich (s. S. 28) gewonnen.

Für die Pufferelution aus Polyacrylamid-Gelscheiben empfiehlt sich Extraktion mit 0,6 M Li-acetat/0,5% SDS, pH 6. SDS hemmt Nukleaseaktivitäten und fällt in Li-salzen nicht aus. Dünne (0,5 mm) Gelscheiben brauchen nicht homogenisiert, sollten aber eingefroren und wieder aufgetaut werden. Gelscheiben können auch in 2 Vol. Extraktionspuffer + 1 Vol. Phenol homogenisiert und über Nacht bei 37 °C inkubiert werden, gefolgt von Zentrifugation und Alkoholfällung.

Besonders geeignet zur Gewinnung von DNA aus Agarosegelen sind folgende Verfahren. Southern (1975) versetzt die herausgeschnittenen Gelscheibchen mit einem gleichen Volumen 5 M $NaClO_4$, löst die Agarose durch Inkubation bei 60 °C und gewinnt die DNA durch Bindung an HAP bei 60 °C und anschließende Elution mit $\geqq$ 0,3 M PB. Vor erneuter Inkubation dieser DNA mit Restriktionsenzymen empfiehlt sich eine Reinigung über Ionenaustauscher (s. Anmerkung 9, S. 29) oder Sephadex-Chelex 100 (s. Schritt 9, S. 28). Die Gelscheiben können auch in gesättigtem KJ (1,5 mg/ml + 0,1—0,2% Agarose) gelöst und die DNA durch Zentrifugation (20000 ×g, 20—40 h, 20 °C) gewonnen werden (Blin et al., 1975). Smith und Birnstiel (1976) lösen die Gelscheiben in 4 M KJ/14 mM β-Mercaptoäthanol bei 45 °C (unter Hinzufügung von fragmentierter Träger-DNA), binden dann die DNA an HAP, spülen zunächst mit 4 M KJ/14 mM Mercaptoäthanol, dann mit 10 mM PB, eluieren mit 0,4 M PB und chromatographieren an Sephadex G50. (c) Thuring et al. (1975) bringen 3 mm dicke Gelscheiben (⌀ 6 mm) zwischen Parafilm, frieren das Gel auf Trockeneis kurz ein und quetschen während des Auftauens mit den Fingern die Flüssigkeit aus dem Gel, wiederholen den Vorgang nach Zugabe von 50 µl Elektrophorese-Puffer, zentrifugieren 5 min bei 8000 ×g in 1,5 ml Plastebechern und verwenden den Überstand ohne weitere Reinigung.

5.2. Experimentelle Protokolle

5.2.1. Elektrophoretische Fraktionierung von RNA in Polyacrylamid-Gelen

Polyacrylamid ist ein synthetisches Polymer, das aus einer Grundsubstanz, dem Monomer Acrylamid, und einem Vernetzer, z. B. Bis-Acrylamid (N,N'-Methylen-bisacrylamid) besteht. Bei der Gelbildung kommt es durch die Reaktion des Vernetzers, einer bifunktionellen Verbindung, mit den hochmolekularen Ketten des Monomers zur Ausbildung von Quervernetzungen zwischen den Makromolekülen des Monomers. Als Folge dessen und in Abhängigkeit von der benutzten Acrylamid- und Bisacrylamid-Konzentration entstehen unterschiedlich prozentige Gele, deren Trenneigenschaft durch die Porengröße der Gele definiert wird.

Zur Präparation von Polyacrylamidgelen können Monomerkonzentrationen im Bereich von etwa 1,8—25% Acrylamid eingesetzt werden. Durch Änderung der Vernetzerkonzentration ändert sich die Porengröße der verwendeten Gele und damit deren Fraktionierungseigenschaft. Nach Richards et al. (1965) kann die optimale Vernetzerkonzentration durch die empirische Formel

$$100\,R - 6{,}5 = 0{,}3\,C \qquad (5.1)$$

berechnet werden. Dabei ist C = Acrylamidkonzentration und R = Gewichtsanteil des Vernetzers in bezug auf das Monomer.

Neben Bisacrylamid, das am häufigsten zur Präparation von PAA-Gelen eingesetzt wird und die Präparation nieder-(1,8—2,5)prozentiger Gele gestattet, können auch Diacrylat und Tartardiamid als Vernetzer von PAA-Gelen verwendet werden. Mit Diacrylat vernetzte Gele lassen sich durch alkalische Hydrolyse, mit Tartardiamid vernetzte durch Behandlung mit 2%iger Perjodsäure auflösen (s. Gould und Matthews, 1976) und dadurch gut zur Flüssigkeits-Szintillations-Messung radioaktiv markierter Nukleinsäuren einsetzen.

Die Polymerisationsreaktion zwischen Monomer und Vernetzer muß durch freie Radikale initiiert werden. Dazu werden im allgemeinen Ammoniumpersulfat oder Riboflavin benutzt. Zur Präparation von PAA-Gelen zur Nukleinsäureanalyse hat sich die Polymerisierung mit Ammoniumpersulfat durchgesetzt, die der Licht erfordernden (und oft ungleichmäßigen) Gelpolymerisierung mit Riboflavin vorzuziehen ist. Als Katalysator der Polymerisierungsreaktion wird in den meisten Fällen Tetramethyläthylendiamin (TEMED) (seltener auch Dimethylaminoäthylcyanid) benutzt.

Die Polymerisierungsgeschwindigkeit ist proportional dem Produkt aus der Konzentration des Radikalbildners (z. B. Ammoniumpersulfat) und des Katalysators (z. B. TEMED) und ist abhängig von der Temperatur. Sie wird durch Sauerstoff gehemmt, so daß es notwendig ist, die Gele unter Luftabschluß, erzielt durch Überschichten mit Flüssigkeit, zu polymerisieren.

Als günstig zur Präparation und Handhabung niederprozentiger PAA-Gele erwiesen sich Zugaben geringer Agarose-Mengen (z. B. 0,5%), die die instabilen 2—2,5%-igen PAA-Gele stabilisieren. Die Technik der Präparation von Agarose/Acrylamid-Gelen ist von Peacock und Dingman (1968) eingeführt worden und hat sich zur Fraktionierung ribosomaler RNAs bewährt. Da jedoch elektrophoretische Trennungen an 2%igen Agarose-Gelen ähnliche Ergebnisse bringen und diese Gele einfacher zu präparieren sind, soll auf die Methode hier nicht näher eingegangen werden.

5.2.1.1. Elektrophorese in nichtdenaturierenden Polyacrylamid-Gelen

Die hier dargestellte Methode basiert auf der von Bishop et al. (1967) publizierten Fraktionierung viraler RNA in 2,4% PAA-Gelen. Die Elektrophorese an 2,4%igen Gelen erlaubt eine optimale Trennung ribosomaler RNA und deren Vorstufen und somit eine Fraktionierung von RNA-Molekülen im Bereich von ca. $1-4,5 \times 10^6$ D. Bei entsprechender Wahl der Monomer- und Vernetzer-Konzentrationen können mittels der vorgestellten Technik mit Ausnahme sehr hochmolekularer HnRNA-Moleküle ($> 5 \times 10^6$ D) alle Fraktionen zellulärer RNA gut getrennt werden.

Spezielles Material

- Acrylamid, gereinigt nach Loening (1967): 70 g Acrylamid in 1 l Chloroform bei 50 °C lösen, heiß filtrieren und bei −20 °C abkühlen lassen. Die erhaltenen Kristalle werden in der Kälte filtriert, mit kaltem Chloroform gewaschen und im Exsikkator getrocknet.
- Bis-Acrylamid, gereinigt nach Loening (1967): 10 g Bis-Acrylamid werden in 1 l Aceton bei 40—50 °C gelöst, heiß filtriert und auf −20 °C gekühlt. Die sich bildenden Kristalle werden nach mehreren Stunden durch Filtration (oder Zentrifugation) gesammelt, mit Aceton gewaschen und getrocknet.
- Acrylamid-Bisacrylamid-Stammlösung: 15% (w/v) Acrylamid, 0,75% (w/v) Bisacrylamid in A. bidest.
- 10% (w/v) Ammoniumpersulfat in A. bidest., frisch präpariert.
- Elektrophoresepuffer (E-Puffer); 3× E-Puffer: 0,12 M Tris/3 mM EDTA/60 mM Na-acetat, mit Essigsäure auf pH 7,2 eingestellt.
- ^{3}H-RNA (0,1—1 mg/ml, isoliert nach Abschnitt 3.2.1.) in 1× E-Puffer.
- Färbelösung: Stammlösungen A (0,2% Methylenblau in A. bidest.) und B (0,4 M Na-acetat/0,4 M Essigsäure) werden unmittelbar vor Gebrauch im Verhältnis 1:1 gemischt.

Versuchsdurchführung

(1) 2 ml der Acrylamid/Bisacrylamid-Stammlösung werden mit 6,225 ml A. bidest. und 4,16 ml 3× E-Puffer mittels eines Magnetrührers 2—3 min gemischt.
(2) Zugabe von 10 µl TEMED und 100 µl Ammoniumpersulfatlösung.
(3) Die Gellösung wird bis zu einer Höhe von 7 cm in Glasröhrchen (Länge 10 cm, Innendurchmesser 0,6 cm) pipettiert und sorgfältig mittels einer Hütchenpipette mit 1× E-Puffer überschichtet.
(4) Nach Beendigung der Polymerisierung des Gels werden die Gel-Röhrchen aus dem Röhrchenständer genommen. Der überschichtete 1× E-Puffer wird abgegossen und die Gelröhrchen in den Elektrophorese-Apparat eingebracht.
(5) Beide Pufferkammern werden mit ca. 400 ml 1× E-Puffer gefüllt. Durch einen 30minütigen Vorlauf (ohne Probe) von 100 V, ca. 5 mA/Gel werden Gelverunreinigungen sowie überschüssiges Ammoniumpersulfat aus den Gelen entfernt.
(6) Die in 10—50 (maximal 100) µl gelöste und mit 10% RNase-freier Saccharose versehene RNA-Probe wird mit Hilfe einer geeigneten Restriktions- oder Hütchenpipette auf das Gel aufgetragen, indem die Puffer-Säule im Röhrchen mit der Saccharose-haltigen Probelösung vorsichtig unterschichtet wird.
(7) Elektrophoretische Trennung der RNA für 1,5—3 h bei 60 V, ca. 3 mA/Gel.

(8) Die Gele werden mittels einer Injektionsspritze durch vorsichtiges Einspritzen von Wasser zwischen Gel und Glasröhrchen aus den Röhrchen entfernt und in Färbelösung 30 min bei Zimmertemperatur gefärbt.
(9) Entfärben der Gele in 100-ml-Küvetten mit A. dest. (mehrmals im Laufe von 2—3 Tagen frisch ersetzen).
(10) Nach dem Entfärben werden die Gele fotografiert und/oder im Chromoscan densitometriert.
(11) Gele mit radioaktiv markierter RNA werden danach in Hexan (oder Heptan) auf Trockeneis eingefroren und, nach kurzem Auftauen, mit Hilfe eines Rasierklingenschneiders (s. Abb. 5.4.) in 1-mm-Scheibchen geschnitten.
(12) Die Scheibchen werden in je ein Szintillations-Meßgläschen übertragen und nach Zusatz von 0,2 ml 30%iger H_2O_2-Lösung durch 2—3 h Inkubation bei 50—60°C aufgelöst.
(13) Zugabe von 10 ml Brayscher Lösung und Messung der Proben im Flüssigkeits-Szintillationsspectrometer.

Anmerkungen

Das hier angegebene 2,4%ige Gel erlaubt einerseits eine gute Fraktionierung ribosomaler 28S- und 18S-RNAs voneinander und andererseits die Trennung dieser rRNAs von niedermolekularen (4S und 5S) RNA-Fraktionen (s. Abb. 5.4.). RNA-Moleküle im Bereich der 16S—18S rRNAs (0,5—0,9 $\times 10^6$ D) lassen sich gut in 3—4%igen Gelen trennen (s. z. B. Serfling et al., 1972). Zur Trennung niedermolekularer 4S und 5S RNA-Fraktionen müssen höherprozentige Gele von ca. 7—10% Acrylamid verwendet werden, die durch entsprechende Veränderungen der Monomer- und Vernetzerkonzentration (s. Beziehung 5.1, S. 83) präpariert werden können. In diese Gele dringen die hochmolekularen 18S und 28S rRNA nicht bzw. kaum ein. 4S und 5S RNA werden in 10%igen PAA-Gelen bei Optimierung der Trennung ca. 1 cm voneinander getrennt. Durch Benutzung 15%iger Gele kann die tRNA-Population in Subklassen fraktioniert werden, die durch zweidimensionale Trennung unter denaturierenden Bedingungen weiter fraktioniert und analysiert werden können (Stein und Varicchio, 1974, und S. 43 und 78). Zur gleichzeitigen Trennung hochmolekularer 28S und 18S rRNA sowie niedermolekularer 4S und 5S RNA haben sich Tandem-Gele bewährt (z. B. Grossbach und Weinstein, 1968; Serfling et al., 1974), die aus einem 7,5%igen unterem PAA-Gelteil von 3 cm Höhe und einem oberen 2,4%igen Gelteil von 4,5 cm Höhe bestehen. Bei optimierten Trennbedingungen lassen sich damit sowohl hoch- als auch niedermolekulare RNA-Moleküle gut fraktionieren.

Zum Material: Acrylamid ist ein Nervengift, das sowohl durch Inhalieren als durch Hautkontakt aufgenommen werden kann. Deshalb sollten alle Arbeiten unter strikter Einhaltung entsprechender Sicherheitsmaßnahmen (z. B. Tragen von Gummihandschuhen, Pipettieren der Gellösungen mit Peleusbällen usw.) erfolgen. Das gilt insbesondere für die Reinigung des Acrylamids, da dabei Acrylamiddämpfe aufgenommen werden können. Lösen und Filtrieren erfolgt deshalb unter einem Abzug.

Wird anstelle von Bis-Acrylamid Diacrylat als Vernetzer benutzt, lassen sich nur noch Gele bis ca. 2,7% Polyacrylamid herstellen. Durch Benutzung geeigneter Gel-‚Solubilizer' (wie H_2O_2 u. a.) wird der Vorteil der Diacrylat-Gele, leicht verflüssigt werden zu können, aufgehoben, so daß heute Diacrylat zur Vernetzung von PAA-Gelen kaum noch verwendet wird.

Bei der Wahl des Elektrophorese-Puffers sollte man berücksichtigen, daß elektrophoretische Trennungen von RNA in Puffern hoher Ionenstärke (z. B. in 20 mM Na-acetat-Puffer) bei geringem Stromfluß zu besonders guten Trennungen führen. Andererseits verhindern Lösungen mit Pufferionen geringer Mobilität (z. B. Tris) und geringer Ionenstärke eine die Trennergebnisse negativ beeinflussende Erwärmung der Gele während des Laufes. Zur Optimierung der Elektrophoresebedingungen muß deshalb ein Kompromiß bezüglich der Ionenstärke gemacht werden. Weitere Hinweise über den Einfluß von Pufferionen können den Arbeiten von LOENING (1967, 1969) sowie der Übersicht von GOULD und MATTHEWS (1976) entnommen werden. — Neben dem hier von BISHOP et al. (1967) angegebenen Tris-Acetat-Puffer wird sehr häufig der von LOENING (1967) zuerst für elektrophoretische Trennungen vorgeschlagene Tris-Phosphat-Puffer benutzt, der allerdings weniger gute Trennergebnisse liefert.

Schritt 1: Oft wird, da Sauerstoff die Polymerisierung hemmt, ein Entgasen der Gellösung im Exsikkator vorgeschlagen. Nach unseren Erfahrungen ist das, zumindest für die hier angegebene Methode, überflüssig.

Schritt 2: Bei der Präparation höher (7—10)prozentiger Gele muß nach der Zugabe von TEMED und Ammoniumpersulfat die Gellösung rasch in die Röhrchen gefüllt werden, da das Gel innerhalb weniger Minuten polymerisiert.

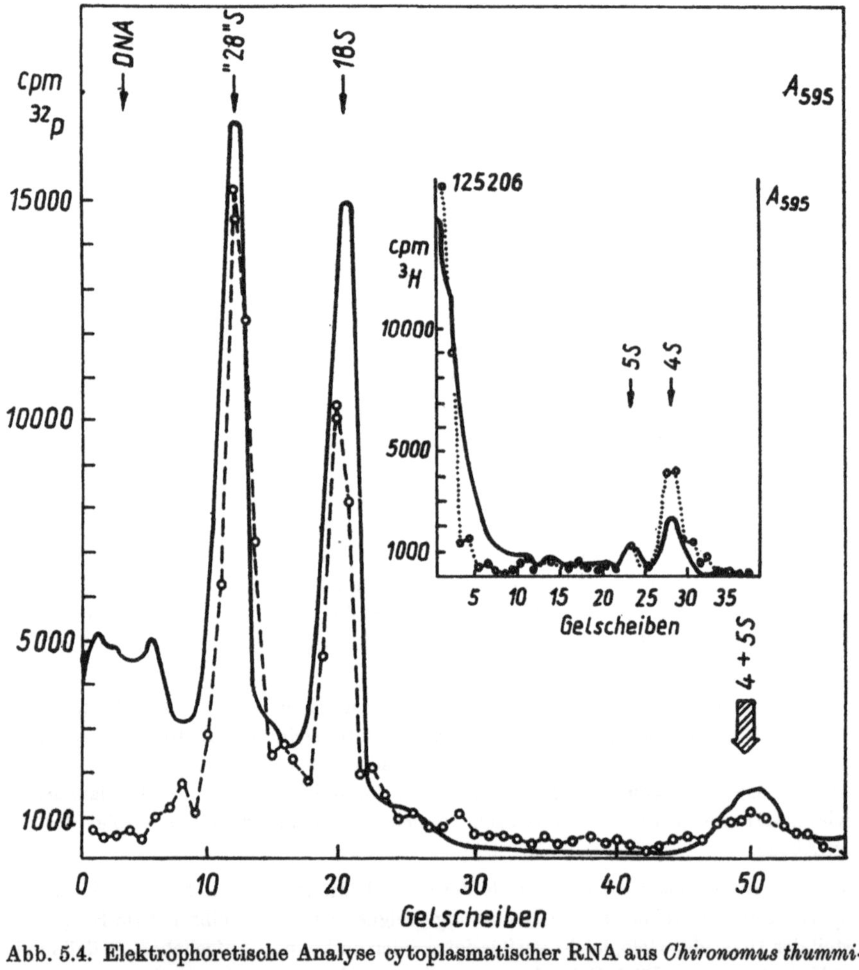

Abb. 5.4. Elektrophoretische Analyse cytoplasmatischer RNA aus *Chironomus thummi*-Larven an 2,4% Polyacrylamidgelen. 40 µg ^{32}P-RNA wurde entsprechend Abschnitt 3.2.1. (jedoch ohne Macaloid im Extraktionspuffer) isoliert und für 1,5 h bei 3,5 mA/Gel bei Raumtemperatur aufgetrennt. Nach Färbung mit Methylenblau und Entfärbung in Wasser wurde das Gel bei 595 nm densitometriert, anschließend fraktioniert und die Radioaktivität gemessen.

Die innere Abbildung zeigt die Auftrennung von 50 µg ^{3}H-RNA aus *Drosophila hydei* in einem 7,2% Polyacrylamidgel unter identischen Bedingungen.

Schritt 3: Anstelle von Glasröhrchen werden oft Plexiglas- (Perspex-) Röhrchen benutzt, die ein besseres Herauslösen der Gele aus den Röhrchen ermöglichen. Das ist vor allem für niederprozentige Gele, die leicht zerreißen können, wichtig. Durch gründliche Vorreinigung und Behandlung mit Triton können Glasröhrchen jedoch mit gleichem Erfolg benutzt werden. In unserem Labor hat sich seit Jahren folgendes Vorbehandlungs-Verfahren bewährt: Nach dem Lauf werden die Röhrchen mit Wasser ausgespült, über Nacht in Chromschwefelsäure gestellt, gespült und in 1—2 N NaOH gestellt. Nach erneutem Spülen der Röhrchen mit A. dest. wird die Innenseite der Röhrchen mit einer 4%igen Triton-Lösung unter Zuhilfenahme einer Hütchen-Pipette benetzt, und die Röhrchen werden 1—2 h bei 80 °C so getrocknet, daß noch ein schwacher Triton-Film erhalten bleibt. Auf keinen Fall darf die Triton-Lösung durch Benutzung höherer Temperaturen in die Röhrchen eingebrannt werden, da diese Behandlung das Herauslösen 2—3%iger PAA-Gele unmöglich macht.

Von großer Bedeutung für die Polymerisation ist die Temperatur. Bei niedrigen Temperaturen (2—4 °C) entstehen offensichtlich sehr lange Polymere, die das Netzwerk des Gels verengen und somit zu verminderter Beweglichkeit der RNA führen (Gressel et al., 1975). Die Wanderungsgeschwindigkeit von RNA-Fraktionen, die ein Ausgangspunkt für die Bestimmung des Molekulargewichts ist (s. S. 78), kann deshalb nur zwischen PAA-Gelen, die bei gleicher Temperatur polymerisiert wurden, verglichen werden.

Schritt 4: Das Ende der Polymerisierung kann leicht durch die scharfe, opaque Trennschicht zwischen Geloberfläche und Puffer erkannt werden. Die Gele können nach der Polymerisierung sofort zur Elektrophorese benutzt werden, andererseits lassen sich noch mit PAA-Gelen, die mehrere Wochen bei 4 °C (mit Puffer überschichtet!) aufbewahrt wurden, gute Trennungen erzielen. Man sollte jedoch keinesfalls kritiklos die mit frisch präparierten und länger gelagerten Gelen erzielten Trennergebnisse vergleichen.

Schritt 5: Ein Austausch zwischen den Puffern der oberen und unteren Trennkammer ist bei der hier angegebenen Methode infolge der guten Pufferkapazität des Tris-Acetat-Puffers und der kurzen Trennzeit nicht notwendig. Elektrophoretische Trennungen sehr RNase-sensibler RNA (z. B. von HnRNA oder anderer hochmolekularer RNA) sollten bei 2—4 °C erfolgen. Für Trennungen bei Zimmertemperatur ist es vorteilhaft, dem Puffer 0,2% SDS beizugeben.

Schritt 6: Geringste Probevolumina ergeben die besten Trennungen. Man sollte deshalb versuchen die zu fraktionierenden RNA-Proben möglichst zu konzentrieren und nicht mehr als 50 µl Probe-Volumen aufzutragen. Pro Gel der hier angegebenen Dimension können bis zu 100 µg RNA getrennt werden. Außer Saccharose kann zum Erhalt der notwendigen Dichte der Probe mit gleichem Erfolg Glyzerin (z. B. 10%) benutzt werden. Zur Frontmarkierung ist Zusatz von Bromphenolblau (Endkonzentration ca. 0,005%) zur Probe zu empfehlen.

Schritt 7: Unter den angegebenen Bedingungen erzielten wir gute Trennungen ribosomaler RNA sowie von 5S- und 4S-RNA. Höhere Stromstärken verkürzen zwar den Lauf, führen jedoch zum Erwärmen der Gele (und damit zum „Durchhängen" der Banden).

Schritt 8: Höher- (z. B. 7—10) prozentige Gele können auch mittels Wasserdruck (oder anderer Techniken) aus den Röhrchen entfernt werden. Entscheidend für das unbeschädigte Herauslösen der Gele ist die Säuberung und Vorbehandlung der Gelröhrchen (s. o.).

Schritt 9: Auf diese Weise behandelte 2,4%ige Gele sind nach 2—3 Tagen entfärbt. Höherprozentige Gele entfärben langsamer. Die Entfärbezeit kann durch Benutzung entsprechender Entfärbeapparaturen und -methoden (z. B. durch Einlegen der Gele in einen Gelhalter und Rühren des Wassers mittels Magnetrührer) wesentlich verkürzt werden. Auch elektrophoretische Entfärbung ist möglich.

Schritt 10: Man wird von Fall zu Fall zu entscheiden haben, wie die Gele ausgewertet und dokumentiert werden. Um die Molekulargewichte radioaktiv markierter RNAs bestimmen zu können, genügt es oft, die Position der entsprechenden Referenz-RNAs (z. B. der 18S und 28S bzw. 5S und 4S RNA) zu notieren. — Die Gele können auch direkt im UV-Licht bei 260 nm densitometriert werden (s. Loening 1967; Gould und Matthews, 1976). Voraussetzung dazu ist die

Verwendung gereinigter Substanzen zur Gelpräparation (Acrylamid und Bisacrylamid umfällen!), da Verunreinigungen die Untergrund-Absorption der PAA-Gele im UV-Licht wesentlich erhöhen. Von besonderer Bedeutung ist die UV-Densitometrie für präparative RNA-Trennungen. Bei den hier benutzten Gelen (⌀ 6 mm) können noch Banden mit weniger als 1 µg RNA durch Methylenblau-Färbung nachgewiesen werden. Nach eigenen quantitativen Messungen an rRNA von *Chironomus* entspricht bei 1—50 µg RNA die Methylenblau-Färbung dem BEER-LAMBERTschen Gesetz, d. h. die Menge gebundenen Farbstoffes nimmt proportional zur RNA-Menge zu. Somit kann die Methylenblau-Färbung nach Eichung und unter standardisierten Bedingungen (des Färbens und Entfärbens) auch für quantitative Arbeiten benutzt werden. Zur differenzierten Anfärbung von an PAA-Gelen getrennten Substanzgemischen ist „stains-all" zu empfehlen, das RNA lila, Proteine rot und DNA sowie Polysaccharide blau färbt (DAHLBERG et al., 1969).

Außer Methylenblau und „stains-all" können zur RNA-Färbung auch Pyronin, Acridinorange und andere Farbstoffe benutzt werden.

Schritt 11: Wir notieren in unseren Experimenten vor dem Einfrieren sowohl die Position der gefärbten RNA-Referenzbanden als auch die Länge der zu schneidenden Gele. Die Gele werden dann auf eine Petrischale in Hexan gelegt, ausgerichtet und innerhalb 20—30 min auf Trockeneis eingefroren. Anschließend wird das Hexan abgegossen. Die Gele werden mit heißem Wasser (das über die Unterseite der Petrischale läuft) von der Schale gelöst und während des Auftauens (prüfen mit einer Pinzette!) mittels eines Rasierklingenschneiders auf einer Paraffin-Unterlage in 1-mm-Scheibchen geschnitten. Entscheidend für den Erfolg sind der Zeitpunkt des Schneidens und die Qualität des Gelschneiders.

Schritt 12: Zum Verflüssigen von PAA-Gelen sind eine Reihe käuflich erhältlicher Reaktions-Gemische benutzt worden (s. GOULD und MATTHEWS, 1976), die neben der Verflüssigung von PAA-Gelscheibchen Photolumineszenz unterdrücken und die Zählausbeute der radioaktiv markierten Proben nur geringfügig herabsetzen sollen. Letzteres ist vor allem für ^{3}H-markierte Proben wichtig. Wir erhielten bei Verwendung von H_2O_2 und BRAYscher Lösung als Szintillations-Cocktail Zählausbeuten von 25—28%.

Nach der Thermoinkubation der Szintillationsgefäße (die bei hochprozentigen Gelen entsprechend länger als hier angegeben zu erfolgen hat!) sollten diese bei 4 °C abgekühlt und erst dann mit Szintillations-Flüssigkeit gefüllt werden. Proben mit ^{32}P-markierten Nukleinsäuren können gut ohne Verwendung von Szintillations-Cocktails durch Ausnutzung der Čerenkov-Strahlung gemessen werden. Zu Autoradiographie und Fluorographie s. Abschnitt 5.2.1.4.

Schritt 13: BRAYsche Lösung setzt sich wie folgt zusammen (BRAY, 1960): Naphtalen 60 g, PPO 4 g, POPOP 0,2 g, Methanol 100 ml, Äthylenglykoll 20 ml, mit Dioxan auf 1 l auffüllen. Dioxan ist gesundheitsschädlich, so daß alle damit durchgeführten Arbeiten unterm Abzug sowie unter Vermeidung von Hautkontakt ausgeführt werden sollten.

Alternative Szintillations-Cocktails sind oft publiziert und zusammenfassend dargestellt worden (z. B. FOX, 1976).

5.2.1.2. *Präparation von Gradient-Polyacrylamid-Gelen*

PAA-Gradientgele besitzen gegenüber normalen Gelen mehrere Vorteile, die sie zur elektrophoretischen Trennung von Nukleinsäuregemischen besonders attraktiv machen. Man unterscheidet lineare und exponentielle Gradientgele. Letztere sind ersteren aufgrund besserer Trenneigenschaften vorzuziehen.

Exponentielle Gradientgele sind zuerst von MIRAULT und SCHERRER (1971) zur PAA-Elektrophorese benutzt und für Molekulargewichtsbestimmungen nukleolärer prä-rRNA angewandt worden. Gegenüber normalen (und linearen Gradient-) PAA-Gelen besitzen exponentielle PAA-Gele drei entscheidende Vorteile (s. SPOHR et al., 1976): (a) Die Trennschärfe der Gele ist unabhängig vom aufgetragenen Probenvolumen. Volumina bis zu

2 ml können, ohne daß die Trennschärfe leidet, aufgetragen werden. (b) Das Auflösungsvermögen der Gele nimmt mit steigender Elektrophoresezeit zu, da bei entsprechend langer Elektrophoresedauer alle RNA-Fraktionen zu der für sie optimalen PAA-Konzentration wandern und dort „steckenbleiben". (c) Bei entsprechender Wahl der PAA-Konzentration können in (1,8—20%igen) exponentiellen PAA-Gelen RNA-Moleküle von 10^4 D (ca. 30 NT) bis zu 10^7 D (ca. 3—4 × 10^4 NT) optimal getrennt werden.

Die Technik ist von SPOHR et al. (1976) als Formamid-Elektrophorese, die besonders genaue Molekulargewichtsbestimmungen gestattet (s. Abschn. 5.2.1.3.), weiterentwickelt und zur Analyse von HnRNA benutzt worden.

Die hier darzustellende Methode der Präparation linearer PAA-Gradientgele basiert auf der Benutzung der zur Gelpräparation entwickelten Apparatur von KAMM und MES (1971), die die gleichzeitige Herstellung von 10—20 (Röhrchen-) Gelen gestattet. Die Technik ist von uns zur Trennung ribosomaler *Drosophila* 18 S-RNAs an 2,4—10,8% PAA-Gradientgelen mit Erfolg benutzt worden (SERFLING, 1976b). Bei entsprechender Modifizierung der Gradient-Mischvorrichtung (vgl. S. 116) kann sie auch zur Herstellung exponentieller PAA-Gradientgele eingesetzt werden.

Spezielles Material

— Acrylamidstammlösung A: 15% (w/v) Acrylamid, 1% Bisacrylamid
— Acrylamidstammlösung B: 45% (w/v) Acrylamid, 1% Bisacrylamid
— 3× E-Puffer: (s. S. 84)
— 1% Brij 35 in A. bidest.
— 10% (w/v) TEMED
— 10% (w/v) Ammoniumpersulfat (s. S. 84)

Versuchsdurchführung

(1) Alle Lösungen (mit Ausnahme von TEMED und Ammoniumpersulfat) werden auf Zimmertemperatur gebracht. Ausgefallenes Acrylamid wird im Wasserbad (von 30 °C) aufgelöst.
(2) Pumpe, Mischgefäße, Rührer und Röhrchenständer werden im Kühlraum bei 4 °C aufgebaut, die vorbehandelten Röhrchen (s. S. 87) eingesetzt und die Apparatur mindestens eine Std. dort belassen.
(3) Zur Präparation 2—15%iger Gradientgele werden die Lösungen I und II wie folgt bei Zimmertemperatur zusammenpipettiert und gemischt:

Lösung I: 4,67 ml Acrylamid-Lösung A
11,68 ml 3× E-Puffer
0,88 ml Glycerin
0,35 ml Brij-Lösung
17,07 ml A. bidest

Lösung II: 14 ml Acrylamid-Lösung B
11,68 ml 3× E-Puffer
7 ml Glycerin
0,35 ml Brij-Lösung
1,85 ml A. bidest

(4) Die beiden Lösungen werden im Eisbad 30 min abgekühlt.
(5) Jeweils 0,5 ml der Lösungen I bzw. II werden in die Reservoire I bzw. II pipettiert

(s. Abb. 7.1b) und durch die Schläuche gepumpt. Dabei wird die Lösung II nicht in das Mischgefäß I geleitet.

(6) Je 25 µl TEMED und Ammoniumpersulfat werden der Lösung II zugesetzt, vermischt und in Reservoir 2 gefüllt. Die Pumpe wird eingeschaltet und Kanal 1 bis zum Ende (bis zu Mischgefäß I) mit der Lösung II gefüllt.

(7) Je 175 µl TEMED und Ammoniumpersulfat werden der Lösung I zugesetzt, diese wird gerührt und in Mischgefäß I gefüllt.

(8) Kanal 2 wird in Form einer langen Injektionsnadel in den Röhrchenständer eingelegt; Rührer und Pumpe werden eingeschaltet. Das Mischen und Füllen der Röhrchen wird beendet, wenn Luftblasen in die Gellösung des Röhrchenständers gelangen.

(9) Die Polymerisation der Gele erfolgt bei Raumtemperatur, nachdem diese zuvor mit 1× E-Puffer überschichtet wurden (s. Schritt 3, S. 84).

(10) Die Mischanlage wird zum Abschluß gründlich mit A. bidest. gespült.

Anmerkungen

Die zum experimentellen Protokoll 5.2.1.1. gemachten methodischen Anmerkungen (s. S. 85) gelten auch hier.

Schritt 2: Effektive Kühlung aller Gellösungen sowie der gesamten Apparatur ist entscheidend, um ein Polymerisieren während der Präparation zu verhindern.

Schritt 3: Dem Acrylamidgradienten ist zur Stabilisierung ein Glyceringradient überlagert. Der Zusatz von Brij (Triton X-100 ist gleichermaßen geeignet) garantiert einen gleichmäßigen, durch Oberflächenspannung unbehinderten Fluß der Gellösung.

Schritt 6: Da die Polymerisationsgeschwindigkeit sowohl der Acrylamid- als auch der TEMED- und Ammoniumpersulfat-Konzentration proportional ist (vgl. S. 83), werden die Katalysatoren umgekehrt proportional zur Konzentration des Acrylamids hinzugefügt, um eine gleichmäßige Polymerisation im gesamten Gradienten zu garantieren. Für ein 2% Gel werden $\frac{1}{0{,}02}$ = je 50 µl TEMED- und Persulfat-Lösung pro 10 ml Gellösung, für ein 10% Gel $\frac{1}{0{,}1}$ = 10 µl TEMED- und Persulfatlösung pro 10 ml Gellösung hinzugefügt (Mirault und Scherrer 1971).

Schritt 9: Wir lassen die Gele üblicherweise über Nacht bei Raumtemperatur polymerisieren. Die Linearität des Gradienten kann durch Zugabe von Bromphenolblau in Lösung II und Densitometrie der Gele nach der Polymerisation geprüft werden.

5.2.1.3. Elektrophorese in denaturierenden Formamid-Polyacrylamid-Gelen

Insbesondere RNA muß zur Molekulargewichtsbestimmung in Gelen denaturiert werden, um Einflüsse von Sekundärstrukturen auf die elektrophoretische Beweglichkeit auszuschließen (s. Abschnitt 5.1.1.). Ein geeignetes denaturierendes Agens ist Formamid. Es senkt die Schmelztemperatur von Nukleinsäure-Doppelsträngen (s. S. 164) und erlaubt die Polymerisation von wasserfreien Acrylamid/Bisacrylamid-Gelen.

Staynov et al. (1972) benutzten als erste Formamid-PAA-Gele zur Molekulargewichtsbestimmung ribosomaler RNAs. Die Methode ist in der Zwischenzeit wesentlich modifiziert und verbessert (s. Pinder et al., 1974a) und auch als Formamid-Gradientgel-Elektrophorese eingesetzt worden (Spohr et al., 1976). Alternative Methoden wurden auf S. 79 zitiert.

Spezielles Material

- Gereinigtes Formamid (s. auch S. 192): 20 ml Formamid (reinst, Merck) werden mit 0,6 g Amberlite Monobed-1 2 h gerührt und anschließend durch ein gut gewaschenes, trockenes Filter filtriert. Das Formamid wird dann mit einer Spatelspitze Aktivkohle (vor Gebrauch 10 min in 0,1 N HCl gekocht und mit A. dest. bis zur Neutralität gewaschen) versetzt, 20 min gerührt und durch eine G4-Fritte mit Kieselgur abgesaugt. Die Kieselgur-Fritte wird wie folgt präpariert: Kieselgur wird in Formamid aufgeschwemmt, in die Fritte gebracht und trocken gesaugt. Danach werden ca. 5 ml Formamid-Aktivkohle-Aufschwemmung aufgegeben und das abgesaugte Formamid verworfen.
- Gepuffertes Formamid: 92 mg Diäthylbarbitursäure werden in 20 ml gereinigtem Formamid gelöst, die Lösung wird mit 1 N NaOH auf „pH" 9,0 eingestellt und mit Formamid auf 25 ml aufgefüllt.
- Umkristallisiertes (s. S. 84) Acrylamid und Bisacrylamid.
- 18% (w/v) Ammoniumpersulfat in A. bidest.

Versuchsdurchführung

(1) In 20 ml Formamid werden gelöst: 0,85 g Acrylamid, 0,15 g Bisacrylamid, 92 mg Diäthylbarbitursäure und 60 µl TEMED. Der „pH" der Lösung wird mit 1 N HCl auf 9 eingestellt.
(2) Nach Zusatz von 0,2 ml Ammoniumpersulfat-Lösung wird mit Formamid auf 25 ml aufgefüllt.
(3) Die Lösung wird 7 cm hoch in Glasröhrchen pipettiert und mit 60% (w/v) Formamid überschichtet.
(4) Nach dem Polymerisieren der Gele (nach ca. 30 min) wird das 70%ige Formamid abgesaugt und durch gepuffertes Formamid ersetzt.
(5) Die vorher möglichst getrocknete RNA wird in gepuffertem Formamid (das 10% Saccharose und eine Spur Bromphenolblau enthält) aufgenommen (Konzentration 1 mg/ml). Davon werden 10—20 µl auf das Gel aufgetragen. Darüber werden ca. 1 cm gepufferte Formamid-Lösung und anschließend 0,02 M NaCl, das als Elektrophorese-„Puffer" dient, geschichtet.
(6) Elektrophoretische Trennung 3—4 h bei Zimmertemperatur (oder bei 50 °C).
(7) Färbung und Auswertung der Gele entsprechend Abschnitt 5.2.1.1.

Anmerkungen

Zum Material: Wichtig zur Präparation von Formamid-Gelen ist die Benutzung reinen Formamids. Sauberes Formamid, wie das von Merck angebotene, sollte einen neutralen (keinen alkalischen!) „pH"-Wert, eine geringe Leitfähigkeit und eine Absorption bei 270 nm (gegen H_2O) < 0,12 besitzen, da andernfalls Gel-Lösungen von ca. 4% Acrylamid nicht polymerisieren. Andere Reinigungsarbeiten wie die angegebene (z. B. wiederholte Vakuumdestillation oder Umkristallisierung in der Kälte) verbessern in den meisten Fällen die Qualität des Formamids kaum (s. PINDER et al., 1974b). Wenn möglich, sollte Formamid innerhalb von 3—4 Tagen zur Präparation der Gele benutzt werden. Formamid ist sehr instabil, besonders im entwässerten Zustand, und sollte in dunklen Flaschen aufbewahrt werden. Durch Zugabe geeigneter Puffersubstanzen (z. B. von Diäthylbarbitursäure) wird es stabilisiert und kann dann ohne merkliche Zunahme der Leitfähigkeit mehrere Wochen aufbewahrt werden.

Schritt 1: Die angegebenen Monomer-Konzentrationen ergeben 4%ige Acrylamid-Gele, an denen RNA-Moleküle von ca. $0{,}5-2 \times 10^6$ D (also z. B. ribosomale RNAs) gut getrennt werden können und die somit in ihren Trenneigenschaften 2–2,5%igen wäßrigen PAA-Gelen entsprechen. Zur Trennung niedermolekularer RNA an Formamid-Gelen müssen geeignetere höherprozentige Gele präpariert werden.

Schritt 5: Bei Benutzung von 20 mM NaCl als Elektrophorese-Flüssigkeit muß der „Puffer" zwischen oberer und unterer Pufferkammer ständig gewechselt werden, da eintretende pH-Veränderungen die Qualität der Trennungen vermindern.

Schritt 6: Je höher die benutzte Elektrophorese-Temperatur, um so größer ist die Gewißheit, daß gepaarte Molekülabschnitte denaturiert werden. Für längere RNA-RNA- oder DNA-RNA-Duplexe sind zum Schmelzen Temperaturen von 45–55 °C notwendig (s. Spohr et al., 1976). Da die erhöhte Temperatur andererseits zum partiellen Abbau der Nukleinsäure führen kann, muß auch in diesem Falle ein methodischer Kompromiß gefunden werden.

5.2.1.4. *Autoradiographische und fluorographische Auswertung von Polyacrylamid-Gelen*

Radioaktiv markierte Nukleinsäuren können entsprechend dem Energiereichtum der radioaktiven Isotope entweder direkt autoradiographisch oder indirekt mittels Fluorographie ausgewertet werden. Letztere Methode wird bevorzugt für den Nachweis ^{3}H-markierter Proben, die Autoradiographie für den Nachweis nahezu aller anderen, in Experimenten mit biologischem Material verwendbaren Isotope (wie ^{32}P, ^{125}J, ^{35}S und ^{14}C) benutzt.

Zur Autoradiographie werden PAA- oder Agarose-Gele getrocknet oder in Plastebeutel eingeschweißt und anschließend exponiert. Bei Rundgelen ist es vorteilhaft, diese zunächst in Längsrichtung zu halbieren und anschließend beide Hälften zu trocknen (s. Fairbanks et al., 1965). Die Länge der Expositionszeit hängt im wesentlichen von der in den Banden konzentrierten Radioaktivitätsmenge und von der Art des verwendeten Isotops ab. ^{32}P- oder ^{125}J-haltige Gele werden oft nur wenige Stunden exponiert, anschließend (z. B. zur Sequenzanalyse ^{32}P-markierter RNA) fraktioniert und die RNA aus den Gelscheiben eluiert. Bei Verwendung entsprechend sensitiver Filme (wie z. B. des ORWO-Zahnfilms Supervidox XR-11) können auch noch relativ schwach mit ^{14}C markierte Proben gut nachgewiesen werden (Wobus et al., 1972), doch ist in solchen Fällen die Fluorographie zu bevorzugen.

Das Prinzip der Fluorographie besteht darin, energiearme β-Strahlung, die nur wenige Mikron weit dringt, in Lichtquanten umzuwandeln und durch diese eine Schwärzung des Films zu bewirken. Zu diesem Zweck wird das Gel mit PPO getränkt, das als Wandler der β-Strahlung in Lichtquanten wirkt.

Die Nachweisempfindlichkeit ^{3}H-markierter Proben kann durch Sensibilisierung des benutzten Röntgenfilms weiter erhöht werden. Jeder Silberhalid-Kristall des Films enthält mehrere Silberatome. Ein großer Teil davon muß in einem bestimmten Zeitraum angeregt werden, damit der Gesamt-Kristall zu einem (sichtbaren) Silberkorn reduziert wird. Je schwächer die ^{3}H- (oder ^{14}C-) Strahlenquelle ist, um so kleiner wird die Chance der gleichzeitigen Aktivierung mehrerer Silberatome im gleichen Kristall. Um trotz geringer Isotop-Mengen viele Kristalle zu Silberkörnern reduzieren zu können, wird der Röntgenfilm (z. B. mit einem Elektronenblitzgerät) kurz vorbelichtet (‚flashing'). Die Vorbelichtung des Films erhöht zwar geringfügig dessen Untergrund, steigert jedoch gleichzeitig die Empfindlichkeit des Films gegenüber schwachen ^{3}H-Quellen um das etwa 30fache.

Die hier vorzustellende Methode wurde von Bonner und Laskey (1974) entwickelt und zur Auswertung ^{3}H- und ^{14}C-markierter RNA und Proteine in PAA-Gelen benutzt. LASKEY und MILLS (1975) modifizierten und verbesserten die Technik durch Einführung der Film-Vorbelichtung. Durch geringfügige Modifikationen (s. unten) gelang es den gleichen Autoren, die Methode zur Auswertung von Agarose-Gelen einzusetzen.

Spezielles Material

— PAA-Gele mit ^{3}H-markierter RNA.
— Lösung von 20% PPO (w/w) in 22,2% (w/w) Dimethylsulfoxid (DMSO), p. a.

Versuchsdurchführung

(1) Nach Färbung bzw. Densitometrie wird das PAA-Gel fotografiert (oder die Lage der Banden sowie die Geldimensionen aufgezeichnet), in A. dest. gewaschen und nach kurzem Abtropfen in DMSO (pract.) übertragen.
(2) 2 × 30 min Inkubation des Gels in 20 Vol. (rel. zum Gelvolumen) DMSO bei Zimmertemperatur.
(3) Übertragen des Gels in eine Lösung von 20% PPO in DMSO (s. o.) und 3 h Inkubation bei Zimmertemperatur.
(4) 1 h Waschen des Gels in 20 Vol. A. dest.
(5) Trocknen des Gels mittels der in Abb. 5.5. gezeigten Apparatur.

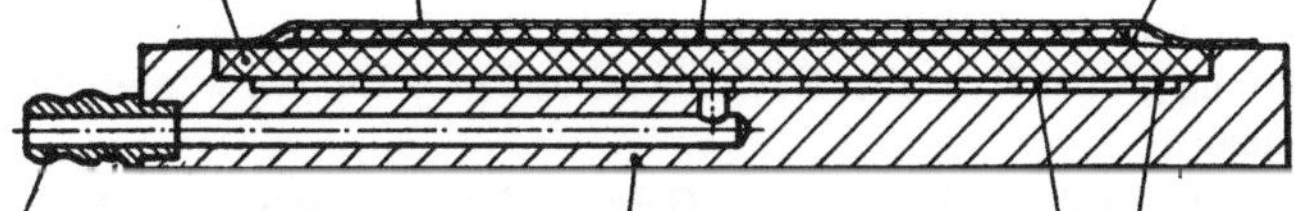

Abb. 5.5. Geltrocknungsanlage

(6) Ein der Gelgröße angepaßter Streifen Röntgenfilm wird mit Hilfe eines Elektronenblitzgerätes (Minilux) unter Vorschaltung eines Orangefilters und eines weißen Filterpapierbogens aus 60—70 cm Entfernung so vorbelichtet, daß die Untergrundschwärzung nach Entwicklung 0,3—0,5 A_{540}-Einheiten (gemessen im Densitometer oder Spektralphotometer) über der Absorption des ungeblitzten Films liegt.
(7) Zur Exposition des vorbelichteten Films werden bei schwächstmöglichem Rotlicht nacheinander auf eine Glasplatte gelegt: (a) Filterpapier, (b) getrocknetes PAA- oder Agarose-Gel, (c) vorbelichteter Film (geblitzte Seite nach unten, [(d) für ^{125}J- und ^{14}C-Gele eine Wolframat-Verstärkerfolie (matte Seite nach unten)], (e) Filterpapier.

(8) Nach Abdecken mit einer zweiten Glasplatte wird das „Bündel“ mit 2 Lagen Alufolie umwickelt, durch Klemmen zusammengepreßt und bei —70°C exponiert.

(9) Nach der Exposition sollte der Film möglichst schnell in den Entwickler gebracht werden. Der Film wird bei schwachem Rotlicht herausgenommen und das Gel sofort zwischen die beiden Filterbögen und die Glasplatten gelegt (Kondenswasser-Bildung!)

(10) Entwicklung des Films unter Schwenken für 5 min in ORWO T 11-Entwickler. Nach kurzer Zwischenwässerung wird der Film in ORWO-Röntgenfixierer fixiert und nach 30 min Wässerung luftgetrocknet.

(11) Zwecks Auswertung wird der Film mit dem getrockneten Gel zur Deckung gebracht, die Position der markierten Banden vermessen und mit dem Gelphoto (s. Schritt 1) verglichen.

Anmerkungen

Zum Material: Agarose und niederprozentige PAA-Gele (2% Acrylamid, mit oder ohne Agarose) lösen sich in DMSO. Für diese Gele kann Methanol/PPO benutzt werden. Höherprozentige Gele schrumpfen in Methanol sehr stark. Laskey und Mills (1975) benutzten zur Fluorographie von Agarose-Gelen folgende Methode: 2 × 30 min Inkubation des Gels in absolutem Methanol, gefolgt von 3 Std. Inkubation in 10% (w/w) PPO-Lösung in Methanol und Trocknung des Gels entsprechend Schritt 5.

Schritt 1: Durch das Waschen des Gels werden anhaftende Schmutzpartikel und Gelstückchen, die die Qualität der Fluorogramme beeinträchtigen, entfernt.

Schritt 2: Da DMSO gesundheitsschädlich ist, sollten zur Vermeidung von Hautkontakt Gummihandschuhe getragen werden. — Um einen völligen Austausch des Wassers gegen DMSO zu garantieren (PPO präzipitiert in Wasser!), muß das Gel von Zeit zu Zeit bewegt werden.

Schritt 3: Hier muß zur Erzielung reproduzierbarer, sauberer Fluorogramme möglichst ultrareines DMSO verwandt werden. DMSO sollte bei —20°C aufbewahrt werden. PPO kann durch Präzipitation mit Wasser aus der DMSO-Lösung zurückgewonnen werden. Zusatz von 10% Äthanol fördert die Bildung großer Kristalle. Nach mehrstündigem Rühren werden die Kristalle durch Filtration gewonnen.

Schritt 4: Nach der PPO-DMSO Inkubation muß das Gel unbedingt gewaschen werden, da an der Oberfläche haftendes PPO Röntgenfilme unspezifisch schwärzt bzw. zum Verkleben des Gels mit dem Film führt. Obwohl die Gele nach dem Waschen opaque gefärbt sind, hindert dies die Fluorographie nicht. — Die angegebene „Wasch“-Zeit genügt für (< 2 mm) dünne Gele. Dickere Gele müssen länger gewaschen werden oder können durch Eintrocknen, nochmaliges Waschen und Trocknen behandelt werden. — Zusätze von Glycerin (2%) zum „Waschwasser“ verhindern das „Sprödewerden“ des Gels, sind jedoch nicht unbedingt notwendig.

Schritt 5: Folgendes einfaches Trocknungsverfahren ist möglich. Das Gel wird auf Filterpapier und mit diesem zusammen auf eine poröse Platte gelegt, in einen Plastbeutel mit mehreren Filterpapierlagen zur Aufnahme von Flüssigkeit gebracht und dieser an eine Vakuumpumpe angeschlossen. Erwärmung durch eine Lampe ist möglich.

Schritt 6: Ein sehr empfindlicher Röntgenfilm, der gut zum fluorographischen Nachweis von ^{3}H verwendet werden kann, ist Kodak RP Royal „X-Omat“ Film, mit dem noch 300 dpm ^{3}H/min/Bande innerhalb von 24 h nachgewiesen werden können. Zum Nachweis von ^{125}J ist ORWO-Röntgenfilm HS 11 in Kombination mit ORWO-Ultrarapid-Verstärkerfolie gut geeignet. Für den Nachweis von ^{3}H-markierten Nukleinsäuren ist ORWO XR1, ebenfalls in Kombination mit Verstärkerfolie, verwendbar.

Schritt 7: Zur genauen Positionsmarkierung eignet sich besonders radioaktive Tinte.

Schritt 8: Steht kein Tiefkühlschrank entsprechender Leistung zur Verfügung, kann zwischen Trockeneisblöcken exponiert werden.

5.2.2. Elektrophoretische Fraktionierung von RNA an Agarose-Gelen

Agarose ist ein natürliches hochmolekulares Polymer, das durch Reinigung des Polysaccharid-Gemisches „Agar“ gewonnen wird. Grundbaustein von Agarose ist ein sich wiederholendes Disaccharid, das aus β-D-Galaktopyranose und 3,6-Anhydro-L-Galaktose besteht. Durch Wasserstoffbrückenbindungen zwischen den Polysaccharid-Polymeren entstehen weitmaschige Netze (Gele), die gut zur elektrophoretischen Trennung hochmolekularer Nukleinsäuren geeignet sind.

Agarose-Gele, die in Konzentrationen von ca. 0,2—4% präpariert werden können, werden sowohl zur Trennung hochmolekularer RNA als auch von DNA (s. Abschn. 5.2.3.) eingesetzt. An diesen Gelen können im Gegensatz zu PAA-Gelen noch Nukleinsäuremoleküle mit Molekularmassen $> 5 \times 10^6$ D fraktioniert werden. — Die Fraktionierung von Nukleinsäuren in Agarose-Gelen entspricht im Prinzip der an PAA-Gelen, in dem sich — unter den S. 78 genannten Einschränkungen — die elektrophoretische Wanderungsgeschwindigkeit der zu trennenden Moleküle umgekehrt proportional zum Logarithmus ihres Molekulargewichts verhält.

Die hier dargestellte Methode wurde zur Fraktionierung hochmolekularer RNA aus Polytänchromosomen entwickelt (s. Daneholt, 1972) und von uns zur elektrophoretischen Analyse von Balbiani-Ring-RNA benutzt (Serfling, 1976a). Die einfache Handhabung und gute Reproduzierbarkeit der Methode empfehlen sie als geeignete Technik zur Analyse hochmolekularer RNA. Durch Einschluß von 4 M Harnstoff in die Gele und 8 M Harnstoff in den Elektrophoresepuffer können leicht denaturierende Bedingungen geschaffen werden (s. Serfling, 1976a).

Spezielles Material

- 1 × Elektrophoresepuffer (= 1 × E-Puffer): 0,02 M Tris · HCl, pH 8,0/2 mM EDTA/0,02 NaCl.
- Färbelösung: s. S. 84.
- Toluolszintillator: 5 g PPO und 0,3 g POPOP pro 1 l Toluol.
- PT 12-Szintillator: 2 Teile Toluolszintillator + 1 Teil Präwozell W-ON 100 (Alkylphenyl-polyglykoläther, ein nichtionisches, Triton X-100-ähnliches Detergenz des VEB BUNA, Schkopau, DDR). Zunächst wird ein 2:1-Gemisch aus Toluol und Präwozell über Aluminiumoxid-Säulen gereinigt, dann erfolgt Zugabe von PPO und POPOP auf 5 bzw. 0,3 g pro l.

Versuchsdurchführung

(1) 300 mg Agarose werden in 30 ml 1 × E-Puffer suspendiert und 5—10 min gequollen.
(2) Auflösen der Agarose durch kurzes Aufkochen unter gelegentlichem Rühren oder Schwenken der Agarose-Flüssigkeit.
(3) Abkühlen der Agarose-Flüssigkeit auf 50 °C (vorzugsweise im Wasserbad) und Abpipettieren in sorgfältig gereinigte Glasröhrchen (bzw. Formen zur Plattenelektrophorese).
(4) Auftragen der Proben (optimale Volumina: 10—20 µl, 1 mg/ml RNA) in 1 × E-Puffer + 10% Saccharose und elektrophoretische Trennung bei ca. 3,5 mA/Gel und 60 V.
(5) Färben und Entfärben der Gele (s. S. 85).

(6) Nach dem Entfärben über Nacht werden die Gele in Hexan eingefroren und mit einem angewärmten Rasierklingenschneider geschnitten (s. S. 85).
(7) Die Agarose-Scheibchen werden in 0,2 ml Protosol (NEN, USA) oder in 1 ml 0,25 N HCl bei 60 °C aufgelöst und in 10 ml Toluol-Szintillator bzw. 10 ml PT-12 Szintillator aufgenommen und im Flüssigkeits-Szintillations-Spectrometer gemessen.

Anmerkungen

Schritt 3: Die Glasröhrchen können wie auf S. 87 beschrieben vorbehandelt werden. Da Agarose-Gele jedoch leicht aus den Röhrchen gleiten können, werden die Röhrchen unten mit zwei Lagen Mull oder Parafilm, der nach dem Festwerden der Gele perforiert wird, verschlossen. Das leichte Gleiten in den Röhrchen ermöglicht auch das Schneiden einer glatten Geloberfläche mittels einer mit 1 × E-Puffer angefeuchteten Rasierklinge.

Schritt 4: An Gelen von ca. 6 mm Durchmesser können optimal bis zu 20 μg RNA in einem 20 μl nicht übersteigenden Volumen aufgetrennt werden. Bei den angegebenen Elektrophoresebedingungen sind rRNAs nach 75 min optimal getrennt.

Schritt 5: Zur Bestimmung der Positionen der Referenz-RNA können die Gele auch auf einem Fluoreszenz-Glasschirm oder einem mit 0,2% Eosin getränkten Chromatographiepapier im UV-Licht betrachtet werden.

Schritt 7: Die Zählausbeute mit Protosol gelöster und in Toluol-Szintillator gemessener Gelscheibchen beträgt bei ^3H nahezu 30%, der mit HCl behandelten und im PT-12 Szintillator gemessener Scheiben ca. 20%. Bei Verwendung von Protosol sollte der Szintillator 0,3% Essigsäure enthalten, um Verfälschungen der Zählergebnisse durch Lumineszenz der Proben auszuschließen.

5.2.3. Gelelektrophoretische Fraktionierung von DNA

Die Elektrophorese von DNA in Agarose- und Polyacrylamid-Gelen ist ohne Zweifel die gegenwärtig leistungsfähigste Methode zur Fraktionierung doppel- und einzelsträngiger DNA. Ihre außerordentliche Bedeutung hat die Methode erst erhalten, als es möglich wurde, hochmolekulare DNA mit Hilfe von Restriktionsenzymen in eine Reihe diskreter Fragmente zu zerlegen. Darauf aufbauend erfolgte die Entwicklung von Sequentierungstechniken, die sich der ausgezeichneten Trenneigenschaften hochprozentiger Polyacrylamidgele bedienen, um aus dem Trennmuster von Gemischen relativ kurzkettiger DNA-Fragmente die Sequenz direkt abzulesen (Sanger und Coulsen, 1975; Maxam und Gilbert, 1977). In der DNA-Analyse dominieren Agarose-Gele, da nur diese eine Auftrennung auch sehr großer DNA entsprechend ihres Molekulargewichts erlauben und zudem sehr einfach handhabbar sind. Selbstverständlich gewährleistet eine gegebene Gelkonzentration jeweils nur für einen begrenzten Größenbereich von Molekülen optimale Trennungen. Daneben beeinflußt aber der Spannungsgradient die Wanderungsstrecke der Moleküle, insbesondere solcher, die mehr als 2000 Basenpaare lang sind. Wahrscheinlich werden sie durch die hohe Spannung noch durch Gelporen „gezogen", die sie ohne Deformation nicht passieren könnten (s. McDonell et al., 1977). Bei hohen Gelkonzentrationen und hoher Spannung gewinnt auch die Basenzusammensetzung der DNA Einfluß auf die Mobilität im Gel (Zeiger et al., 1972; Thomas und Davis, 1975). In weniger konzentrierten Gelen und bei einem geringen Spannungsgradienten sind diese Einflüsse dagegen vernachlässigbar (Helling et al., 1974; Thomas und Davis, 1975). Wie bereits erwähnt (Abschnitt 5.1.1.) empfehlen sich für exakte Molekulargewichtsbestimmungen stets denaturierende Gele.

5.2.3.1. Elektrophorese in nichtdenaturierenden Agarose-Gelen

Wir beschreiben die Elektrophorese von DNA nach Restriktionsenzymverdauung in der in Abb. 5.3. gezeigten vertikalen Plattenelektrophorese (vgl. auch Abschnitt 6.2.). Elektrophorese in Röhrchen kann, wie in Abschnitt 5.2.2. beschrieben, durchgeführt werden, nur wird die DNA mit Äthidiumbromid gefärbt.

Spezielles Material

- DNA (100—500 µg/ml) in EcoRI-Puffer nach Enzyminkubation (s. S. 105), 1:1 gemischt mit Stopplösung nach Schaffner et al. (1976) (s. S. 108).
- 1 × Elektrophoresepuffer (E-Puffer): 50 mM Tris · HCl, pH 8,05/20 mM Na-acetat/ 2 mM EDTA/18 mM NaCl.
- Äthidiumbromid-Lösung 1 mg/ml (s. S. 30).

Versuchsdurchführung

(1) 500 mg Agarose werden in 50 ml 1 × E-Puffer gequollen, 1—2 min in einem verschlossenen Erlenmeyerkolben aufgekocht (Flüssigkeitsverlust vermeiden!) und im Wasserbad auf ca. 50 °C abgekühlt.
(2) Die Agarose wird langsam in die unten abgedichtete, leicht angekippte Gelform gegossen, anschließend der Kamm zur Herstellung der Probetaschen eingesetzt. Um ein Austrocknen der Geloberkante zu vermeiden, kann 1 × E-Puffer aufgegeben werden.
(3) Nach Festwerden des Geles wird der Kamm vorsichtig entfernt, wobei Aufgabe von E-Puffer hilft, das Ausreißen der Geltaschen zu vermeiden.
(4) Der Gelblock wird mit einer Siebunterlage, die das Herausgleiten des Geles aus der Form verhindert, in die Apparatur eingespannt und untere wie obere Pufferkammer mit 1 × E-Puffer gefüllt.
(5) Mittels einer 50 µl-Spritze werden 20 µl DNA + Stopplösung in jede (mit Puffer gefüllte) Probetasche eingebracht. Die Spritzenöffnung befindet sich dabei 2—3 mm über der Mitte des Probetaschenbodens, und die Probelösung wird langsam herausgedrückt, so daß sich zunächst ein kleiner „Berg" bildet. Ein Aufwirbeln der Probe ist unbedingt zu vermeiden.
(6) Die Elektrophorese erfolgt über Nacht bei Raumtemperatur und 1,5 V/cm, bis die Bromphenolblau-Bande 3—4 cm vor dem unteren Ende des Gels angelangt ist.
(7) Das Gel wird dann am besten in der (geöffneten) Gelform in E-Puffer + 1 µg/ml Äthidiumbromid für ca. 30 min gefärbt und unter einer UV-Lampe betrachtet (Schutzbrille tragen!).

Anmerkungen

Schritt 1: Besonders die Stabilität der Gele ist entscheidend von der Qualität der Agarose abhängig. Bei verunreinigter Agarose können selbst 1%ige Gele noch in der Gelform „zusammenrutschen". Mit hochgereinigten Agarosen (z. B. von Seakam, USA) können noch 0,2%ige Gele, allerdings in horizontaler Lage, präpariert werden (McDonell et al., 1977). Da mit verschiedenen Ansätzen präparierte Gele oft leicht variierende Endkonzentrationen besitzen (Einwaagefehler, Flüssigkeitsverlust beim Kochen, verschiedene Agarosechargen), müssen stets Marker-DNA-Fragmente mit aufgetrennt werden.

Der hier angegebene Puffer wurde von Helling et al. (1974) benutzt und erbrachte in unseren Experimenten gute Ergebnisse. Ebenso empfehlenswert ist der von Loening zur RNA-Trennung eingeführte (s. S. 108) und der in Abschnitt 6.2. (S. 105) angegebene Puffer (s. auch McDONELL et al., 1977).

Schritt 2: Zur DNA-Trennung sind eine Reihe von speziellen Apparaturen beschrieben worden. Für Routinetrennungen vieler Proben eignet sich besonders die vertikale Plattenelektrophorese nach SUGDEN et al. (1975). Eine horizontale Plattenelektrophorese beschreiben McDONELL et al. (1977). Mit entsprechenden Vorrichtungen lassen sich auch Agarosegel-Gradienten herstellen (ARSATIONS et al., 1976).
Der Gelkamm sollte so konstruiert sein, daß allseitig von Gel umgebene Taschen entstehen, die ein Eindringen der Probe zwischen Gel und Glas verhindern, doch reißen diese Taschen bei niederprozentigen Gelen sehr oft aus. Dann sind horizontale Gele zu bevorzugen.

Schritt 4: Polymerisation einer Lage 10% Polyacrylamid am Boden der Gelform verhindert ebenfalls ein Herausgleiten des Gels. — Für rein analytische Zwecke kann dem E-Puffer direkt Äthiumbromid (0,5 µg/ml) zugesetzt werden. Auf diese Weise kann die Auswertung unmittelbar nach Beendigung des Laufes erfolgen. Auch ist eine Verfolgung der Trennung während des Laufes möglich (SHARP et al., 1973).

Schritt 6: Zum Einfluß des Spannungsgradienten auf die Fraktionierung s. S. 96. Kurze Fragmente können mit wesentlich höheren Spannungen (z. B. 10 V/cm) und damit in erheblich kürzerer Zeit fraktioniert werden. Bei langen Elektrophoresezeiten, geringem Puffervolumen und/oder Puffern geringer Pufferkapazität sollte mittels einer Schlauchpumpe und eines Überlaufs im oberen Pufferreservoir der Puffer kontinuierlich umgewälzt werden. — Neben Bromphenolblau wird in der DNA-Elektrophorese häufig zusätzlich Xylen-Cyanol FF (Gurr Ltd., London) eingesetzt. Beide Marker ändern jedoch ihre Mobilität relativ zu DNA-Fragmenten definierter Länge in Abhängigkeit von Puffersystem und Gelkonzentration. In 3,5% Polyacrylamid in 0,09 M Tris-Borat, pH 8,3/2,5 mM EDTA wandern Xylen-Cyanol FF und Bromphenolblau wie 450 und 100 NTP lange DNA-Fragmente, in 12% PAA-Gelen in obigem Puffer + 7 M Harnstoff wie 58 und 12 NT lange Fragmente (MANIATIS et al., 1975).

Schritt 7: Zur Auswertung und Photographie s. Abschnitt 6.2. Soll die DNA anschließend eluiert werden, wird nur möglichst kurzzeitig gefärbt und bei $\geqq$ 300 nm betrachtet. Gegebenenfalls (etwa bei Verwendung zur Herstellung rekombinanter DNA) wird nur ein schmaler Gelstreifen gefärbt, der als Referenz zum Herausschneiden der entsprechenden Bezirke im ungefärbten Gel dient. Das Herausschneiden erfolgt mit einer abgeflammten Rasierklinge.

5.2.3.2. Elektrophorese in denaturierenden alkalischen Agarose-Gelen

Eine einfache und effektive Technik zur gelelektrophoretischen Trennung denaturierter DNA (weitere Methoden s. S. 79) ist die von McDONELL et al. (1977) entwickelte und zur Analyse der DNA des Phagen T7 eingesetzte Fraktionierung in alkalischen Gelen. Ähnliche Ergebnisse lassen sich durch vorhergehende Denaturierung und nachfolgende Trennung in „normalen" Gelen erzielen. JOHNSON und GROSSMAN (1977) denaturierten vor der Trennung Plasmid-DNA durch Alkali-, McMASTER und CARMICHALL (1977) SV 40-Restriktionsfragmente durch Glyoxal (1 M)- und Dimethylsulfoxid (50%)-Behandlung.

Spezielles Material

— DNA (s. S. 97).
— doppelt-konzentrierte Elektrophorese-Lösung (2 × E-Lösung): 60 mM NaOH/4 mM EDTA.
— Probelösung: 50% Glycerin/0,025% Bromphenolblau.
— Färbelösung: 1—2 µg/ml Äthidiumbromid in 3 M NaCl/0,5 M Tris · HCl, pH 7.

Versuchsdurchführung

(1) 500 mg Agarose werden in 25 ml A. bidest. gequollen und anschließend 1—2 min gekocht.
(2) Nach Abkühlung auf 50 °C erfolgt Zugabe von 25 ml auf 50 °C erwärmte 2× E-Lösung.
(3) Einfüllen der Agarose-Lösung in Elektrophorese-Röhrchen oder Gelformer für (vorzugsweise horizontale) Plattengele.
(4) Auftragung der DNA-Probe, der vorher 1/5 Vol. Probelösung zugemischt wurde.
(5) Elektrophorese über Nacht bei 2 V/cm.
(6) Färbung der Gele für 30 min bei Raumtemperatur mit einem Überschuß an Färbelösung.
(7) Auswertung der Trennung im UV-Licht (s. S. 106).

Anmerkungen

Schritt 2: Die angegebene NaOH-Konzentration erlaubt die Polymerisation von Agarose und PAA-Gelen und denaturiert doppelsträngige DNA bei Raumtemperatur vollständig. Das zugesetzte EDTA entfernt Mg^{++}, das in den meisten DNA-Präparationen vorhanden ist und DNA bei alkalischem pH präzipitiert.

Schritt 3: technische Einzelheiten enthalten die vorangegangenen experimentellen Protokolle.

Schritt 4: Die Probelösung sollte erst unmittelbar vor dem Auftragen der Probe zugegeben werden, da Bromphenolblau in alkalischem Milieu ausbleicht.

Schritt 6: Speziell bei hoher Ionenstärke bildet einzelsträngige DNA (und auch RNA) interne Doppelstrangstrukturen (Haarnadelstrukturen) aus, die die Bindung des Äthidiumbromids ermöglichen. Die Menge an gebundenem Farbstoff ist proportional dem Gehalt an Haarnadelstrukturen, also geringer als für native DNA. Dementsprechend ist die Nachweisempfindlichkeit herabgesetzt. Unter den angegebenen Bedingungen sind nach 30 min Färbung DNA-Banden mit 5—100 ng DNA gut erkennbar.

Nachtrag: s. S. 219

Literatur

Adams, J. M., Jeppesen, P. G. N., Sanger, F. und Barrel, B. G. (1969): Nature 223, 1009—1014.

Amalric, F., Merkel, C., Gelfand, R. und Attardi, G. (1978): J. Mol. Biol. 118, 1—25.

Arsations, R. A., Debabov, V. G., Kozlov, Yu., I. und Strongin, A. Ya. (1976): Science Tools 24, 49—53.

Bailey, J. M. und Davidson, N. (1976): Anal. Biochem. 70, 75—85.

Bishop, D. H. L., Claybrook, J. L. und Spiegelman, S. (1967): J. Mol. Biol. 26, 373—387.

Blin, N., Gabain, A. V. und Bujard, H. (1975): FEBS Letters 53, 84—86.

Bonner, W. M. und Laskey, R. A. (1974): Eur. J. Biochem. 46, 83—88.

Bray, G. A. (1960): Anal. Biochem. 1, 279—285.

Burckhardt, J. und Birnstiel, M. (1978): J. Mol. Biol. 118, 61—79.

Case, S. T. und Daneholt, B. (1976): Anal. Biochem. 74, 198—206.

Dahlberg, A. E., Dingman, C. W. und Peacock, A. C. (1969): J. Mol. Biol. 41, 139—147.

Daneholt, B. (1972): Nature New Biol. 240, 229—232.

Daneholt, B., Ringborg, U., Egyhazi, E. und Lambert, B. (1968): Nature 218, 292—293.

Fairbanks, G., Levinthal, C. und Reeder, R. H. (1965): Biochem. Biophys. Res. Comm. 20, 393—399.

Fox, B. W. (1976): In Work, T. S. und Work, E. (Eds.) Laboratory Techniques in Biochemistry and Molecular Biology, Vol. 5, Part I; North-Holland Publ. Corp., Amsterdam—Oxford.

Gould, H. und Matthews, H. R. (1976): In Work, T. S. und Work, E. (Eds.) Laboratory Techniques in Biochemistry and Molecular Biology, Vol. 4, Part II, S. 209—291; North-Holland Publ. Comp., Amsterdam—Oxford.

GRESSEL, J., ROSNER, A. und COHEN, N. (1975): Anal. Biochem. 69, 84—91.
GROSS, K., PROBST, E., SCHAFFNER, W. und BIRNSTIEL, M. (1976): Cell 8, 455—470.
GROSSBACH, U. und WEINSTEIN, I. B. (1968): Anal. Biochem. 22, 311—320.
HAGEN, F. S. und YOUNG, E. T. (1974): Biochemistry 13, 3394—3400.
HELLING, R. B., GOODMAN, H. M. und BOYER, H. W. (1974): J. Virol. 14, 1235—1244.
HYDÉN, H. (1968): Currents Modern Biol. 2, 57—67.
JOHNSON, P. H. und GROSSMAN, L. I. (1977): Biochemistry 16, 4217—4225.
KAMM, L. und MES, J. (1971): J. Chromatog. 62, 383—390.
KUZMIN, S. V., MIKICHUR, N. I., NAUMOVA, L. P. und SANDAKHCHIEV, L. S. (1975): Anal. Biochem. 65, 405—411.
LASKEY, R. A. und MILLS, A. D. (1975): Eur. J. Biochem. 56, 335—341.
LOENING, E. U. (1967): Biochem. J. 102, 251—257.
LOENING, U. (1968): J. Mol. Biol. 38, 355—365.
LOENING, U. (1969): Biochem. J. 113, 131—138.
MANIATIS, T., JEFFREY, A. und VAN DE SANDE, H. (1975): Biochemistry 10, 3787—3794.
MAXAM, A. L. und GILBERT, W. (1977): Proc. Natl. Acad. Sci. USA 74, 560—564.
MCDONELL, M. W., SIMON, M. N. und STUDIER, F. W. (1977): J. Mol. Biol. 110, 119—146.
MCMASTER, G. K. und CARMICHALL, G. G. (1977): Proc. Natl. Acad. Sci. USA 74, 4835—4838.
MIRAULT, M. E. und SCHERRER, K. (1971): Eur. J. Biochem. 23, 372—386.
PEACOCK, A. C. und DINGMAN, C. W. (1968): Biochemistry 7, 668—674.
PINDER, J. C., STAYNOV, D. Z. und GRATZER, W. B. (1974a): Biochemistry 12, 5373—5378.
PINDER, J. C., STAYNOV, D. Z. und GRATZER, W. B. (1974b): Biochemistry 13, 5367—5373.
REIJNDERS, J., SLOOF, P., SIVAL, J. und BORST, P. (1973): Biochim. Biophys. Acta 324, 320—333.
RICHARDS, E. G., COLL, J. A. und GRATZER, W. B. (1965): Anal. Biochem. 12, 452—471.
RICHARDS, E. G., LECANIDOU, R. und GEROCH, M. E. (1973): Eur. J. Biochem. 34, 262—267.
RHIGETTI, P. G. und DRYSDALE, J. W. (1976): In Work, T. S. und Work, E. (Eds.) Laboratory Techniques in Biochemistry and Molecular Biology, Vol. 5, Part 2; North-Holland Publ. Comp., Amsterdam—Oxford.
RINGBORG, U., EGYHAZI, E., DANEHOLT, B. und LAMBERT, B. (1968): Nature 220, 1037—1039.
SANGER, F. und COULSON, A. R. (1975): J. Mol. Biol. 94, 441—448.
SCHAFFNER, W., GROSS, K., TELFORD, J. und BIRNSTIEL, M. (1976): Cell 8, 471—478.
SERFLING, E. (1976a): Chromosoma 57, 271—283.
SERFLING, E. (1976b): Biol. Zbl. 95, 713—723.
SERFLING, E., MAXIMOVSKY, L. F. und WOBUS, U. (1974): Eur. J. Biochem. 23, 372—386.
SERFLING, E., PANITZ, R. und WOBUS, U. (1972): Acta biol. med. german. 29, 509—519.
SHARP, P. A., SUGDEN, B. und SAMBROOK, J. (1973): Biochemistry 12, 3055—3063.
SMITH, H. O. und BIRNSTIEL, M. (1976): Nucleic Acids Res. 3, 2387—2398.
SOUTHERN, E. M. (1975): J. Mol. Biol. 94, 51—69.
SPOHR, G., MIRAULT, M. E., IMAIZUMI, T. und SCHERRER, K. (1976): Eur. J. Biochem. 62, 313—322.
STAYNOV, D. Z., PINDER, J. C. und GRATZER, W. B. (1972): Nature New Biol. 235, 108—110.
STEIN, M. und VARICCHIO, F. (1974): Anal. Biochem. 61, 112—119.
SUGDEN, B., DETROY, B., ROBERTS, R. J. und SAMBROOK, J. (1975): Anal. Biochem. 68, 36—46.
THOMAS, M. und DAVIS, R. W. (1975): J. Mol. Biol. 91, 315—328.
THURING, R. W. J., SANDERS, J. P. H. und BORST, P. (1975): Anal. Biochem. 66, 213—220.
TSANEV, R. (1965): Biochim. Biophys. Acta 103.
TSANEV, R. und STAYNOV, D. (1964): Biokhimyia 29, 1126—1131 (russ.).
WEIL, P. A. und HAMPEL, A. (1973): Biochemistry 12, 4361—4367.
WOBUS, U., POPP, S., SERFLING, E. und PANITZ, R. (1972): Molec. gen. Genet. 116, 309—321.
YANEVA, M., MLADENOVA, J. und DESSEV, G. (1977): Anal. Biochem. 77, 332—339.
ZEIGER, R. S., SALOMON, R., DINGMANN, C. W. und PEACOCK, A. C. (1972): Nature New Biol. 238, 65—69.
ZIOLA, B. R. und SCRABA, D. G. (1976): Anal. Biochem. 72, 366—371.

Kapitel 6

Analyse von Desoxyribonukleinsäure mit Restriktionsendonukleasen

6. Analyse von Desoxyribonukleinsäure mit Restriktionsendonukleasen

6.1. Einführung

Restriktionsenzyme sind Endo-Desoxyribonukleasen. Sie wurden als Glieder bakterieller Restriktions-Modifikations-Systeme aufgrund genetischer Analysen postuliert und später isoliert (Übersichten bei Smith and Nathans, 1975; Roberts 1976). Diese Enzyme erkennen spezifische, kurze Sequenzen in der DNA. Für die Analyse von DNA und die Neukombination von DNA-Segmenten in vitro haben die Enzyme des Typs II eine enorme Bedeutung erlangt, da sie die DNA in der Erkennungsregion (also sequenzspezifisch) spalten, während Typ-I-Enzyme entfernt von der Erkennungsregion sequenzunspezifisch Doppelstrangbrüche induzieren. Ende 1977 waren über 100 sequenzspezifisch spaltende Enzyme (als Restriktionsenzyme bezeichnet, auch wenn ihre Funktion in einem Restriktions-Modifikations-System nicht gezeigt wurde) bekannt, die annähernd 50 verschiedene Sequenzen erkennen, und zwar vorzugsweise geradzahlige Tetra- oder Hexa-Nukleotide und ungeradzahlige Penta-, in Ausnahmefällen auch Hepta-Nukleotide. Alle Typ-II-Enzyme erzeugen Fragmente mit 5'-terminalen Phosphat- und 3'-terminalen Hydroxylresten. Neben Fragmenten mit „glatten" Enden wurden solche mit überhängenden 5'-Enden von 1, 2, 3, 4 und 5 Nukleotiden oder mit überhängenden 3'-Enden von 2 und 4 Nukleotiden gefunden. Die für Restriktionsenzyme allgemein gebrauchten Abkürzungen werden aus den Anfangsbuchstaben des Gattungs- (1. Buchstabe) und Artnamen (2. und 3. Buchstabe), eines den speziellen Stamm kennzeichnenden Buchstaben (sofern erforderlich) und einer römischen Zahl zur Unterscheidung mehrerer Enzyme eines Stammes gebildet. Beispielsweise ist EcoRI das aus einem ein *R*-Plasmid tragenden *Escherichia coli*-Stamm isolierte Enzym *I* und HincII das aus *Haemophilus influenzae*, Serotyp *c*, isolierte Enzym *II*. Verschiedene Enzyme mit gleicher Erkennungssequenz werden als Isoschizomere bezeichnet. Da jedoch der Spaltort innerhalb dieser Sequenz verschieden lokalisiert sein kann, brauchen durch isoschizomere Enzyme erzeugte DNA-Fragmente nicht notwendigerweise identische Enden zu besitzen. Für einige Restriktionsenzyme (z. B. HaeIII; Blakesley und Wells, 1975) ist gezeigt worden, daß sie auch denaturierte DNA spezifisch spalten, allerdings wohl aufgrund einer lokalen Doppelstrangstruktur am Erkennungsort.

Die detaillierten Beschreibungen der zur Isolation verschiedener Typ-II-Enzyme angewandten Verfahren zeigen viele Gemeinsamkeiten, und eine einfache, nur 2 bis 3 Schritte einschließende Isolationsmethode (Bickle et al., 1977) ist anscheinend vielseitig anwendbar. Die gewonnenen Enzympräparationen sind zwar nicht homogen, trotzdem erstaunlich stabil (Reaktionszeiten von über 12 h ohne Aktivitätsverlust sind oft möglich) und ausreichend frei von anderen exo- und endonukleolytischen Aktivitäten. Ihr Enzymgehalt wird in Aktivitätseinheiten angegeben. 1 Einheit ist die Menge Enzympräparat, die erforderlich ist, um 1 μg λ-DNA in 1 h bei 37 °C vollständig zu spalten. Die Aufbewahrung erfolgt generell in 50% Glycerin bei −20 °C.

Die meisten Typ-II-Enzyme besitzen ein breites pH-Optimum im Bereich 6,5—8,5 (eingestellt durch 6—100 mM Tris/HCl), erfordern Mg^{++} als Kofaktor im Konzentrationsbereich 2—10 mM und werden durch hohe Na^{+}-Konzentrationen gehemmt. DTT (0,5—1 mM) oder β-Mercaptoäthanol (2—10 mM) und autoklavierte Gelatine (100 μl/ml) oder Rinderserumalbumin (50—500 μg/ml, nukleasefrei!) können zur Enzymstabilisierung dem Reaktionsansatz hinzugefügt werden.

Die Verdauung eukaryotischer DNA mit einem Restriktionsenzym sollte zu Fragmenten führen, deren Längenverteilung der Theorie der zufälligen Fragmentierung folgt, solange nicht repetitive Sequenzen zu einer Akkumulation vieler identischer Fragmente (oder unverdauter DNA bei Fehlen der Erkennungsregion) und somit zur Bildung einer DNA-Bande im Gel führen (z. B. HAMER and THOMAS, 1975; ALTENBURGER et al., 1977). Da aufgrund statistischer Überlegungen spezifische Hexanukleotide wesentlich seltener vorkommen werden als Tetranukleotide (1 in 2^6 bzw. 1 in 2^4 NTP), werden die diese Sequenzen erkennenden Enzyme Fragmentlängenverteilungen mit mittleren Längen im Bereich 10^6 bzw. 10^4 NTP erzeugen. Eine Ausnahme machen z. B. die Enzyme HhaI und HpaII, die trotz einer Tetranukleotid-Erkennungsregion sehr lange Fragmente erzeugen. Wahrscheinliche Ursache ist das Vorkommen des in eukaryotischer DNA seltenen Dinukleotids CG in der Erkennungsregion.

Für bestimmte Experimente sind sehr lange Fragmente notwendig. Diese können entweder durch partielle Verdauung oder durch Abdeckung eines Teils der Erkennungsregionen mit sequenzspezifischen Liganden, wie z. B. Aktinomycin D und Distamycin A (NOSIKOV et al., 1976) erhalten werden. Der für Prokaryoten typische Schutzmechanismus gegen DNA-Abbau durch Typ-II-Enzyme ist die Methylierung einer Base innerhalb der Erkennungsregion. Dennoch sind Enzyme bekannt, die auch (MspI, Sau3A) oder ausschließlich (DpnI) methylierte DNA spalten. Da auch eukaryotische, speziell pflanzliche DNA methylierte Basen enthält, ist eine Beeinflussung des Restriktionsmusters durch Methylierung stets in Betracht zu ziehen (vgl. GAUTIER et al., 1977).

6.2. Experimentelles Protokoll: Physikalische Kartierung von Virus-DNA mittels Restriktionsendonukleasen

Die Grundlage für die Kartierung spezifischer DNA-Moleküle in Form sogenannter „physikalischer Chromosomenkarten" (auch „Spaltkarten" oder „Fragmentkarten" genannt) bilden die charakteristischen, nach Verdauung von DNA durch Restriktionsenzyme erhaltenen gelelektrophoretischen Fragmentmuster. Schon kurze Zeit nach der Entdeckung der Restriktionsenzyme stand insbesondere die physikalische Kartierung von Virusgenomen im Mittelpunkt des wissenschaftlichen Interesses. Bevorzugt wurden zu Beginn, vorerst aus rein experimentellen Gesichtspunkten, die Vertreter solcher Virusgruppen, deren Genom relativ klein ist und aus doppelsträngiger, meist ringförmiger DNA besteht. Dazu gehören vor allem Vertreter der Papovaviren, von denen wir heute z. T. detaillierte Kenntnis ihres Genoms haben, so u. a. von SV 40-, Polyoma- und Papillom-Viren (FAREED, 1977). Andererseits gibt es auch umfassende Untersuchungen über das Genom größerer tierischer Viren und Bakteriophagen, über Mitochondrien- und Plastiden-DNA sowie spezifischer pro- und eukaryotischer DNA-Abschnitte. Außerdem ist es gelungen, physikalische Chromosomenkarten von RNA-Virus-Genomen herzustellen. Dabei wurde, wie im Falle des Moloney-Maus-Sarkom-Virus als Substrat doppelsträngige DNA verwendet, die mittels Revertase in der infizierten Zelle an der Virus-RNA-Matrize synthetisiert wurde (CANAANI et al., 1977).

Wir wählen als Beispiel für die Anwendung von Restriktionsenzymen zur DNA-Analyse die Erarbeitung einer physikalischen Karte eines ringförmigen, doppelsträngigen Virus (Hamster-Papovavirus, HaPV), da die hierbei angewandten Methoden in gleicher oder ähnlicher Weise bei jeder anderen DNA-Analyse mittels Restriktionsenzymen Anwendung finden können.

Zur Konstruktion physikalischer Chromosomenkarten sind mehrere Methoden entwickelt worden (siehe Anmerkung S. 109). Wir wollen im folgenden eine der am häufigsten verwendeten Techniken, die DNA-Kartierung durch sukzessiven Einsatz unterschiedlicher Restriktionsenzyme, vorstellen.

Die Methode basiert darauf, mittels zweier oder mehrerer Restriktionsenzyme ein DNA-Molekül in definierte Bruchstücke zu zerlegen und deren Nachbarschaftsbeziehungen innerhalb des Moleküls zu bestimmen. Bei Vorliegen eines ringförmigen DNA-Moleküls versucht man in der Regel unter den zur Verfügung stehenden Restriktionsenzymen dasjenige herauszufinden, das das DNA-Molekül nur an einem spezifischen Ort spaltet. Dieser Erkennungsort wird dann als Orientierungspunkt (0-Punkt) für die spätere Kartierung verwendet. Hat man das dafür geeignete Enzym herausgefunden, werden zur weiteren Analyse zunächst solche Restriktionsenzyme eingesetzt, die die DNA in relativ große Bruchstücke zerlegen und anschließend Enzyme verwendet, die die größeren Bruchstücke in kleinere Fragmente zerlegen. Der Einsatz der Restriktionsenzyme kann entweder nacheinander oder aber gleichzeitig in einer Reaktionsmischung erfolgen.

Spezielles Material

- HaPV-DNA, ca. 100 µg/ml in 10 mM Tris · HCl, pH 8,5/10 mM NaCl/1 mM EDTA, aufbewahrt über Chloroform bei 3 °C, isoliert durch Lyse der gereinigten Virions mit 2% Sarkosyl NL-30 (Geigy), gefolgt von CsCl-Äthidiumbromid-Zentrifugation (s. S. 33).
- Restriktionsenzyme EcoRI, HindII und BamH1 (Dr. M. Hartmann, Zentralinst. f. Mikrobiol. u. exptl. Therapie, Jena), aufbewahrt in Puffer + 50% (v/v) Glycerin bei −20 °C.
- Verdauungspuffer (5 oder 10× konzentriert): 1× EcoRI-Puffer = 50 mM Tris · HCl, pH 7,5/10 mM $MgCl_2$/50 mM NaCl; 1× HindII-Puffer = EcoRI-Puffer + 6 mM β-Mercaptoäthanol; 1× BamH1-Puffer = 6,6 mM Tris · HCl, pH 7,5/6 mM $MgCl_2$/50 mM NaCl.
- Elektrophorese-Puffer (E-Puffer): 40 mM Tris · HCl, pH 7,8/20 mM Na-acetat/2 mM EDTA.
- Äthidiumbromid-Stammlösung, 5 mg/ml (s. S. 30).
- Stopp-Lösung: 25% (v/v) Glycerin/5% SDS/0,025% Bromphenolblau.

Versuchsdurchführung

Spaltung von HaPV-DNA mit EcoRI, BamH1 und HindII

(1) In 3 getrennten 50 µl-Ansätzen wird jeweils 1 µg HaPV-DNA mit (a) 2 Einheiten EcoR1 für 1 Std. bei 37 °C, (b) 1,5 Einheiten BamH1 1 Std. bei 37 °C und (c) 1 Einheit HindII für 2 Std. bei 37 °C in den entsprechenden Puffern in silikonisierten Mikrozentrifugenröhrchen, verschlossen mit Parafilm, inkubiert.
(2) Reaktionsstopp durch Zugabe von je 2 µl 0,5 M EDTA (pH 7,5) auf 20 mM.

(3) Das Reaktionsgemisch wird zunächst mit 1 Vol. wassergesättigtem Phenol und anschließend mit 1 Vol. Chloroform ausgeschüttelt und die DNA in der wässrigen Phase mit 2,5 Vol. Äthanol bei −20 °C ausgefällt.

(4) Nach Zentrifugation (10000 Upm, 4 °C, Schwenkbecherrotor) wird die DNA in 50 µl E-Puffer aufgenommen und 10 µl Stopplösung zugesetzt.

(5) Das DNA-Fragmentgemisch wird in einem 4% PAA-Plattengel (vgl. Abschnitt 5.) aufgetrennt. Gel und Puffer enthalten 0,5 µg/ml Äthidiumbromid. Die Elektrophorese erfolgt bei 2 V/cm und 4 °C für 20 Std.

(6) Nach der Elektrophorese wird das Gel unter UV-Licht ($\geqq$ 300 nm) betrachtet, wodurch die mit Äthidiumbromid gefärbte DNA sichtbar gemacht wird.

(7) Das Photographieren der Gele erfolgt unter UV-Licht, mittels Rotfilter und Kleinbildkamera unter Verwendung von NP 15-Film (ORWO). Die Belichtungszeit beträgt bei Blende 4 und Verwendung einer UV-Lampe S 250 mit Filter UG 5 (Berliner Glühlampenwerk) 180 sec. Um auch kleinste DNA-Fragmente sichtbar machen zu können, ist eine völlige Abdunkelung des Raumes notwendig.

Doppelverdauungen von HaPV-DNA

(1a) Entsprechend den unter (1) angegebenen Versuchsbedingungen wird je 1 µg DNA mit den folgenden Enzymkombinationen behandelt: (a) 2 Einheiten EcoRI + 1,5 Einheiten BamH1 in 50 µl 10 mM Tris · HCl, pH 7,5/8 mM $MgCl_2$/50 mM NaCl für 1 Std. bei 37 °C; (b) 1,5 Einheiten BamH1 + 1 Einheit HindII in 50 µl 10 mM Tris · HCl, pH 7,5/10 mM $MgCl_2$/6 mM NaCl/6 mM β-Mercaptoäthanol; (c) 2 Einheiten EcoRI + 1 Einheit HindII in 50 µl 50 mM Tris · HCl, pH 7,5/8 mM $MgCl_2$/50 mM NaCl/6 mM β-Mercaptoäthanol.

(2a) Reaktionsstopp und Weiterverarbeitung der Proben wie unter (2)—(7) beschrieben.

Auswertung

Die gelelektrophoretischen Muster der beschriebenen Verdauungen zeigt Abb. 6.1. Durch Vergleich der elektrophoretischen Beweglichkeit einzelner Fragmente bekannten Molekulargewichts bzw. mit ungespaltener DNA ist sofort nach der elektrophoretischen Auftrennung des DNA-Gemisches eine Größenabschätzung der Fragmente möglich. Zu diesem Zwecke werden HindIII-gespaltene SV 40-DNA-Fragmente bekannten Molekulargewichts als Referenz in den gleichen Gelen fraktioniert, in denen die HaPV-DNA-Fragmente aufgetrennt werden (vgl. Anmerkungen). Die Resultate sind in Abb. 6.2. dargestellt.

Aus der Doppelverdauung der HaPV-DNA mit EcoRI und BamH1 resultieren 5 Spaltprodukte. 3 dieser DNA-Fragmente stimmen mit den EcoRI-Fragmenten B, C und D überein, während das EcoRI-A-Fragment in 2 Bruchstücke gespalten wird (Abb. 1d). Die Summe der Molekulargewichte dieser zwei Produkte entspricht dem Molekulargewicht des EcoRI-A-Fragments, d. h. der BamH1-Spaltort ist auf dem EcoRI-A-Fragment lokalisiert. Die HindII-Spaltorte können auf der Basis der HindII-BamH1-Doppelverdauung kartiert werden. Nach der Spaltung sind ein großes Fragment (75% der HaPV-DNA) sowie 3 kleinere Fragmente (zusammen 25% der HaPV-DNA) auflösbar (Abb. 1e). Die RE-Erkennungsorte für die 3 kleineren Fragmente sind demnach innerhalb einer Region lokalisiert, die 25% (rechts oder links) vom BamH1-Spaltort kartiert wird, d. h. in den BamH1/EcoRI-Fragmenten A oder B. Um zwischen diesen beiden Möglichkeiten zu unterscheiden, wurde eine EcoRI/HindII-Doppelverdauung

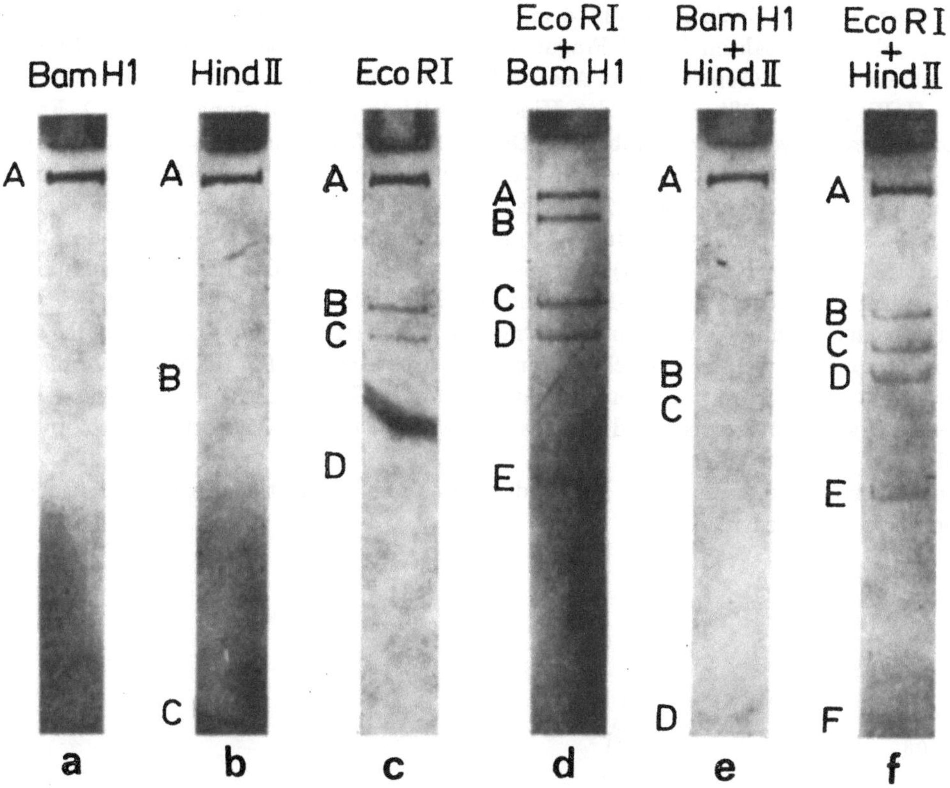

Abb. 6.1. Elektrophoretische Trennung (4% Polyacrylamid-Plattengel) von DNA eines Hamster-Papovavirus nach Verdauung mit Restriktionsenzymen. Die Großbuchstaben kennzeichnen die einzelnen DNA-Fragmente (Einzelheiten s. Text).

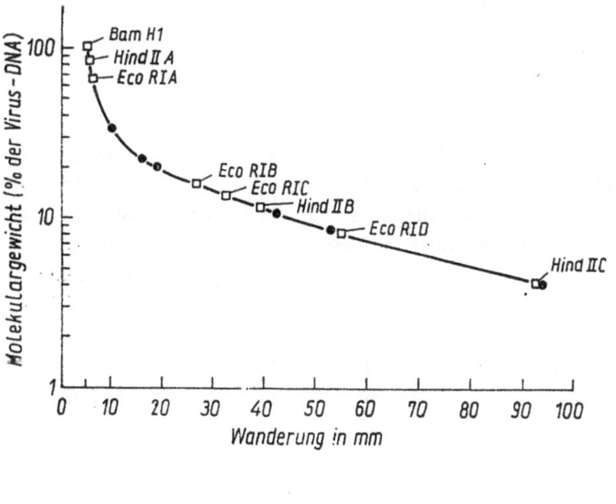

Abb. 6.2. Beziehungen zwischen Molekulargewicht und Wanderungsstrecke der in Abb. 6.1. gezeigten DNA-Fragmente (Einzelheiten s. Text).

durchgeführt. Die Spaltung ergibt 6 in dem 4%igen Acrylamid-Gel auflösbare Fragmente, die den intakten EcoRI-Fragmenten B, C und D sowie den intakten HindII-Fragmenten B und C entsprechen. Aus der HindII- sowie EcoRI-Spaltcharakteristik für die HaPV-DNA müßten nach der HindII/EcoRI-Doppelverdauung jedoch 7 Fragmente erwartet werden (vgl. Abb. 6.2.). Die Größe des 7. Fragmentes sollte ca. 10% der HaPV-DNA betragen, wenn die HindII-Erkennungsorte im EcoRI/BamH1-A-Fragment lokalisiert sind und ca. 2% wenn sie im EcoRI/BamH1-B-Fragment angeordnet sind. Tatsächlich kann nur in einem 7% Acrylamid-Gel das im 4%-Gel fehlende Fragment (ca. 2% der HaPV-DNA) nachgewiesen werden, d. h. die HindII-Erkennungsorte müssen im EcoRI/BamH1-Fragment lokalisiert sein.

Die nach Spaltung (sowohl Einfach- wie auch Doppelstrang) mit EcoRI, HindII und BamH1 konstruierte physikalische Chromosomenkarte der HaPV-DNA ist in Abb. 6.3. dargestellt. Als 0-Punkt der Karte dient der BamH1-Erkennungsort. Ausgehend von diesem Orientierungspunkt wird das gesamte HaPV-Genom in 1 Karteneinheit unterteilt.

Eine solche Karte kann durch Verwendung weiterer Restriktionsenzyme abgesichert und verfeinert werden.

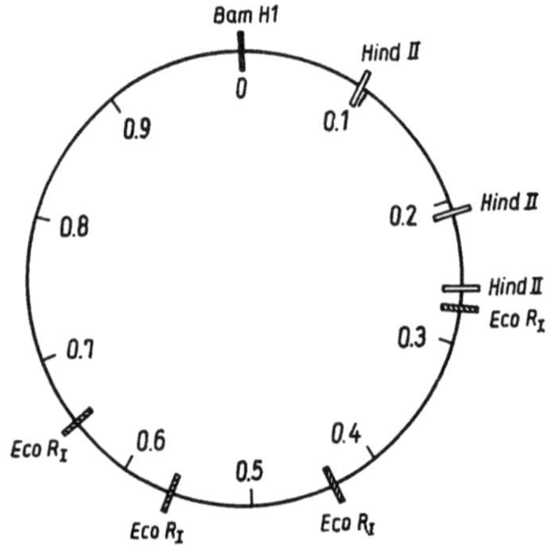

Abb. 6.3. Lage der Restriktionsenzym-Spaltorte auf dem ringförmigen Genom eines Hamster-Papovavirus (Einzelheiten s. Text).

Anmerkungen

Schritt 1: EcoRI-, HaeIII- und HindIII-Reaktionen können 0,2—1 mM p-Chlorquecksilberbenzoat zur Hemmung kontaminierender Exonukleaseaktivitäten enthalten (z. B. Caroll und Brown, 1976). Geringe Exonukleasespuren ändern oft nicht das Restriktionsmuster im Gel, entfernen aber das 3'-terminale, z. B. mit ^{32}P-markierte Nukleotid (Murray et al., 1977).

Schritt 2: Oft wird der Inkubationsansatz mit Stopplösung verdünnt und direkt zur Gelelektrophorese verwandt. Schaffner et al. (1976) empfehlen folgende Stopplösung: 1 ml einer Lösung von 10% Glycerin/18 mM EDTA (neutralisiert) /0,01% Bromphenolblau wird aufgewärmt (ca. 40°C), mit 0,2 ml 1% Agarose in Loening-Puffer (36 mM Tris/30 mM NaH_2PO_4/1 mM EDTA) gemischt, auf 0°C abgekühlt und durch eine feine Nadel gepreßt. Diese Pseudoflüssigkeit wird 1:1 mit dem Reaktionsansatz vermischt und reduziert die Randeffekte (gekrümmte Banden) beim Einlaufen der Probe in das Gel.

Schritt 6: Am geeignetsten ist eine 300-nm-Lichtquelle, da sie eine hohe Nachweisempfindlichkeit mit relativ geringen lichtinduzierten Schäden wie Brüche und Dimere verbindet (Brunk und Simpson, 1977). 254-nm-Lampen sind zu vermeiden, wenn die DNA weiter verarbeitet wird.

Schritt 7: Detaillierte Angaben zur quantitativen, photographischen Auswertung machen PRUNELL et al. (1977).

Schritt 1a: Die Doppelspaltung eines DNA-Moleküls mit 2 Restriktionsenzymen kann auch durch aufeinanderfolgende Behandlung der DNA erfolgen. Dazu ist es erforderlich, nach der Spaltung mit dem ersten Enzym die DNA-Spaltprodukte nach der Auftrennung aus den Gelen zu eluieren. Zu diesem Zweck sind zahlreiche Methoden entwickelt worden (s. S. 82). Als günstig hat sich die elektrophoretische Isolation der DNA aus den Gelen erwiesen. Dazu werden nach der DNA-Fraktionierung die Fragmente aus den Gelen herausgeschnitten (vgl. Abb. 6.4.). Mehrere, die gleichen DNA-Fragmente enthaltenden Gelstücke werden in ein Glasröhrchen (oder eine abgeschnittene Pipette) gebracht und mit flüssiger Agarose (die gleiche Konzentration wie die Gelstücke) in E-Puffer übergossen (Beachte: das Glasröhrchen muß bis über die Gelstücke blasenfrei mit Agarose übergossen sein!). Das so präparierte Glasröhrchen wird mit einem Dialysesäckchen in E-Puffer blasenfrei verbunden und in eine Elektrophoreseapparatur gebracht. Die Elektrophorese wird in E-Puffer, 1 h bei 100 V ausgeführt. Anschließend wird die Elektrophorese für 5 min in umgekehrter Richtung (+ → —) fortgesetzt, um an dem Dialysesäckchen haftende DNA zu entfernen. Nach beendeter Elektrophorese wird die DNA aus dem Dialysesäckchen entnommen (die Wiedergewinnungsrate liegt bei ca. 60—70%), mit Äthanol gefällt und in einem für die anschließende zweite Spaltung geeigneten Puffer aufgenommen.

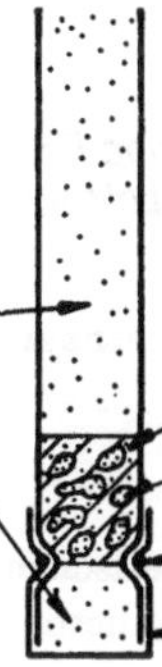

Abb. 6.4. Anordnung zur elektrophoretischen Elution von DNA aus Gelfragmenten (Einzelheiten s. Text).

Zur Auswertung: Fehler bei der Molekulargewichts-Abschätzung, die u. a. auf Nicht-Linearitäten der Beziehung log M_r zu Wanderungsstrecke R_F sowie durch Heterogenität einzelner DNA-Moleküle hervorgerufen werden können, lassen sich durch Ermittlung der Wanderungsstrecke relativ zu der eines M_r-stabilen DNA-Fragmentes (z. B. Fragment G der Hin II/III-verdauten SV40-DNA) korrigieren.

Zur Abschätzung der Größe eines DNA-Fragmentes sind neben der erwähnten Methode zahlreiche andere beschrieben worden. Von Bedeutung sind u. a.:

— die Vermessung der DNA im Elektronenmikroskop, wobei die Größe des Fragmentes mit einem DNA-M_r-Standard verglichen wird, der unter den gleichen Bedingungen wie die zu vermessende DNA für das Elektronenmikroskop präpariert wurde (SHARP et al., 1973).

— die Bestimmung des Fragment-DNA-Gehaltes im Verhältnis zu dem Gehalt an eingesetzter, ungespaltener DNA. Diese Methode wird nahezu ausschließlich für ^{32}P-markierte DNA angewendet (DANNA und NATHANS, 1971).

Es ist in jedem Falle zu empfehlen, zwei verschiedene Methoden zur M_r-Bestimmung zu verwenden.

Auch bei der Kartierung von DNA-Molekülen durch Restriktionsenzyme, die das Molekül in viele, oft sehr kleine Bruchstücke spalten, geht man zunächst davon aus, die Spaltorte solcher Enzyme größeren DNA-Fragmenten zuzuordnen, die durch vorherige Spaltung mit entsprechenden RE erhalten wurden. Durch sukzessive sowie reziproke Spaltung mit beiden Enzymen wird dann nach überlappenden DNA-Regionen gesucht, um die Nachbarschaftsbeziehungen zwischen den entstandenen Fragmenten zu ermitteln. An Hand der Abb. 6.5. soll diese Manipulation verdeutlicht werden. Auf dieser Skizze repräsentieren die horizontalen Linien einen Ausschnitt aus einem hypothetischen EcoRII- bzw. HindII-Spaltmuster eines DNA-Moleküls. Die ausgezogenen vertikalen Linien bezeichnen die entsprechenden EcoRII- bzw. HindII-Spaltorte, während die unterbrochenen Linien die Spaltorte des jeweils anderen Enzyms auf den HindII- bzw. EcoRII-Fragmenten markieren. Aus dem Schema ist ersichtlich, daß das EcoRII-X-Fragment die einander benachbarten HindII-Fragmente Y und Z überlappt. Da EcoRII-X einen HindII-Spaltort enthält, wird es durch HindII-Enzym in die Fragmente P1 und P2 gespalten. Andererseits enthalten sowohl das Hind Y- als auch das Hind-Z-Fragment einen EcoRII-Erkennungsort und nach Spaltung mit EcoRII entsteht das Fragment P1 aus der Hind Y- bzw. das Fragment P2 aus der Hind Z-Region.

Umgekehrt sollten zwei EcoRII-Fragmente, die nach weiterer Spaltung mit HindII zwei Fragmente liefern, die auch nach Spaltung eines HindII-Fragmentes mit EcoRII entstehen, einander benachbart sein und von dem HindII-Fragment überlappt werden. Die Produkte P1 und P2

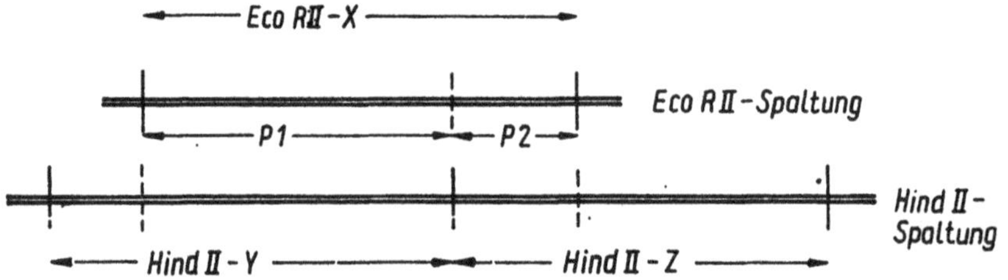

Abb. 6.5. Schema zur Erläuterung der DNA-Kartierung mittels Restriktionsenzymen (Einzelheiten s. Text).

werden elektrophoretisch getrennt, ihre Größe auf Grund ihrer elektrophoretischen Beweglichkeit gegenüber bekannten DNA-Referenzmolekülen bestimmt und auf Grund dieser Messungen die EcoRII-Spaltorte auf den HindII-Fragmenten Y und Z kartiert.

Neben der sukzessiven, reziproken Spaltung werden für die Kartierung von DNA-Molekülen durch RE zahlreiche andere Methoden verwendet, von denen an dieser Stelle einige erwähnt sein sollen:

— Analyse von Teilverdauungsprodukten, die nach unterschiedlich langer Verdauung eines DNA-Moleküls mit nur einer Restriktionsendonuklease erzeugt werden (‚partial digests‘) (Danna and Nathans, 1973),
— Hybridisierung von DNA-Fragmenten (oder radioaktiver Transkripte dieser Fragmente, hergestellt mittels *E. coli* RNA-Polymerase, s. Abschnitt 8.4.) zu bereits kartierten Referenzfragmenten (Lebowitz et al., 1974a),
— Endmarkierung des DNA-Moleküls vor der Spaltung mit dem Restriktionsenzym (Sambrook et al., 1973),
— Elektronenmikroskopische Kartierung (Lebowitz et al., 1974b).

Nachtrag: Eine neuere, tabellarische Übersicht über Restriktions- und Modifikationsenzyme hat R. J. Roberts (1978, Gene 4, 183—193) veröffentlicht. Als besonders geeignetes Verfahren zur Isolation von Restriktionsenzymen kann die Methode von Greene, P. J., Heyneker, H. L., Bolivar, R., Rodriguez, R. L., Betlach, M. C., Covarrubias, A. A., Backman, K., Russel, D. J., Tait, R. und Boyer, H. (1978, Nucleic Acids Res. 5, 2373—2380) empfohlen werden.

Zur Kartierung von RE-Erkennungsorten viel verwendet wird die Methode von H. O. Smith und M. L. Birnstiel (1976, Nucleic Acids Res. 3, 2387—2398), bei der ein endmarkiertes (s. S. 154) Fragment partiell mit dem RE, dessen Erkennungsorte kartiert werden sollen, gespalten wird. Die gelelektrophoretisch aufgetrennten Spaltprodukte werden autoradiographisch sichtbar gemacht und erlauben die unmittelbare Erstellung einer Restriktionskarte.

Weitere Methoden sind u. a. in folgenden Arbeiten publiziert worden: SAINT, R. B. und EGAN, J. B. (1979) Molec. gen. Genet. 171, 103–106; VILLEMS, R., DUGGLEBY, C. J. und BRODA P. (1978) FEBS Letters 89, 267–270; KOVACIC, R. T. und WANG, J. C. (1979) Plasmid 2, 394–402.

Literatur

ALTENBURGER, W., HÖRZ, W. und ZACHAU, H. G. (1977): Eur. J. Biochem. 73, 393–400.

BICKLE, T. A., PIRROTTA, V. und IMBER, R. (1977): Nucleic Acids Res. 4, 2561–2572.

BLAKESLEY und WELLS, R. D. (1975): Nature 257, 421–422.

BRUNK, C. F. und SIMPSON, L. (1977): Anal. Biochem. 82, 455–462.

CANAANI, E., DUESBERG, P. und DINA, D. (1977): Proc. Nat. Acad. Sci. USA 74, 29–33.

CAROLL, D. und BROWN, D. D. (1976): Cell 7, 467–475.

DANNA, K. S. und NATHANS, D. (1971): Proc. Nat. Acad. Sci. USA 68, 2913–2917.

FAREED, G. G. (1977): Ann. Rev. Biochem. 46, 471–522.

GAUTIER, F., BÜNEMANN, H. und GROTJAHN, L. (1977): Eur. J. Biochem. 80, 175–183.

HAMER, D. H. und THOMAS, C. A., Jr. (1975): Chromosoma (Berl.) 49, 243–267.

LEBOWITZ, P., SIEGEL, W. und SKAR, J. (1974a): J. Mol. Biol. 88, 105–123.

LEBOWITZ, P., KELLY, T. J., Jr., NATHANS, D., LEE, T. N. H. und LEWIS, A. M., Jr. (1974b): Proc. Nat. Acad. Sci. USA 71, 441–445.

MURRAY, K., ISAKSSON-FORSEN, A. G., CHALLBERG, M. und ENLUND, P. T. (1977): J. Mol. Biol. 112, 471–489.

NOSIKOV, V. V., BRAGA, E. A., KARLISHEV, A. V., ZHUZE, A. L. und POLYANOVSKY, O. L. (1976): Nucleic Acids Res. 3, 2293–2301.

PRUNELL, A., STRAUSS, F. und LEBLANC, B. (1977): Anal. Biochem. 7, 57–65.

ROBERTS, R. J. (1976): CRC Crit. Reviews Biochem. 123–164.

SAMBROOK, J., SUGDEN, B., KELLER, W. und SHARP, P. A. (1973): Proc. Nat. Acad. Sci. USA 70, 3711–3715.

SCHAFFNER, W., GROSS, K., TELFORD, J. und BIRNSTIEL, M. (1976): Cell 8, 471–478.

SHARP, P. A., SUGDEN, B. und SAMBROOK, J. (1973): Biochemistry 12, 3055–3063.

SMITH, H. O. und NATHANS, D. (1975): Ann. Rev. Biochem. 44, 273–293.

Kapitel 7

Präparative Ultrazentrifugation von Nukleinsäuren

7. Präparative Ultrazentrifugation von Nukleinsäuren

7.1. Einführung

Die Ultrazentrifuge ist nach wie vor ein unentbehrliches (und teures) Hilfsmittel zur Isolierung, Fraktionierung und Analyse von Nukleinsäuren. Die vorliegende Einführung beschränkt sich fast ganz auf ausgewählte praktische Aspekte der präparativen Ultrazentrifugation, wobei der Gleichgewichts-Dichtegradientenzentrifugation größere Aufmerksamkeit geschenkt wird. Der Begriff „präparativ" wird hier für Zentrifugationsverfahren gebraucht, bei denen die Analyse der erzielten Trennung nach Abschluß der Zentrifugation erfolgt.

Ausführliche Darstellungen der theoretischen Grundlagen der Ultrazentrifugation sind z. B. in den Buchveröffentlichungen von SCHACHMAN (1959), BOWEN (1970) und WILLIAMS (1963) enthalten.

Wesentliche theoretische Zusammenhänge bei der Zentrifugation leiten sich aus dem STOKESschem Gesetz ab. Danach ist

$$v = \frac{d^2[\varrho_p - \varrho_l]}{18\eta} \times g \qquad (7.1)$$

v= Sedimentationsgeschwindigkeit, d = Partikeldurchmesser, ϱ_p = Partikeldichte, ϱ_l = Dichte der Lösung, η = Viskosität der Lösung, g = Erdbeschleunigung

Daraus ergibt sich: (a) Die Sedimentationsgeschwindigkeit eines Partikels ist proportional seiner Größe und der Differenz zwischen Partikel- und Lösungsmittel-Dichte, wobei v für $\varrho_p = \varrho_l$ gleich Null ist; (b) die Sedimentationsrate steigt mit steigender Zentrifugalkraft und fällt mit steigender Lösungsmittel-Viskosität (s. GRIFFITH, 1976). Die Sedimentationsgeschwindigkeit, bezogen auf die Zentrifugalkraft (angegeben als Vielfaches von g), wird als Sedimentationskoeffizient (ausgedrückt in sec) bezeichnet und gewöhnlich in Svedbergeinheiten (S) angegeben (1 S = 10^{-13} sec.).

7.1.1. Zonenzentrifugation in Dichtegradienten

Wir betrachten zunächst Verfahren, bei denen die Lösungsmitteldichte kleiner als die Partikeldichte ist und die Moleküle demnach bei genügend langer Zentrifugationszeit auf den Becherboden sedimentieren. Um bei präparativen Verfahren eine Messung der Molekülverteilung nach Beendigung der Zentrifugation zu ermöglichen, muß mit stabilisierenden Dichtegradienten gearbeitet werden, die gegen Störungen durch Konvektion und mechanische Einwirkungen schützen. Je steiler, desto stabiler und damit unempfindlicher ist ein Gradient. Das am häufigsten für die Zonenzentrifugation (‚rate-zonal centrifugation') von Nukleinsäuren in Dichtegradienten verwandte Material ist Saccharose, doch finden gelegentlich auch Glycerin und Formamid Verwendung.

7.1.1.1. Herstellung von Saccharosegradienten

Eine sehr nützliche Zusammenfassung über Herstellung und Nutzung von linearen und exponentiellen Saccharosegradienten hat NOLL (1969) publiziert. Von den vielen in der Literatur beschriebenen Anordnungen zur Herstellung linearer Gradienten hat die in Abb. 7.1a abgebildete die weiteste Verbreitung gefunden. Es können jedoch auch durch Unterschichten von mehreren Stammlösungen (z. B. 5, 10, 15 und 20% für 5 bis 20prozentige Gradienten) und anschließende Diffusion (Zeitdauer vom Volumen und damit der Röhrchengröße abhängig) Gradienten erzeugt werden. Noch einfacher ist Gradientenbildung durch mehrfaches Einfrieren und Wiederauftauen einer Saccharoselösung, doch ist hier eine genaue Eichung notwendig (BAXTER-GABBARD, 1972). Übereinanderschichten von je 1 Vol. Saccharoselösung mit der niedrigsten und höchsten Konzentration des gewünschten Gradienten, langsames (ca. 60 sec) Kippen des gut verschlossenen Röhrchens in die Waagerechte, Verbleib in dieser Lage für mehrere Stunden (abhängig von der Röhrchengröße) und langsames Wiederaufrichten liefert ebenfalls gut reproduzierbare Gradienten. Wir verwenden für 58-ml-Gradienten die von AYAD et al. (1967) beschriebene und in Abb. 7.1b dargestellte Anordnung, die sich auch ausgezeichnet für sehr visköse Lösungen eignet.

Bei weitem am häufigsten verwandt werden lineare 5—20%-Gradienten in neutraler oder alkalischer Lösung. FREIFELDER (1973) weist jedoch darauf hin, daß in den langen Hochauflösungsbechern der Beckman-Rotoren SW40 und SW41 leicht Instabilitäten auftreten können und für diese Becher erst 5—30%-Gradienten die notwendige Stabilität garantieren.

Wird bei der in Abb. 7.1a gezeigten Anordnung das Volumen der Mischkammer B konstant gehalten, so entstehen exponentielle Gradienten (eine technisch sehr einfach zu realisierende Anordnung zeigt Abb. 7.1c), u. z. konvexe oder konkave, je nachdem, ob sich die schwerere oder die leichtere Lösung in der Mischkammer befindet. Ein Spezialfall des exponentiellen Gradienten ist der isokinetische Gradient (NOLL, 1969). Er garantiert, daß alle Partikel gleicher Dichte im gesamten Gradienten mit gleicher Geschwindigkeit sedimentieren, indem durch einen exponentiell konvexen Gradienten der Einfluß der Schwerkraft und der Viskosität auf die Sedimentationsgeschwindigkeit konstant gehalten wird. Notwendige Parameter, die die Herstellung von isokinetischen Gradienten in den meisten Beckman-Rotoren erlauben, teilen NOLL (1969) und MCCARTY et al. (1974) mit. Der Vorteil eines solchen Gradienten ist, daß der S-Wert eine lineare Funktion des Abstandes vom Rotationszentrum ist und bei Einschluß einer Referenz direkt abgelesen werden kann (für eine ausführliche Diskussion s. NOLL, 1969).

Mit elektronisch gesteuerten Gradientenmischern (z. B. LKB-Ultrograd) ist jede beliebige Gradientenform einfach herstellbar.

Das auf den Gradienten zu schichtende maximale Probevolumen hängt von der Röhrchengröße ab. Als grobe Richtwerte können 0,2 ml pro 4—5 ml Röhrchen, 0,5 ml pro 12—18 ml Röhrchen, 1 ml für 30—34 ml Röhrchen und 2 ml für 50—60 ml Röhrchen gelten. Nach GRIFFITH (1976) empfiehlt es sich, die Konzentration (w/w) im Probevolumen auf 1/10 der Konzentration der leichten Ausgangslösung, also 0,5% in einem Gradienten mit 5% an der Oberfläche, zu bringen.

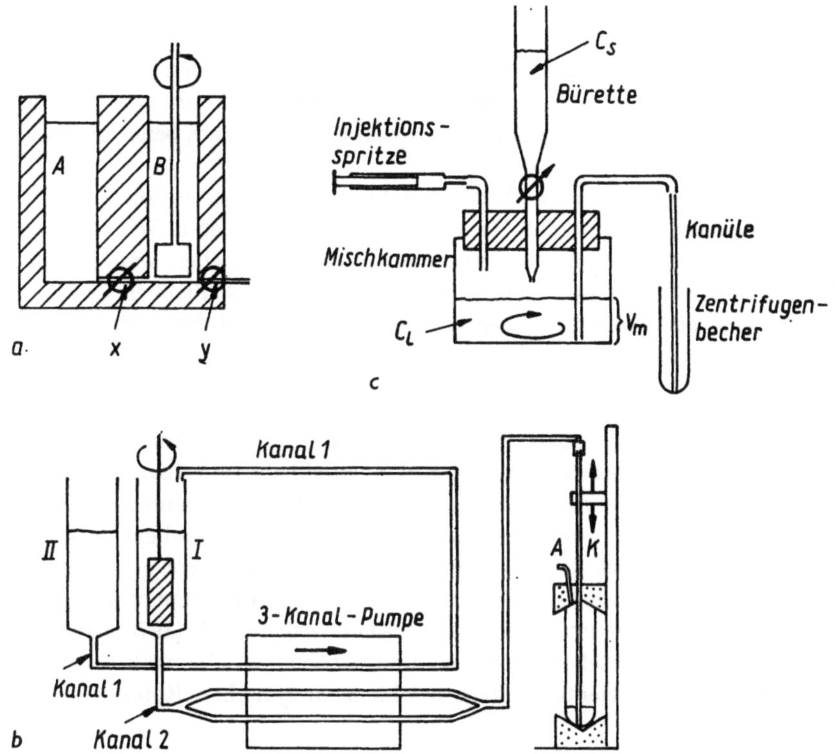

Abb. 7.1. Geräte zur Herstellung von Saccharose-Gradienten.

a: Anordnung zur Herstellung linearer Gradienten nach BRITTEN und ROBERTS (1960).

Da die Zentrifugenröhrchen meist wasserabstoßend sind, empfiehlt es sich, den Mischerauslauf auf den Grund des Röhrchens zu führen und die Gradienten durch Unterschichtung herzustellen (leichte Lösung in der Mischkammer). Um gleichen hydrostatischen Druck in beiden Reservoiren zu garantieren, muß $V_A \times \varrho_A = V_B \times \varrho_B$ sein (V — Volumen, ϱ — Dichte). Die Dichten sind einer entsprechenden Tabelle zu entnehmen.

b: Anordnung zur Herstellung linearer Gradienten mittels einer 3-Kanal-Pumpe (vgl. Abschnitt 7.2.1.).

Der Gradient wird durch Unterschichtung hergestellt. Zunächst wird schwere Lösung in Reservoir II pipettiert, dann Kanal 1 mittels Pumpe gefüllt. Es folgt Zugabe von leichter Lösung in Reservoir I und — nach Einschalten des Rührers — Einpumpen des Lösungsgemisches über die Kanüle K in den Zentrifugenbecher. Der rechte Teil der Anordnung wird auch zur Gradientenfraktionierung benutzt, da mit der verstellbaren, den Auslauf A enthaltenden Platte ein luftdichter Verschluß des Röhrchens möglich ist und die Kanüle mittels einer Führung langsam hinauf und herunter gedreht werden kann.

c: Anordnung zur Herstellung exponentieller Gradienten nach NOLL (1969).

Mit der Injektionsspritze wird die leichte Saccharoselösung der Konzentration C_l soweit in den Auslauf gedrückt, bis sie den Boden des Zentrifugenröhrchens erreicht und dann der Kolben der Spritze fixiert. Danach wird unter ständigem Rühren schwere Saccharoselösung der Konzentration C_s in die Mischkammer getropft. Das Endvolumen im Zentrifugenröhrchen entspricht dem Anfangsvolumen in der Bürette und C_l der Saccharosekonzentration am Gradientenmeniskus. Die exakte Form des Gradienten wird durch die Parameter V_m, C_l und C_s bestimmt. Die entsprechenden Werte zur Herstellung isokinetischer Gradienten in verschieden dimensionierten Zentrifugenröhrchen und für Partikel unterschiedlicher Dichte sind bei NOLL (1969) und MCCARTHY et al. (1974) tabelliert.

7.1.1.2. Zentrifugation

Saccharosegradienten werden ausschließlich in Schwenkbecherrotoren zentrifugiert. Steht kein ω^2t-Integrator zur Verfügung, wird der bei Endgeschwindigkeit zentrifugierten Zeit noch je ein Drittel der zum An- und Auslaufen des Rotors benötigten Zeit hinzugezählt.

In der Literatur sind verschiedene Methoden beschrieben worden, um die Zentrifugationszeit für Moleküle mit bekanntem S-Wert im voraus zu kalkulieren. Wir benutzen für lineare Gradienten die Beziehungen (s. Gleichung 7.6) und Tabellen von McEwen (1967). Ein Rechnerprogramm, das für alle Gradiententypen (einschließlich Gleichgewichtsdichtegradienten) anwendbar ist, beschrieben Bylund und Bruening (1974)

7.1.1.3. Auswertung

Zur Analyse der Molekülverteilung im Gradienten wird dieser gewöhnlich insgesamt fraktioniert. Das kann durch Anstechen des Röhrchenbodens und Sammlung von Fraktionen mit konstanter Tropfenzahl geschehen. Vorteilhafter ist die Unterschichtung des Gradienten mit einer hochprozentigen Saccharoselösung. Der Gradient wird mit konstanter Geschwindigkeit durch die Durchflußzelle eines Photometers gepumpt und mit einem Fraktionssammler gesammelt. Optimale Bedingungen für die photometrische Auswertung von Saccharosegradienten diskutieren Allington et al. (1976). Weitere Einzelheiten sind den experimentellen Protokollen zu entnehmen. Die exakte Bestimmung von Sedimentationskoeffizienten erfolgt in einem analytischen Rotor nach der Beziehung

$$s = \frac{1}{\omega^2 r} \times \frac{dr}{dt} \qquad (7.2)$$

r = Abstand vom Rotationszentrum in cm, t = Zentrifugationszeit in sec, ω = Winkelgeschwindigkeit (= $2\pi \times$ U/sec)

Diese für Idealbeziehungen geltende Gleichung muß durch Korrekturglieder (vornehmlich Viskosität, Temperatur und Dichte des Lösungsmittels, sowie Dichte und partielles spezifisches Volumen der Probe betreffend) für definierte experimentelle Bedingungen anwendbar gemacht werden und erlaubt dann die Kalkulation von Molekulargewichten aus den s-Werten. Sedimentationskoeffizient s und Molekulargewicht M_r sind über folgende Gleichung (eine Form der Svedberg-Gleichung) miteinander korreliert:

$$s = \frac{M_r(1 - \bar{v}\varrho)}{N_A \times f} \qquad (7.3)$$

$\bar{v}$ = partielles spezifisches Volumen, ϱ = Lösungsmitteldichte, N_A = Avogadrosche Zahl, f = molekularer Reibungskoeffizient

Die Formabhängigkeit von s bringt für die hoch asymmetrischen Nukleinsäuren soviel Unsicherheiten in die Kalkulation ein, daß die exakten Beziehungen zwischen s und M_r für verschiedene DNA-Typen unter streng definierten experimentellen Bedingungen empirisch ermittelt werden müssen. Studier (1965) bestimmte folgende Beziehungen zwischen $s^0_{20,w}$ (= s bei unendlicher Verdünnung in Wasser[1]) bei 20 °C) und dem

[1]) Da der s-Wert von Nukleinsäuren stark von der Konzentration abhängt, wird mittels einer Meßreihe auf s^0 (= Sedimentationskonstante) extrapoliert.

Molekulargewicht M_r von nativer und denaturierter DNA:

$$s^o_{20,w} = 0{,}0882\ M^{0{,}346} \text{ bzw. } \lg M = \frac{\lg s^o_{20,w} - \lg 0{,}082}{0{,}346} \tag{7.4}$$

bestimmt für native DNA in 1 M NaCl/0,01 M Tris · HCl, pH 8, und

$$s^o_{20,w} = 0{,}0528\ M^{0{,}400} \text{ bzw. } \lg M = \frac{\lg s^o_{20,w} - \lg 0{,}0528}{0{,}400} \tag{7.5}$$

bestimmt für denaturierte DNA in 0,9 M NaCl/0,1 N NaOH. Für RNA lassen sich solche Beziehungen nur unter total denaturierenden Bedingungen ableiten. Nach BOEDTKER (1968) gilt für in Anwesenheit von Formaldehyd denaturierte RNA annähernd Gleichung 7.5.

In präparativen Saccharosegradienten werden gewöhnlich nur Näherungswerte von s bestimmt, die mit den analytisch gemessenen s-Werten nicht völlig identisch sind (sie liegen meist etwas niedriger, s. jedoch unten). Für eine grobe Charakterisierung und (im Falle von RNA) Identifizierung ausreichende Bestimmungen von $s_{20,w}$ in linearen Gradienten können ohne Einschluß eines Standards nach McEWEN (1967) mit Hilfe der folgenden Gleichung kalkuliert werden:

$$s_{20,w} = \Delta I/\omega^2 t \tag{7.6}$$

ΔI = Differenz der Zeitintegrale für die Saccharosekonzentration am Gradientenmeniskus und die an der Stelle des Gradienten mit der höchsten Molekülkonzentration in einer Bande. Die Zeitintegrale hat McEWEN (1967) für Moleküle unterschiedlicher Dichte unter verschiedensten Versuchsbedingungen tabelliert.

Etwas gesichertere Werte erhält man durch Einschluß von Standards (DNA bzw. RNA mit bekannten S-Werten), die höhere und niedrigere S-Werte als die unbekannte Präparation haben sollten. Die Kalkulation erfolgt dann nach

$$\frac{D(s)}{D(p)} = \frac{s_{20,w}(s)}{s_{20,w}(p)} \tag{7.7}$$

wobei $D(s)$ und $D(p)$ die Wanderungsstrecken von Standard und Probe im Gradienten bedeuten. Bei solchen Bestimmungen bleibt jedoch stets offen, ob der vorausgesetzte S-Wert des Standards nicht durch Gradientenverformungen, Positionsänderungen während der Fraktionierung und andere experimentelle Fehler verfälscht wurde. Hinzu kommt, daß diese ‚distance ratio'-Methode strikt nur für isokinetische Gradienten anwendbar ist (s. o.). Eine sorgfältige Bestimmung der Sedimentationskoeffizienten nativer T-Phagen-DNA in isokinetischen Gradienten und Kalkulation der $s_{20,w}$-Werte auf der Basis von partiellem und apparentem spezifischen Volumen (vgl. Gleichung 7.3) ergab Werte, die denen mittels analytischer Zentrifugation ermittelten völlig äquivalent waren (CLARK und LANGE, 1976). Die Autoren leiteten folgende Beziehungen zwischen Sedimentationskoeffizient und Molmasse (in Dalton) ab:

$$s^x_{20,w} = 0{,}0355\ M_r^{0{,}3978} \text{ in } 0{,}1 \text{ M NaCl und} \tag{7.8}$$

$$s^x_{20,w} = 0{,}0270\ M_r^{0{,}4184} \text{ in } 1 \text{ M NaCl} \tag{7.9}$$

($s^x_{20,w} = s^o_{20,w} \times 10^{13}$, korrigiert für den Einfluß der NaCl-Konzentration auf den Sedimentationskoeffizienten.

Abschließend soll noch auf das anomale, von der Rotorgeschwindigkeit abhängige Sedimentationsverhalten besonders hochmolekularer DNA hingewiesen werden. ZIMM (1974) hat diesen Effekt theoretisch begründet und HUTCHINSON und KRASIN (1977) lieferten die Theorie stützende experimentelle Befunde.

7.1.2. *Gleichgewichts-Dichtegradientenzentrifugation*

Bei der Gleichgewichts-Dichtegradientenzentrifugation überstreicht der Dichtegradient der Lösung den Dichtebereich der zu trennenden Moleküle, so daß diese nur bis zu der Position im Gradienten sedimentieren, bei der Molekül- und Lösungsdichte identisch sind. Die Moleküle werden demnach entsprechend ihrer Dichte, nicht nach ihrem Molekulargewicht aufgetrennt. Gleichgewichts-Dichtegradienten zur Nukleinsäureanalyse werden vorzugsweise durch wässrige Lösungen von Alkalimetallsalzen erzeugt, u. z. (von Ausnahmen abgesehen) durch Zentrifugation einer Ausgangslösung gleicher Dichte. Das niedermolekulare Salz bildet im Gleichgewicht durch das sich mit dem Abstand vom Rotationszentrum ändernde Schwerefeld einen Dichtegradienten aus, dessen Verlauf durch das spezielle Salz, die Zentrifugalkraft und die Länge des Gradienten im Zentrifugalfeld bestimmt wird.

Tab. 7.1 enthält die wichtigsten zur Gleichgewichtsdichtegradientenzentrifugation eingesetzten Substanzen, die mittleren Dichten von DNA in diesen Gradienten und Faktoren, die Refraktionsindex (n^{25})[1]) und Dichte (ϱ^{25})[2]) in Beziehung setzen.

Tabelle 7.1

Ungefähre mittlere Schwimmdichten von DNA in verschiedenen Salzlösungen und Parameter zur Bestimmung der Dichten aus den Refraktionsindices nach $\varrho^{25} = a \times n^{25} - b$.[5])

CsCl	ϱ[1])	a	b	Quelle
CsCl[2])	1,71	10,8601	13,4974	VINOGRAD und HEARST (1962)
Cs_2SO_4[3])	1,43	13,6986[4])	17,3233[4])	VINOGRAD und HEARST (1962)
Cs-acetat	1,95	10,7527	13,4247	HEARST und SCHMID (1973)
Cs-format	1,77	13,7363	13,4247	HEARST und SCHMID (1973)
Rb-trichloracetat	1,48	6,5869	7,7805	BURKE und BAUER (1977)

[1]) Die Spalte liefert nur Anhaltspunkte, da die Werte in Abhängigkeit vom G + C-Gehalt erheblich schwanken.

[2]) Eine exaktere Beziehung lautet (IFFT et al., 1970):
$\varrho^{25} = 1{,}1584 - 10{,}2219 \times n^{25} + 7{,}5806\,(n^{25})^2$

[3]) Eine exaktere Beziehung lautet (LUDLUM und WARNER, 1965):
$\varrho = 0{,}9954 + 11{,}1066(n - n_0) - 26{,}4460(n - n_0)^2$
(n_0 = Refraktionsindex von Wasser)
In 0,1 M Na_2SO_4/0,005 M $Na_2B_4O_7$, pH 9,2 gilt nach CORTADAS et al. (1977)
$n^{25} = 1{,}2636 + 0{,}07346 \times \varrho^{25}$

[4]) Die Zahlen gelten für einen Dichtebereich 1,40—1,70, während im Dichtebereich 1,15 — 14,0 a = 12,1200 und b = 15,1662 ist (VINOGRAD und HEARST, 1962).

[5]) Die Beziehungen gelten für die in Wasser gelösten Salze, doch ist die Abweichung bei in verdünnten Puffern gelösten Salzen vernachlässigbar.

---

[1]) n^{25} = Brechungsindex, gemessen bei 25 °C und dem Licht der D-Linie des Natriums. Messungen bei Tageslicht führen zu geringen Abweichungen, die für präparative Trennverfahren vernachlässigbar sind.

[2]) ϱ^{25} = Dichte in g/cm³, bestimmt bei 25 °C.

Gleichgewichts-Dichtegradienten können sowohl in Schwenkbecher- als auch in Festwinkelrotoren zentrifugiert werden. Nach FLAMM et al. (1969) bieten Festwinkelrotoren folgende Vorteile: (a) größere Röhrchen- und Rotorkapazität, (b) reduzierte Gradientenlänge und damit kürzere Äquilibrierungszeiten, (c) bessere Auflösung verschiedener DNA-Fraktionen und (d) bessere Abtrennung von RNA, da diese schneller und an der Außenwand des Röhrchens sedimentiert. Gradienten in Festwinkelrotoren sind allerdings wesentlich flacher als Schwenkbechergradienten und nicht linear (vgl. Abb. 7.5). Die Nichtlinearität erschwert eine exakte Ermittelung der Schwimmdichte. Die Flachheit des Gradienten erfordert eine besonders sorgfältige Einstellung der Anfangsdichte. Sie sollte bei CsCl etwa 0,01—0,02 g/cm³ höher als die Schwimmdichte der schwersten Komponente sein, so daß die Banden im oberen Drittel des Gradienten, dem Bereich des höchsten Auflösungsvermögens, zu liegen kommen (FLAMM et al., 1969).

Eine Verkürzung der für Gleichgewichts-Dichtegradienten langen Zentrifugationszeiten ist durch Verkürzung der Gradienten (Röhrchen werden nur teilweise mit DNA-Salz-Lösung gefüllt; Wahl eines Rotors mit steilem Winkel, im Extremfall Vertikalrotor) oder durch Übereinanderschichten von zwei Ausgangslösungen unterschiedlicher Dichte nach BRUNK und LEICK (1969) möglich.

Die Fraktionierung der Gradienten kann prinzipiell wie für Saccharosegradienten beschrieben (s. S. 118) erfolgen (vgl. auch Schritt 7, S. 130). Eine von FLAMM et al. (1969) beschriebene, einfache Vorrichtung zur Sammlung identischer Volumina zeigt Abb. 7.2a. Die Bestimmung der Schwimmdichte von DNA-Fraktionen erfolgt direkt über den Refraktionsindex (s. Tab. 7.1), doch erhöht auch in präparativen Läufen speziell bei Verwendung von Winkelrotoren die Mitführung eines Standards die Genauigkeit der gewonnenen Aussage. Auf spezifische Fraktionierungsartefakte (asymmetrische Gipfel, Verlagerung der höchsten DNA-Konzentration in Fraktionen niedrigerer Dichte als erwartet) bei Verwendung hochmolekularer DNA ($\geqq 5 \times 10^7$ D) hat SINCLAIR (1974) hingewiesen. Die Empfindlichkeit des Nachweises unmarkierter DNA kann durch Fluoreszenzmessung nach Reaktion der fraktionierten DNA mit Diaminobenzoesäure soweit gesteigert werden, daß 2—4 µg DNA pro 4,5-ml-Gradient ausreichend sind (KAPP et al., 1974).

7.1.2.1. Cäsiumchlorid-Dichtegradienten

Herstellung der Gradienten. Es ist üblich, CsCl direkt in die die DNA enthaltende Lösung (z. B. 0,1 × SSC) einzuwiegen. Die für die Nukleinsäurezentrifugation gebräuchlichsten Anfangsdichten erhält man mittels der in Tab. 7.2 angegebenen Einwaagen pro 1 ml Lösung. Die exakte Kontrolle der Dichte erfolgt vornehmlich mit Hilfe des Refraktometers und der in Tab. 7.1 angegebenen Beziehung. Bei häufigem Gebrauch empfiehlt es sich, die Werte zu tabellieren. Zeigt der Refraktionsindex trotz sorgfältiger Einwaage eine zu niedrige Dichte an, werden $(\Delta\varrho^{25} \times V \times 1{,}32)$ g CsCl zu V ml der Lösung hinzugegeben. Bei zu hoher Dichte werden umgekehrt $(\Delta\varrho^{25} \times V \times 1{,}52)$ ml Puffer hinzugefügt. Alle diese Beziehungen gelten exakt nur im Dichtebereich 1,25 bis 1,9 g/cm³ (VINOGRAD und HEARST, 1962).

Die breite *Anwendung der CsCl-Zentrifugation* beruht vorrangig auf der linearen Korrelation zwischen Schwimmdichte und mittlerem G + C-Gehalt der DNA (SCHILDKRAUT et al., 1962):

$$\text{Mol\% G + C} = \frac{\varrho - 1{,}66}{0{,}098} \times 100 \qquad (7.10)$$

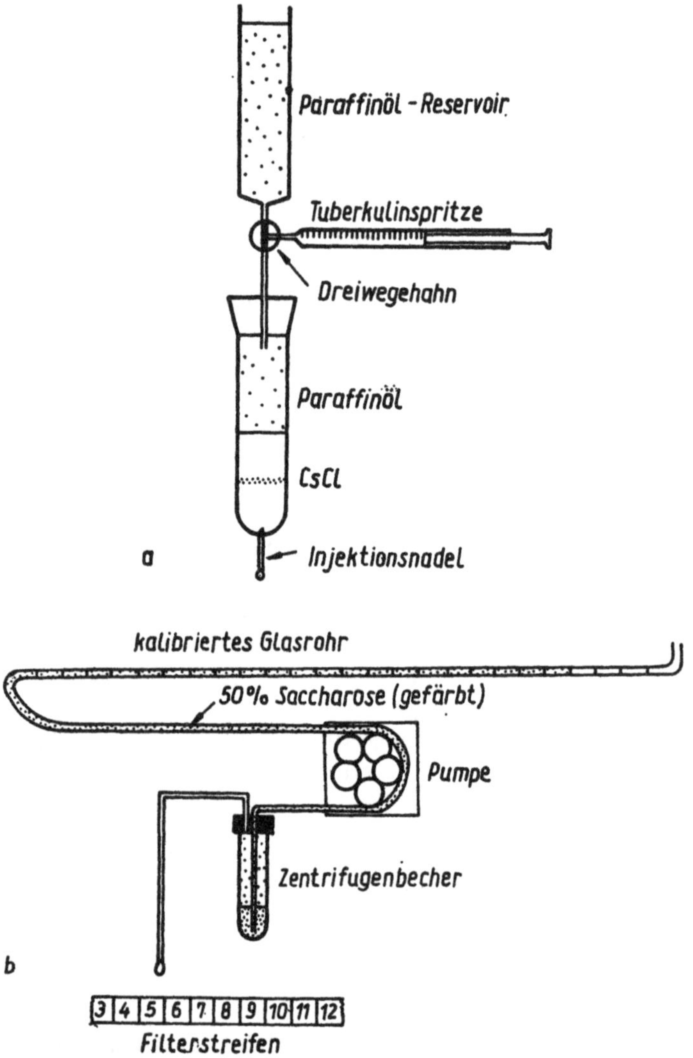

Abb. 7.2. Anordnungen zur Fraktionierung von Gradienten in gleiche Volumina.
a: Anordnung nach Flamm et al. (1969). Das Zentrifugenröhrchen wird in den abgeschliffenen Körper einer Glas-Injektionsspritze gestellt, eingespannt und mit einem von einer Injektionsnadel durchbohrten Gummistopfen luftdicht verschlossen. Die Nadel ist über einen Dreiwegehahn mit einem Paraffinöl-Reservoir und einer Tuberkulinspritze (oder Mikropipette) verbunden. Nach dem Anstechen des Zentrifugenbechers mit einer Injektionsnadel (ein während des Einstechens in der Kanüle befindlicher, genau eingepaßter Draht verhindert das Ausstechen eines kleinen, die Kanüle verschließenden Zylinders aus dem Becherboden) werden mittels der Tuberkulinspritze gleiche Volumina Paraffinöl in das Röhrchen (und damit ebensolche Volumina z. B. CsCl aus dem Röhrchen) gedrückt und die Spritze mittels des Dreiwegehahns aus dem Reservoir wieder gefüllt. Das System muß völlig luftfrei sein.
b: Anordnung nach Hofemeister (Original). Das kalibrierte Glasrohr enthält das Volumen des gesamten Gradienten und wird langsam in den Zentrifugenbecher gepumpt. Bei Erreichen eines Kalibrierungsstriches wird der Filterstreifen weitergeschoben. Der Streifen liegt auf einem mit Silikonfett behandelten Drahtrost, um ein Ablaufen von Flüssigkeit zu verhindern. Obwohl Flüssigkeit über die Quadratgrenzen hinaus dringt, verbleibt die DNA unmittelbar am Auftragungsort.

Beziehung 7.10 gilt streng nur für einen mittleren Bereich der Basenzusammensetzung (etwa 30—70% G + C) und bei Fehlen modifizierter Basen. 5-Methylcytosin erniedrigt die Schwimmdichte, während Hydroxymethylcytosin, Hydroxymethyluracil und Glykosilierung diese erhöhen. Beziehungen, die den Einfluß von Basensubstitution auf die Schwimmdichte erfassen, haben RAE (1976) für Hydroxymethyluracil und Hydroxymethylcytosin und LUK und BICK (1977) für 5'-Bromdesoxyuridin veröffentlicht.

Tabelle 7.2

Menge an CsCl, die pro ml Lösung hinzugefügt werden muß, um die angegebene Dichte zu erzielen (aus FLAMM et al., 1969).

Anfangsdichte g/cm^3	CsCl g	Endvolumen der CsCl-Lösung bei 25 °C ml
1,660	1,17	1,30
1,670	1,19	1,30
1,680	1,22	1,31
1,690	1,24	1,31
1,700	1,26	1,32
1,710	1,28	1,32
1,720	1,31	1,33
1,730	1,33	1,34
1,740	1,35	1,34
1,750	1,36	1,34
1,760	1,37	1,35

VINOGRAD et al. (1963) fanden, daß bei pH 12 nur Guanin und Thymin durch OH^- titrierbar sind, so daß sie zusätzlich Cs-Ionen binden können. Das bedingt einen durchschnittlichen Anstieg in der Schwimmdichte denaturierter gegenüber doppelhelikaler DNA von 0,015—0,02 g/cm^3. Die Technik erlaubt auch die Trennung komplementärer Stränge, sofern sich diese in der Basenzusammensetzung genügend unterscheiden. Allerdings treten in alkalischem CsCl in meßbarer Zahl Strangbrüche, hervorgerufen durch Depurination der DNA, auf (HILL und FANGMAN, 1973). Wird für die Zentrifugation ein pH-Wert eingestellt, der in einer heterogenen DNA-Population nur die A + T-reichen Sequenzen denaturiert (die dann einen starken Dichtezuwachs erfahren), kann eine hohe Auflösung verschiedener DNA-Komponenten erzielt werden (CECH et al., 1976). Die Methode ist allerdings sehr sensibel gegen pH-Änderungen, erfordert also eine äußerst genaue und reproduzierbare pH-Wert-Einstellung.

7.1.2.2. Zentrifugation von DNA-Liganden-Komplexen in CsCl

Actinomycin-CsCl-Gradienten. Die Anlagerung von Actinomycin vorzugsweise an G + C-reiche DNA-Segmente vergrößert die Dichteunterschiede von DNA-Fraktionen und erlaubt somit eine verbesserte Fraktionierung heterogener DNA. Die Methode ist von KERSTEN et al. (1966) eingeführt und nachfolgend u. a. für die Isolation von 5 S-RNA- (BROWN et al., 1971), tRNA- (CLARKSON und KURER, 1976) und Histon-Genen (BIRNSTIEL et al., 1974) eingesetzt worden. Methodische Einzelheiten enthält das experimentelle Protokoll, Abschnitt 7.2.3.

Netropsin-CsCl-Gradienten. Das Oligopeptid-Antibiotikum Netropsin bindet auch bei sehr hohen Ionenstärken vorzugsweise an dA · dT-Basenpaare, erniedrigt dadurch die

Schwimmdichten in CsCl und Cs_2SO_4 und führt wie Actinomycin zu einer verbesserten Fraktionierung. Die Schwimmdichte der DNA fällt mit wachsendem molaren Verhältnis (R_f) Netropsin: DNA-Phosphat und erreicht bei einem R_f von 1 einen Plateauwert (VOTAVOVÁ und SPONAR, 1975). GUTTMANN et al. (1976) fanden eine direkte Abhängigkeit der Schwimmdichten von DNA in Netropsin (ϱ_n) von denen in CsCl (ϱ) und demnach — entsprechend Gleichung 7.10, S. 121 — vom G + C-Gehalt:

$$\varrho_n = 1{,}67 + 2{,}44(\varrho - 1{,}70) - 16{,}93(\varrho - 1{,}70)^2 \qquad (7.11)$$

Wir erzielten bei einem Gewichtsverhältnis Netropsin: *Chironomus*-DNA (mittl. G + C-Gehalt = 29) von 0,3:1 und einer Anfangsdichte der CsCl-Lösung von 1,629 g/cm³ (n^{25} = 1,3928) gute Ergebnisse. Es ist angebracht, die Netropsin-Stammlösung stets frisch anzusezten und deren Konzentration optisch zu bestimmen (vgl. S. 132 für Actinomycin). Das Molekulargewicht von Netropsin · HCl beträgt 502, der molare Absorptionskoeffizient bei 296 nm in 0,1 M NaCl/1 mM Phosphatpuffer, pH 6,4, 20200 (WARTELL et al., 1974). Netropsin kann analog zu Actinomycin von der DNA abgelöst (s. S. 133) werden. Die Entfernung wird optisch bei 310 nm geprüft.

Äthidiumbromid — CsCl-Gradienten. Bei hohen Ionenstärken erfolgt die Bindung von Äthidiumbromid (EB) an Nukleinsäuren ausschließlich durch Interkalation in Doppelstrangstrukturen und erniedrigt hierdurch die Schwimmdichte von Nukleinsäuren in CsCl. Diese Interkalation des EB führt zu einer Aufwindung der DNA-Doppelhelix. Eine solche Aufwindung ist auch bei doppelsträngiger, ringförmiger DNA möglich, sofern diese wenigstens einen Einzelstrangbruch enthält. In kovalent-geschlossener, ringförmiger Doppelstrang-DNA (CCC-DNA) ist dagegen nur eine Änderung der Zahl der Windungen möglich und die Gesamtmenge EB, die gebunden werden kann, ist begrenzt (0,11—0,13 EB-Moleküle pro Nukleotid gegenüber etwa 0,2 in nativer, linearer DNA). Die Dichteerniedrigung von CCC-DNA bleibt deshalb geringer und ermöglicht die Abtrennung im CsCl-Dichtegradienten. Methodische Einzelheiten enthält das experimentelle Protokoll, Abschnitt 2.2.3. Eine etwa 1,8 × bessere Trennung zwischen OC- und CC-Form wird mit dem EB-Analogon Propidium-di-Jodid erzielt (HUDSON et al., 1969). Als Richtwerte können eine Anfangsdichte von 1,532 g/cm³ und eine Prop · J_2-Konzentration von 200—300 µg/ml des Gradienten gelten.

Hoechst 33258-CsCl-Gradienten. Der fluoreszierende Benzimidazol-Abkömmling Hoechst 33258 bindet hochspezifisch an dA · dT-Basenpaare in doppelsträngiger DNA und wurde von MÜLLER und GAUTIER (1975) erfolgreich zur DNA-Fraktionierung in CsCl-Gradienten eingesetzt. MANNELIDIS (1977) erzielte die besten Ergebnisse bei Konzentrationen von 0,6—1,3 µg Farbstoff pro µg DNA. Die gute Reproduzierbarkeit und Unanfälligkeit gegen Verunreinigungen läßt diese Methode geeigneter erscheinen, als Cs_2SO_4/Ag^+-Zentrifugation (s. S. 125).

Methylgrün-CsCl-Gradienten. Auch Methylgrün bindet hochspezifisch an dA · dT-Basenpaare und ist ebenso wie Hoechst 33258 zur Auftrennung heterogener DNA in CsCl-Gradienten geeignet (MÜLLER und GAUTIER, 1975; RENKAWITZ, 1977). Die Entfernung beider Farbstoffe aus DNA-CsCl-Lösungen ist mittels Isopropanol-Extraktion (s. S. 133) möglich.

7.1.2.3. Cäsiumsulfat-Dichtegradienten

Eine ausgezeichnete Zusammenfassung über die Verwendung von Cäsiumsulfat in der Gleichgewichts-Dichtegradientenzentrifugation hat SZYBALSKI (1968) publiziert. Für die Wahl von Cs_2SO_4 anstelle von CsCl in der isopyknischen Zentrifugation sind folgende

Befunde maßgeblich: (a) Cs_2SO_4 bildet bei gleicher Rotorgeschwindigkeit etwa doppelt so steile Gradienten aus wie CsCl, erfaßt also noch Nukleinsäuren stark unterschiedlicher Schwimmdichten (z. B. DNA und DNA-RNA-Hybriden); (b) DNA zeigt in Cs_2SO_4 eine viel stärkere Hydratation als in CsCl, mit einer durchschnittlichen Dichte von 1,4 g/cm³ im Vergleich zu 1,7 g/cm³ in CsCl; (c) Cs_2SO_4-Gradienten erlauben auch die Analyse von RNA, obwohl die Präzipitation hochmolekularer RNA durch die hohe Salzkonzentration (s. S. 15) spezielle Probleme bereitet; (d) der Dichteunterschied von denaturierter und nativer DNA unter alkalischen Bedingungen ist in Cs_2SO_4 größer (ca. 0,022 g/cm³) als in CsCl; (e) Cs_2SO_4 erlaubt die Trennung von mit verschiedenen Liganden komplexierter DNA und damit eine enorme Erweiterung der Fraktionierungsmöglichkeiten heterogener DNA (s. u.); (f) bei präparativer Anwendung der Gleichgewichts-Dichtegradientenzentrifugation zur Isolation größerer Nukleinsäuremengen (s. Abschnitt 2.1.3.) ist Cs_2SO_4 ökonomischer in der Anwendung, da (bei etwa gleichem Preis) durch die geringere Dichte der DNA in Cs_2SO_4 erheblich weniger Salz benötigt wird als bei Verwendung von CsCl; (g) ein Nachteil von Cs_2SO_4 ist das Fehlen einer linearen Korrelation zwischen Schwimmdichte und G + C-Gehalt. Dennoch erlaubt das Vorhandensein vieler Referenzdaten (tabelliert in SZYBALSKI, 1968) eine relativ genaue Bestimmung des G + C-Gehaltes von DNA auch in Cs_2SO_4-Gradienten.

Die für die experimentelle Arbeit wichtigen Beziehungen zwischen Dichte und Refraktionsindex von Cs_2SO_4-Lösungen enthält Tab. 7.1.

7.1.2.4. Zentrifugation von DNA-Liganden-Komplexen in Cs_2SO_4

Ag^+-Cs_2SO_4-Gradienten: Die Bindungskonstanten von DNA für Ag^+ (und Hg^{++}) sind stark von der Basenzusammensetzung abhängig, während die Zahl der Bindungsstellen von der Basenzusammensetzung unabhängig ist. Das bedingt, daß in heterogenen DNA-Proben alle Bindungsstellen einer Komponente bereits gesättigt sein können, bevor eine andere Komponente signifikante Mengen an Silber gebunden hat. Demnach muß das für die optimale Fraktionierung einer bestimmten DNA-Präparation notwendige molare Verhältnis (R_f) von Ag^+ zu DNA-Phosphat[1]) stets experimentell ermittelt werden. Nutzung und Interpretation der DNA-Silber-Bindung wird durch die Existenz von wenigstens zwei Bindungsmechanismen weiter kompliziert (JENSEN und DAVIDSON, 1966). RINEHART und SCHMID (1976) haben deshalb in Abhängigkeit vom bevorzugten Bindungstyp zwischen Typ I (pH 5,8—7)- und Typ II (pH = 9,2)-Gradienten unterschieden. In Typ-I-Gradienten wird Ag vorzugsweise an G + C-reiche DNA, in Typ-II-Gradienten an A + T-reiche DNA gebunden. Die Position von DNA-Komponenten wird sich also in Abhängigkeit von pH- und R_f-Wert stark verändern (vgl. FILIPSKI et al., 1975). Da Silbergradienten zudem sehr empfindlich gegen Spurenkontamination von Ag^+-komplexierenden Substanzen wie Chlorid, EDTA und Tris-Puffer und gegen Kontamination der DNA durch Proteine und Kohlehydrate sind, können reproduzierbare Resultate nur bei größter Sorgfalt erzielt werden. HENNIG (1975) empfiehlt den Ansatz von 2 Stammlösungen (Lösung I mit DNA in 0,1 M Na_2SO_4/0,005 M $Na_2B_4O_7$, pH 9,2; Lösung II wie I, jedoch ohne DNA aber mit der erforderlichen Menge $AgNO_3$ oder $AgClO_4$ aus einer 10^{-3} M Stammlösung), die beide mit Cs_2SO_4 auf die Anfangsdichte (z. B. n^{25} = 1,3740) eingestellt und 1:1 gemischt werden.

---

[1]) Die DNA-Phosphat-Konzentration kann in Annäherung aus der Absorption bei 260 nm nach DNA-P = $1{,}47 \times 10^{-4}\, A_{260}$ Mol/l bestimmt werden (WETMUR und DAVIDSON, 1968).

Hg^{++}-Cs_2SO_4-Gradienten. Vieles von dem über Ag^+-Gradienten Gesagte, einschließlich der Versuchsdurchführung, gilt auch für Hg^{++}-Gradienten (vgl. Nandi et al., 1965). Hg^{++} besitzt eine hohe Bindungskonstante und komplexiert bei pH 9,2 (dem üblichen Arbeits-pH, eingestellt mit 5 mM Boratpuffer) preferentiell mit A + T-reicher DNA. Wilson et al. (1976) kamen bei einem Vergleich mehrerer Techniken zu dem Schluß, daß DNA, mit Hg^{++} komplexiert und in Cs_2SO_4 zentrifugiert, am besten fraktioniert wird.

DNA, in Anwesenheit von Hg^{++} oder Ag^+ kann in Cs_2SO_4 auch unter alkalischen Bedingungen zentrifugiert werden, was zu einer verbesserten Trennung komplementärer Stränge führt (Filipski und Rzeszowska-Wolny (1974).

BAMD-Cs_2SO_4-Gradienten. 3,6-bis(acetatomercurimethyl)-Dioxan (BAMD) ist eine weitere Substanz, die bevorzugt an A + T-reiche Sequenzen bindet und deren Dichte erhöht. Hinzu kommen jedoch Einflüsse der Basensequenz auf das Bindungsverhalten. Cortadas et al. (1977), die die Zentrifugation von BAMD-DNA-Komplexen in Cs_2SO_4 beschrieben, betonen vor allem die Eignung dieser Technik für die Abtrennung von mg-Mengen G + C-reicher DNA eukaryotischer Genome.

7.1.2.5. Weitere Gleichgewichts-Dichtegradiententypen

Neben CsCl und Cs_2SO_4 sind eine Reihe anderer Salze zur Gleichgewichts-Dichtegradientenzentrifugation verwandt worden, doch hat keines von ihnen bislang eine wirklich breite Anwendung gefunden. Genannt seien (vgl. auch Tab. 7.1): Cs-acetat, Cs-format, Cs-trichloro- und trifluoroacetat, $CsSeO_4$, RbCl, RbBr, RbJ sowie NaJ und KJ.

Cs-acetat, Cs-format und 1:1-Mischungen beider Salze bilden sehr flache Gradienten aus und haben deshalb ein hohes Auflösungsvermögen (z. B. Wilson et al., 1976). Allerdings sind lange Zentrifugationszeiten, sehr hochmolekulare DNA und sorgfältigste Einstellung der Anfangsdichte erforderlich. Cs_2SeO_4 bildet wie Cs_2SO_4 sehr steile Gradienten mit entsprechend geringer Auflösung, kürzeren Äquilibrierungszeiten und der Möglichkeit der Verwendung auch niedermolekularer DNA (vgl. Hearst und Schmid, 1973). Nach Burke und Bauer (1977) sind neutrale Alkalimetallsalze der Trichloressigsäure gut für die Isolation, Reinigung und Charakterisierung von nativer und denaturierter DNA, sowie von RNA in Gleichgewichtsdichtegradienten geeignet. Die Autoren untersuchten ausführlich Rubidium-trichloracetat-Gradienten, die sich besonders durch einen im Vergleich zu CsCl zehnfach höheren Dichteunterschied zwischen nativer und denaturierter DNA auszeichnen.

In Natriumjodid (Ähnliches gilt für KJ) wurde von Anet und Strayer (1969b) ein gegenüber CsCl erhöhtes Auflösungsvermögen beobachtet. Insbesondere sind die Dichteunterschiede zwischen nativer und denaturierter DNA vergrößert (etwa 7-fach). Neben nativer und denaturierter DNA können auch RNA und DNA-RNA-Hybriden getrennt werden (Birnie, 1972). Der Nachweis der Renaturierung denaturierter DNA in NaJ (Clegg und Borst, 1974) schränkt den Anwendungsbereich allerdings ein. Zur Analyse von Hybridisierungsgemischen besser geeignet sind gemischte Gradienten aus CsCl und Guanidin · HCl (Enea und Zinder, 1975) oder Cs_2SO_4 und Harnstoff (Modak und Imaizumi, 1974). Gemischte NaJ/KJ (4:1; w/w)-Gradienten fraktionieren RNA entsprechend ihrer Basenzusammensetzung (Andrean und Kloet, 1973).

Serwer (1975) beschreibt ausführlich Na-iothalamat[1])-Gradienten. Die Dichten von

---

[1]) Salz der 5-acetamido-2,4,6-trijod-N-methylisophthalm-Säure.

T7-DNA und Sindbis-Virus-RNA (einzelsträngig) liegen bei 1,131 und 1,225 g/cm³. Unterschiede im G + C-Gehalt der DNA erzeugen etwas geringere Dichteunterschiede als in CsCl.

7.2. Experimentelle Protokolle

7.2.1. Präparative Trennung cytoplasmatischer RNA im Saccharosegradienten

Im geschilderten Experiment wird die Zonenzentrifugation im Saccharosegradienten zur präparativen Gewinnung von 26S-, 18S- und 5 + 4S-RNA verwandt. Ausgangsmaterial ist cytoplasmatische RNA aus *Chironomus thummi*-Larven.

Speziellles Material

- je 90 ml 5% und 40% (w/v) Saccharose (reinst) in 0,1 M NaCl/0,02 M Na-acetat, pH 5/1 mM EDTA/0,1% DEP; vor Gebrauch autoklaviert.
- RNA, ca. 3 mg/ml in obigem Puffer, isoliert nach Abschnitt 3.2.1.

Versuchsdurchführung

(1) Das Mischen der Gradienten erfolgt im Kühllabor mit der in Abb. 7.1b gezeigten Anordnung. Zunächst wird Kanal 1 völlig mit schwerer Lösung gefüllt. Erst dann beginnt unter Rühren das Auspumpen auch der leichten Lösung. Die Geschwindigkeit der Pumpe wird so einreguliert, daß der Lösungsspiegel in beiden Gefäßen gleichmäßig fällt. Für einen Gradienten werden ca. 20 min benötigt. Vor Herstellung eines weiteren Gradienten wird 1 ml leichte Lösung durch Kanal 2 gepumpt. Jedes Gefäß (50-ml-Injektionsspritzen) enthält 29 ml Lösung.

(2) Die Gradienten verbleiben einige Stunden bei 15 °C, um geringe Störungen in der Linearität des Gradienten auszugleichen.

(3) Pro Röhrchen werden mit einer Hütchenpipette 0,5 ml RNA-Lösung aufgetragen. Dabei wird die Pipette im Winkel von etwa 45° an die Röhrchenwand 2—3 mm über dem Gradientenmeniskus angesetzt und die RNA langsam aus der Pipette gedrückt. Das Tarieren erfolgt mit 5%-Saccharoselösung.

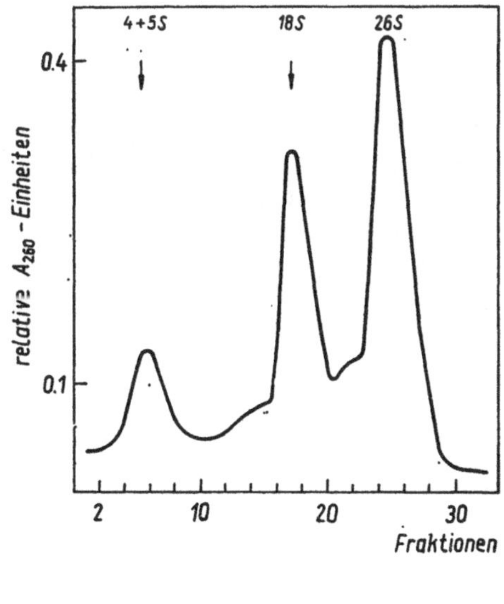

Abb. 7. 3. Absorptionsprofil eines linearen 5—40%igen Saccharosegradienten mit Gesamt-RNA aus *Chironomus thummi*-Larven (vgl. Abschnitt 7.2.1.). Der Gradient wurde durch die Durchflußzelle eines Photometers gepumpt und die Absorption bei 260 nm kontinuierlich gemessen. Eine absolute Konzentrationsbestimmung ist ohne spezifische Eichung nicht möglich.

(4) Zentrifugation im Beckman-Rotor SW 25.2 bei 24000 Upm für 18 h bei 15 °C. Der Rotor läuft ungebremst aus (ca. 1 h).
(5) Zur Gradientenfraktionierung wird die im rechten Teil der Abb. 7.1b gezeigte Vorrichtung benutzt. Durch die Kanüle K wird langsam 50% (w/v) Saccharoselösung in das Röhrchen gepumpt und dadurch der Gradient über den Auslauf A in die Durchflußzelle des Unicam SP1800-Spektralphotometers und weiter zu einem Fraktionssammler geleitet. Die Photometerregistrierung zeigt Abb. 7.3.
(6) Die getrennten RNA-Fraktionen werden mit 3 Vol. Alkohol über Nacht bei −20 °C präzipitiert.

Anmerkungen

Zum Material: Saccharosekonzentration können in Mol/l, Volumenprozent (w/v) oder Gewichtsprozent (w/w) angegeben werden. In experimentellen Protokollen sollte eine exakte Angabe hierzu nicht fehlen, da keine lineare Beziehung zwischen Volumen- und Gewichtsprozent besteht. Die Konzentrationsidentität von für aufeinanderfolgende Versuche hergestellten Lösungen sollte stets refraktometrisch geprüft werden.

Schritt 1: Wir verwenden ausschließlich Polyallomerröhrchen (vgl. Anmerkung 1, S. 131), was die Herstellung des Gradienten durch Unterschichtung erfordert. Die Herstellng von 57-ml-Gradienten mit der in Abb. 7.1a gezeigten Anordnung erfordert effektive Durchmischung der Lösungen in der Mischkammer unter Vermeidung zu großer Turbulenz, die zu einem Rückstau in die hintere Kammer führen kann, Forderungen, die oft nicht ausreichend erfüllt werden.

Schritt 4: Wir wählen nach Birnstiel et al. (1972) 15 °C, da die anschließende Fraktionierung bei Raumtemperatur erfolgt und zu große Temperatursprünge (z. B. von 4 auf 20 °C) zu Dichteumkehrungen im Gradienten führen können.

Schritt 5: Es empfiehlt sich, die 50%-Saccharoselösung mit z. B. Cytidin zu versetzen, um das Gradientenende zu markieren. Farbstoffe wie z. B. Methylenblau (bei Auswertungen ohne Einschluß eines Photometers — s. S. 130 — notwendig) verfärben meist die Schläuche und sind schwer zu entfernen. — Anstelle von 50% Saccharose kann auch CCl_4 verwandt werden oder der Gradient wird durch Luft über die Kanüle K ausgedrückt.

Schritt 6: Eventuell mitpräzipitierte Saccharose kann durch nochmaliges Fällen oder Dialyse entfernt werden.

7.2.2. Analyse der Größenverteilung radioaktiv-markierter DNA durch Saccharose-Dichtegradientenzentrifugation

Aus dem Sedimentationsprofil radioaktiv-markierter DNA-Proben soll das Einzelstrang-Molekulargewicht mittels Vergleich der Sedimentation mit einer als Marker-DNA (bzw. internem Standard) benutzten DNA-Probe ermittelt werden.

Wir gehen von der Beziehung zwischen den relativen Wanderungsstrecken D und dem $s_{20,w}$-Wert aus (Gleichung 7.7., S. 119). Da der s-Wert über Gleichung 7.3. (S. 118) mit dem Molekulargewicht korreliert ist, ergibt sich nach Burgi und Hershey (1973) die Beziehung

$$\frac{D(p)}{D(s)} = \left[\frac{M_r(p)}{M_r(s)}\right]^k \qquad (7.12)$$

Für Einzelstrang-DNA in alkalischen Gradienten wird als k-Wert meist 0,4 entsprechend Gleichung 7.5. (S. 119) eingesetzt. Es empfiehlt sich jedoch, diesen Exponenten unter den jeweiligen Zentrifugationsbedingungen zu bestimmen. Wir bestimmen k unter Verwendung von zwei Referenz-DNAs bekannten Molekulargewichts nach der Gleichung

$$k = \frac{\ln\left[\frac{D(s, T4)}{D(s, \lambda)}\right]}{\ln\left[\frac{M_r(s, T4)}{M_r(s, \lambda)}\right]} \qquad (7.13),$$

wobei folgende Einzelstrangmolekulargewichte verwandt werden:

$M_r(T4) = 55 \times 10^6$ und $M_r(\lambda) = 17 \times 10^6$.

Das folgende experimentelle Protokoll beschreibt zunächst die Bestimmung von k zwecks Eichung des Gradienten. Danach kann das unbekannte Molekulargewicht der Probe (hier von DNA aus dem Bakterium *Proteus mirabilis*) ermittelt werden. Das Verfahren ist aufgrund der Verwendung von zwei Referenz-DNAs kaum störanfällig gegen Besonderheiten der Sedimentationsbedingungen. Zudem herrschen nach FREIFELDER (1973) unter den verwandten Bedingungen isokinetische Verhältnisse (vgl. S. 116).

Spezielles Material

- Lysate der Phagen T4 und λ. Eine Isolation der DNA ist nicht notwendig, da die ^{3}H-Thymidin-markierten Zellen nach einer erstmals von McGRATH und WILLIAMS (1966) beschriebenen Methode direkt auf dem Gradienten lysiert werden. Die Herstellung der Lysate erfolgt nach gängigen Methoden (RICHARDSON, 1966; THOMAS und ABELSON, 1966).
- *Proteus mirabilis*-Lysat. Der ^{3}H-Thymidineinbau in einen Thymidin-prototrophen Stamm erfolgt in Anwesenheit von Desoxyadenosin (250 µg/ml) nach BOYCE und SETLOW (1962).
- 5 bzw. 20% (w/v) Saccharose in 0,2 M NaOH/0,8 M NaCl/0,005 M EDTA.
- Lysemedium: 0,5% (w/v) Sarcosyl (Koch & Light) in 0,5 M NaOH/0,1 M EDTA.
- Filterpapierstreifen: Schleicher & Schüll Nr. 2043b, 24 × 2 cm, durch Bleistiftstriche in 12 numerierte Quadrate von 2 × 2 cm geteilt.

Versuchsdurchführung

(1) Nacheinander werden in Polyallomerbechern 6 4,8-ml-Gradienten mit der in Abb. 7.1a gezeigten Anordnung unter Vorschaltung einer Pumpe gemischt. Das Öffnen der Verbindung X erfolgt, nachdem ca. 0,1 ml schwere Lösung bereits in Richtung Pumpe gesaugt wurde. Ansonsten sind die in Versuch 7.2.1. genannten Bedingungen einzuhalten. Beim Mischen ist die Geschwindigkeit der saugenden Pumpe so zu regulieren, daß eine durch Schlierenbildung angezeigte Strömung im Gradienten vermieden wird.

(2) Die Gradienten werden in den Bechern mit leichter Lösung gegeneinander ausgewogen und zum Ausgleichen abgestellt.

(3) Pro Gradient werden mit einer 0,2 ml Mikropipette je 100 µl Lysemedium aufpipettiert (s. Schritt 3, S. 127).

(4) In die Schicht des Lysemediums von je zwei Gradienten werden je 50 µl einer in 0,9% NaCl-Lösung verdünnten Probe von ^{3}H-markierten

a) T4-Phagen (ca. 15—25000 cpm)
b) λ-Phagen (ca. 15—25000 cpm) und

c) einer gewaschenen, ebenfalls ^{3}H-Thymidin-markierten Suspension der Bakterienkultur (ca. 20000—30000 cpm, aber nicht mehr als 5×10^7 Zellen pro Gradient) einpipettiert.

(5) Die beladenen Gradienten bleiben 45 min bei Zimmertemperatur stehen. In dieser Zeit erfolgt die Lyse und der Ausgleich von Konzentrationsunterschieden in der Oberschicht des Gradienten.

(6) Zentrifugation der Gradienten im Beckman-Rotor SW 50.1 bei 30000 Upm für 100 min bei 20 °C. Der Rotor sollte ungebremst (bzw. nur im höheren Drehzahlbereich gebremst) auslaufen (ca. 10 min).

(7) Die Zentrifugenbecher werden in das im rechten Teil der Abb. 7.1b gezeigte Gerät eingespannt und mit Hilfe der in Abb. 7.2b schematisch dargestellten Vorrichtung in 35 volumengleiche Fraktionen geteilt.

(8) Die luftgetrockneten Streifen werden ca. 60 min in 5% (w/v) eiskalte TCE eingelegt, 2 × in frischer 5% TCE und 2 × mit Äthanol gespült und nach kurzem Einlegen in Aceton luftgetrocknet.

(9) Die Streifen werden in die angezeichneten Quadrate getrennt und in Gefäße für die Szintillationsmessung übertragen. Die Messung der Radioaktivität erfolgt nach Überschichten des Papiers mit 5 ml-Toluol-Szintillator (s. S. 95) ohne externen Standard.

Auswertung

Die absolute Länge des Gradienten (4,9 cm) setzen wir gleich 1 und ermitteln aus den Sedimentationsprofilen die entsprechenden relativen Sedimentationsstrecken D der Marker-DNAs bzw. der DNA aus der Bakterien-Probe.

Wir ermitteln (vgl. Abb. 7.4.) $D(s, \text{T4}) = 0{,}56$; $D(s, \lambda) = 0{,}375$ und $D(p, \text{P. m.})\, p = 0{,}66$.

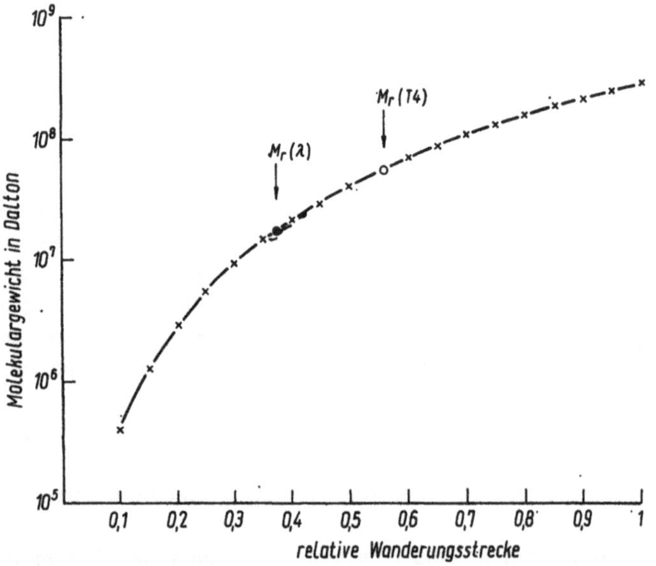

Abb. 7.4. Molekulargewichtsverteilung in einem alkalischen Saccharosegradienten (vgl. Abschnitt 7.2.2.). Berechnet wurde die Beziehung zwischen Wanderungsstrecke und Molekulargewicht entsprechend Gleichung 7.12 unter Benutzung von T4- und λ-DNA als Standards und dem im Versuch ermittelten k-Wert von 0,35 (J. Hofemeister, Original).

Aus den Werten D(sT4) und D(s, λ) berechnen wir den Exponenten nach Formel 7.13. Der Exponent k hat unter den angegebenen Sedimentationsbedingungen den Wert 0,35. Wir können nun nach Umformung der Gleichung 7.12 für jede beliebige Fraktion des Gradienten das Molekulargewicht (M_r) der dort befindlichen DNA ermitteln. Eine so gefundene Eichkurve zeigt Abb. 7.4. Daraus geht deutlich hervor, daß nur in bestimmten Bereichen des Gradienten (z. B. $D = 0{,}4$ bis $D = 0{,}7$) eine annähernde Linearität zwischen D und M_r besteht.

Das Molekulargewicht der Bakterien-DNA kann danach bereits aus der erhaltenen Eichkurve aufgrund des ermittelten D-Wertes abgelesen werden oder wird in Relation zu einer als internen Standard verwendeten DNA berechnet. Ein EDV-Programm für die mathematische Auswertung (Jank und Hofemeister, 1977) ermöglicht eine zeitsparende Berechnung sowohl des Gewichts-(M_w) als auch des zahlenmäßigen Mittels (M_n) des Molekulargewichts von DNA im Gradienten. Außerdem kann nach diesem Programm mit einem angeschlossenen Zeichner eine normierte graphische Darstellung der Sedimentationskurve angefertigt werden.

Anmerkungen

Zum Material: Auf die Qualität der verwendeten NaOH ist besonderer Wert zu legen. Sie darf keine Trübung aufweisen und sollte Standard-Ampullen entnommen werden. Die Gradientenlösungen und das Lysemedium sind ca. 3—4 Wochen bei 3 °C haltbar.

Schritt 1: Wir verwenden ausschließlich Polyallomerbecher, die zwecks Entfernung von Metallionen in 10 mM EDTA gekocht und mit 1 mM EDTA sorgfältig gespült werden. Nach Rubenstein und Leighton (diskutiert in Clark und Lange, 1976) führt Verwendung von Nitrocellulosebechern zu artefaktueller Erniedrigung von $s_{20,w}$ (Becher-DNA-Wechselwirkungen!). Auch adsorbiert besonders denaturierte DNA stark an Oberflächen von Glasgefäßen und Zentrifugenbechern, vorrangig an Nitrocellulosebecher. Zugabe von Sarcosyl oder SDS, Kochen der Becher in EDTA und/oder Vorbehandlung mit 0,1% Rinderserumalbumin (oder denaturierter heterologer DNA) in 10 mM EDTA verringern solche Verluste.

Schritt 6: Das Herausnehmen des Rotors nach dem Lauf und der Röhrchen aus den Rotor-Schwenkbechern muß mit großer Vorsicht erfolgen. Eine saubere und leicht gefettete Rotorspindel, sowie saubere und trockene Rotor-Schwenkbecher verhindern ruckartige Bewegungen durch festhängenden Rotor oder klemmende Röhrchen.

Schritt 9: Wird nicht nur die Position des Radioaktivitätsgipfels, sondern eine quantitative Auswertung der gesamten Radioaktivitätsverteilung gewünscht, ist eine Ablösung der Radioaktivität vom Filter (vgl. Anmerkung 6, S. 190) vorzuziehen. Der hier verwandte Toluol-Szintillator kann mehrmals benutzt werden, da die Radioaktivität am Filter verbleibt.

7.2.3. Gleichgewichts-Dichtegradientenzentrifugation von DNA in CsCl-Actinomycin D-Dichtegradienten

Actinomycin D interkaliert in G + C-Basenpaare, wodurch die Dichte der DNA erniedrigt wird. Da G + C-reiche Sequenzen mehr Actinomycin binden als A + T-reiche Sequenzen, wird ihre Dichte stärker erniedrigt. Deshalb liegen diese Sequenzen im Gradienten (im Gegensatz zum reinen CsCl-Gradienten) auf der Seite geringerer Dichte, bezogen auf die Hauptbande. Die Dichteverschiebung durch Actinomycin wird jedoch neben dem durchschnittlichen G + C-Gehalt auch von Sequenzspezifitäten bestimmt, so daß ϱ_{CsCl} nicht exakt voraussagbar ist bzw. umgekehrt der G + C-Gehalt nicht mit Sicherheit aus der Dichte ermittelt werden kann.

Zentrifugation von DNA in reinem CsCl bzw. in Anwesenheit anderer Liganden (betreffs Äthidiumbromid s. Abschnitt 2.2.3. und 2.2.4.) erfolgt in gleicher Weise, nur muß die Anfangsdichte entsprechend variiert werden. In allen Fällen kann als Puffer 10 mM Tris · HCl, pH 8,2/1 mM EDTA verwandt werden.

Spezielles Material

- DNA aus Larven von *Chironomus thummi*, isoliert nach Abschnitt 2.2.2.2., in 10 mM Na-borat-Puffer, pH 9,2; 10,4 A_{260}-Einheiten/ml; mittleres Molekulargewicht 5×10^6.
- Actinomycin D (= C_1) (Zentralinst. f. Mikrobiol. u. exptl. Therapie, Jena) wird in A. bidest. gelöst und die genaue Endkonzentration (1 mg/ml) anhand des molaren Absorptionskoeffizienten (= 24800 bei 440 nm) (M_r = 1255,5) eingestellt. Die Aufbewahrung der Stammlösung erfolgt unter Lichtabschluß bei 4 °C.

Versuchsdurchführung

(1) Alle Vorbereitungsarbeiten erfolgen im Kühllabor. — 12 ml 10 mM Na-boratpuffer, pH 9,2, werden mit 0,3 ml Actinomycin-Stammlösung vermischt.
(2) Unter leichtem Schütteln wird 1,15 ml (= 600 µg) DNA-Lösung hinzugegeben.
(3) In 13 ml obigen Gemisches werden 13 g CsCl gelöst und der Refraktionsindex bei 4 °C auf 1,3900 eingestellt.
(4) Die CsCl-DNA-Lösung wird auf 3 Polyallomer-Röhrchen des Rotors Beckman Typ 40 verteilt (5,1 ml/Röhrchen), sorgfältig austariert und mit Paraffinöl aufgefüllt.
(5) Die Zentrifugation erfolgt bei 32000 Upm und 4 °C für 60—80 h.

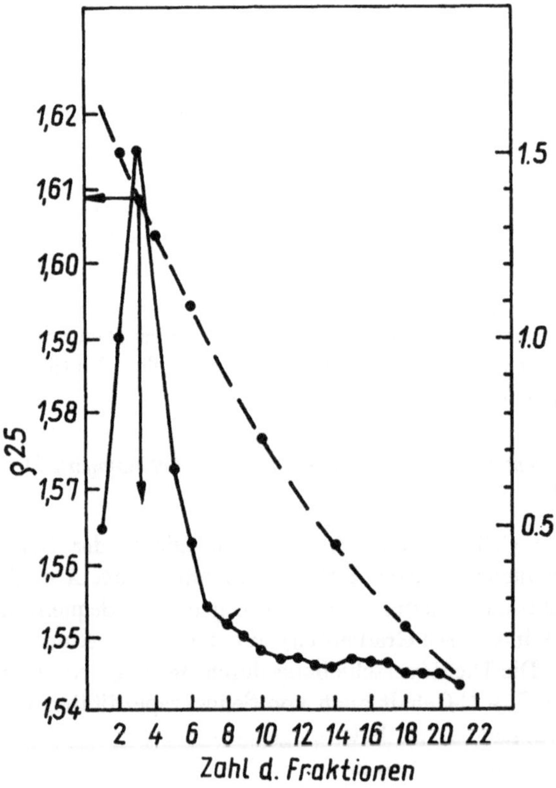

Abb. 7.5. Verteilung von *Chironomus thummi*-DNA nach Gleichgewichts-Dichtegradientenzentrifugation in CcCl/Actinomycin D (H. Bäumlein, Original).

(6) Die Röhrchen werden nacheinander in die im rechten Teil der Abb. 7.1b gezeigte Austropfvorrichtung eingespannt und nach Tropfenzahl in 1-ml-Eppendorf-Plasteröhrchen in 20—22 Fraktionen fraktioniert.
(7) Zur Bestimmung des Dichteverlaufs werden von jeder Fraktion 10 µl abgenommen und der Refraktionsindex bei 25 °C bestimmt.
(8) Zur Ermittlung der DNA-Verteilung wird für jede Fraktion (wenn nötig nach Verdünnung mit A. bidest.) die Differenz $A_{260}—A_{420}$ im Spektralphotometer bestimmt, da Actinomycin bei 260 nm eine beträchtliche Eigenabsorption aufweist.
(9) Actinomycin-Entfernung (fakultativ): Isopropanol wird mit einer gesättigten CsCl-Lösung äquilibriert, 1:1 mit der DNA-Lösung gemischt, kurz geschüttelt, die Isopropanolphase verworfen und der Vorgang zweimal wiederholt. Die DNA wird anschließend aus der auf 1/3 der CsCl-Ausgangskonzentration verdünnten Lösung durch Zentrifugation über Nacht (Rotor Beckman SW 50.1, 40000 Upm, 3 °C) pelletiert.

Auswertung

Die aus den Schritten 7 und 8 resultierenden Meßwerte werden graphisch dargestellt (Abb. 7.5.). Für die Hauptbande ergibt sich eine mittlere Dichte von 1,609 g/cm³. Die hier interessierenden G + C-reichen DNA-Sequenzen liegen rechts von der Hauptbande.

Anmerkungen

Schritt 1: Unterschiedliche Actinomycin-Chargen können unterschiedliche Ergebnisse verursachen. Ein Gemisch der Actinomycine C_1, C_2 und C_3 erbrachte nicht die mit C_1 allein erzielten Trennungen (Clarkson und Kurer, 1976). — Die Löslichkeit von Actinomycin steigt mit fallender Temperatur. Deshalb empfiehlt sich die Zentrifugation bei 4 °C. In manchen Labors wird jedoch auch bei 15 °C oder 20 °C (und in 10 mM Tris · HCl, pH 7,8—8,4/1 mM EDTA) zentrifugiert. Üblicherweise wird ein Verhältnis (w/w) Actinomycin:DNA von 0,3—1 gewählt.

Schritt 5: Hier kann das „Relaxationsprinzip" Anwendung finden (Anet und Strayer, 1969). Die Gradienten werden zunächst bei hoher Geschwindigkeit (z. B. 45000 Upm im Ti 60-Rotor) für 13 h zentrifugiert (Reduktion der Rotor-Maximalgeschwindigkeit bei CsCl-Zentrifugation beachten!), um eine schnelle Gleichgewichtseinstellung zu erreichen. Danach wird die Geschwindigkeit auf z. B. 28000 Upm reduziert und für weitere 48 h zentrifugiert. Dabei nimmt der Gradient eine neue, flachere Form an und die DNA-Fraktionen wandern entsprechend in ihre neuen, weiter voneinander entfernten Positionen.

Schritt 6: Da sich die Tropfengröße mit dem Gradientenverlauf ändert, muß gegebenenfalls nach Volumen fraktioniert werden. Zwei hierfür geeignete, einfache Vorrichtungen zeigt Abb. 7.2.

Schritt 7: Es genügt, die Dichte in 5—7 Fraktionen pro Gradient zu bestimmen, jedoch muß dann für diese Fraktionen die gemessene Absorption entsprechend dem verringerten Volumen korrigiert werden.

Schritt 9: Andere Verfahren (vgl. auch Anmerkung 9, S. 31) zur Entfernung von Actinomycin sind: ausführliche Dialyse gegen 20 × SSC (und anschließend 1 × SSC) (Brown et al., 1971); Dialyse gegen 10 mM Tris · HCl, pH 8,4/1 mM EDTA, Zugabe von NaCl auf 5 M und dreimalige Extraktion mit Isopropanol, äquilibriert mit gesättigter NaCl-Lösung (Brutlag et al., 1977); für Mengen unter 50 µg DNA wird die dialysierte DNA mit 1 Vol kaltem 8 M $NaClO_4$ kräftig gemischt und nach Zugabe von 0,1 Vol 3 M Na-acetat (pH 6,5) mit 2 Vol Alkohol für 2 h bei —20 °C gefällt und 30 min bei 16000 × g abzentrifugiert (Brutlag et al., 1977). Die Entfernung des Antibiotikums wird durch Messung der Absorption bei 440 nm geprüft.

Auch fünffache Verdünnung der CsCl-Lösung mit 50 mM Tris · HCl, pH 8,1, und Ausfällung mit 2 Vol Isopropanol nach Zugabe von 0,1 Vol 3 M Na-acetat, pH 5,5, ist möglich.

Nachtrag: Analytische und präparative Zentrifugationstechniken sind in einem stark methodisch orientierten Buch dargestellt, das G. D. BIRNIE und D. RICKWOOD unter dem Titel „Centrifugal separations in molecular and cell biology" (Butterworth, London—Boston, 1978, 327 S.) herausgaben.

Als sehr vorteilhaft hat sich die Zentrifugation von DNA in Saccharosegradienten in Anwesenheit von 2 µg/ml EB erwiesen. Mittels UV-Licht können weniger als 0,1 µg in einer Bande konzentrierter DNA nachgewiesen werden (SERWER, P., GRAEF, P. R. und GARRISON, P. N., 1978, Biochemistry 17, 1166—1170).

Literatur

ALLINGTON, R. W., BRAKKE, M. K., NELSON, J. W., ARON, C. C. und LARKINS, B. A. (1976): Anal. Biochem. 73, 78—92.

ANDREAN, B. A. G. und KLOET, S. R. de (1973): Arch. Biochem. Biophys. 156, 373—376.

ANET, R. und STRAYER, D. R. (1969a): Biochem. Biophys. Res. Comm. 34, 328—334.

ANET, R. und STRAYER, D. R. (1969b): Biochem. Biophys. Res. Comm. 37, 52—58.

AYAD, S. R., BONSALL, R. W. und HUNT, S. (1967): Science Tools 14,40.

BAXTER-GABBARD, K. L. (1972): FEBS Letters 20, 117—119.

BIRNIE, G. D. (1972): FEBS Letters 27, 19—22.

BIRNSTIEL, M. L., SELLS, B. H. und PURDOM, I. F. (1972): J. Mol. Biol. 63, 21—39.

BIRNSTIEL, M., TELFORD, J., WEINBERG, E. und STAFFORD, D. (1974): Proc. Nat. Acad. Sci. USA 71, 2900—2904.

BOEDTKER, H. (1968): J. Mol. Biol. 35, 61—70.

BOWEN, T. J. (1970): An introduction to ultracentrifugation. Wiley-Interscience, London—New York—Sydney—Toronto.

BOYCE, R. P. und SETLOW, R. B. (1962): Biochem. Biophys. Acta 61, 618—620.

BRITTEN, R. J. und ROBERTS, R. B. (1960): Science 131, 32—33.

BROWN, D. D., WENSINK, P. C. und JORDAN, E. (1971): Proc. Nat. Acad. Sci. USA 68, 3175—3179.

BRUNK, C. F. und LEICK, V. (1969): Biochim. Biophys. Acta 179, 136—144.

BRUTLAG, D., APPELS, R., DENNIS, E. S. und PEACOCK, W. J. (1977): J. Mol. Biol. 112, 31—47.

BURGI, E. und HERSHEY, A. D. (1973): Biophys. J. 3, 309—321.

BURKE, R. L. und BAUER, W. R. (1977): Nucleic Acids Res. 4, 1891—1909.

BYLUND, D. B. und BRUENING, G. (1974): Anal. Biochem. 58, 47—56.

CECH, T. R., WIESEHAHN, G. und HEARST, J. E. (1976): Biochemistry 15, 1865—1873.

CLARK, R. W. und LANGE, C. S. (1976): Biochim. Biophys. Acta 454, 567—577.

CLARKSON, S. G. und KURER, V. (1976): Cell 8, 183—195.

CLEGG, R. A. und BORST, P. (1974): Molecular Biol. Reports 1, 477—482.

CORTADAS, J., MACAYA, G. und BERNARDI, G. (1977): Eur. J. Biochem. 76, 13—19.

ENEA, V. und ZINDER, N. D. (1975): Science 190, 284—285.

FILIPSKI, J. und RZESZOWSKA-WOLNY, J. (1974): Acta Biochim. Polonica 21, 323—329.

FILIPSKI, J., THIERY, J.-P. und BERNARDI, G. (1973): J. Mol. Biol. 80, 177—197.

FLAMM, W. G., BIRNSTIEL, M. L. und WALKER, P. M. B. (1969): In Birnie, G. D. und Fox, S. M. (Eds.) Subcellular components — preparation and fractionation, pp. 125—155; Butterworth, London.

FREIFELDER, D. (1973): Methods Enzymol. 27D, 140—150.

GRIFFITH, O. M. (1976): Techniques of preparative, zonal, and continuous flow ultracentrifugation. 2nd Ed., Beckmann Instruments Inc., Spinco Division, Palo Alto, USA.

GUTTMANN, T., VOTOVOVÁ, H. und PIVEC, L. (1976): Nucleic Acids Res. 3, 835—845.

HEARST, J. E. und SCHMID, C. W. (1973): Methods Enzymol. 27D, 111—127.

HENNIG, W. (1975): Instrument und Forschung (Colora Meßtechnik GmbH) 3/1975, 3—22.

HILL, W. E. und FANGMAN, W. L. (1973): Biochemistry 12, 1772—1774.

HUDSON, B., UPHOLT, W. B., DEVINNY, J. und VINOGRAD, J. (1969): Proc. Nat. Acad. Sci. USA 62, 813—820.

Hutchinson, F. und Krasin, F. (1977): Biophys. Chem. 6, 23–29.
Ifft, J. B., Martin III, W. R. und Kinzie, K. (1970): Biopolymers 9, 597–614.
Jank, H. W. und Hofemeister, J. (1977): Kulturpflanze 25, 267–277.
Jensen, R. H. und Davidson, N. (1977): Biopolymers 4, 17–32.
Kapp, L. N., Brown, S. L. und Klevecz, R. R. (1974): Biochem. Biophys. Acta 361, 140–143.
Kersten, W., Kersten, H. und Szybalski, W. (1966): Biochemistry 5, 236–244.
Ludlum, D. B. und Warner, R. C. (1965): J. Biol. Chem. 240, 2961–2965.
Luk, D. C. und Bick, M. D. (1977): Anal. Biochem. 77, 346–349.
Mannelidis, L. (1977): Anal. Biochem. 78, 561–568.
McCarty, Jr., K. S., Vollmer, R. T. und McCarty, K. S. (1974): Anal. Biochem. 61, 165–183.
McEwen, C. R. (1967): Anal. Biochem. 20, 114–149.
McGrath, R., und Williams, R. (1966): Nature 212, 534–535.
Modak, S. P. und Imaizumi, M. (1974): J. Cell Biol. 63, 321 a.
Müller, W. und Gautier, F. (1975): Eur. J. Biochem. 54, 385–394.
Nandi, U. S., Wang, J. C. und Davidson, N. (1965): Biochemistry 4, 1687–1696.
Noll, H. (1969): In Cambell, P. N. und Sargent, J. R. (Eds.) Techniques in protein biosynthesis, vol. 2, pp. 101–179, Academic Press London–New York.
Rae, P. M. M. (1976): Science 194, 1062–1064.
Renkawitz, R. (1977): Diss. Univ. Düsseldorf.
Richardson, C. C. (1966): J. Biol. Chem. 241, 2084–2092.
Rinehart, F. P. und Schmid, C. W. (1976): Biochim. Biophys. Acta 425, 451–462.
Schachman, H. K. (1959): Ultracentrifugation in biochemistry. Academic Press, New York–London, 1959.
Schildkraut, C. L., Marmur, J. und Doty, P. (1962): J. Mol. Biol. 4, 430–443.
Serwer, P. (1975): J. Mol. Biol. 92, 433–448.
Sinclair, J. H. (1974): Anal. Biochem. 57, 240–254.
Studier, F. W. (1965): J. Mol. Biol. 11, 373–390.
Szybalski, W. (1968): Methods Enzymol. 12 B, 330–360.
Thomas, C. A. und Abelson, J. (1966): In Cantoni, G. L. und Davis, D. R. (Eds.) Procedures in Nucleic Acid Research, 553–561; Harper & Row, New York.
Vinograd, J. und Hearst, J. E. (1962): Fortschr. Chemie org. Naturstoffe 20, 372–422.
Vinograd, J., Morris, J., Davidson, N. und Dove, W. J. (1963): Proc. Natl. Acad. Sci. USA 49, 12–17.
Votovová, H. und Sponar, J. (1975): Nucleic Acids Res. 2, 431–446.
Wartell, R. M., Larson, J. E. und Wells, R. D. (1974): J. Biol. Chem. 249, 6719–6731.
Wetmur, J. G. und Davidson, N. (1968): J. Mol. Biol. 31, 349–370.
Williams, J. W. (Ed.): Ultracentrifugal analysis in theory and experiment. Academic Press, New York–London, 1963.
Wilson, V. L., Rinehart, F. P. und Schmid, C. W. (1976): Anal. Biochem. 73, 350–362.
Zimm, H. B. (1974): Biophys. Chem. 1, 279–291.

Kapitel 8

Radioaktive Markierung und Synthese von Nukleinsäuren in vitro

8. Radioaktive Markierung und Synthese von Nukleinsäuren in vitro

Viele molekularbiologische Techniken bedürfen radioaktiver Nukleinsäuren hoher spezifischer Radioaktivität. Diese sind über den Einbau radioaktiver Vorstufen durch den Syntheseapparat der intakten Zelle in vielen Fällen nicht zu erhalten. Es stehen jedoch eine Reihe chemischer und enzymatischer Verfahren zur radioaktiven Markierung von Nukleinsäuren in vitro zur Verfügung. Vier der wichtigsten Methoden werden im folgenden dargestellt. Da die Reaktionen nicht nach einem einheitlichen Prinzip ablaufen, wird die methodische Einführung dem jeweiligen experimentellen Protokoll unmittelbar vorangestellt.

8.1. Radioaktive Markierung von Nukleinsäuren mit $Na^{125}J$

8.1.1. Einführung

1971 beschrieb Commerford eine Methode zur radiochemischen Markierung von Nukleinsäuren mit $Na^{125}J$, die schnell weite Verbreitung gefunden hat. Die Methode ist relativ einfach und erzielt bereits durch den Einbau geringer Mengen des ^{125}J-Atoms hohe spezifische Aktivitäten (Übersichten bei Altenburg et al., 1975; Scherberg and Refetoff, 1975; Prensky, 1976).

^{125}J hat eine Halbwertszeit von 60 Tagen. Der Zerfall zu stabilem ^{125}Tellur geschieht durch Elektroneneinfang. Dabei entstehen eine 27—35 keV γ-Strahlung und Augerelektronen mit einer maximalen Energie von 34,6 keV (s. Ertl et al., 1970; Prensky, 1976). Demnach kann das Isotop sowohl durch Messung der γ-Strahlung als auch durch Flüssigkeitsszintillationsmessung nachgewiesen werden. Die Augerelektronen erlauben auch seine Nutzung in der mikroskopischen Autoradiographie. ^{131}J wird infolge seiner wesentlich kürzeren Halbwertszeit und energiereichen Strahlung nur für Doppelmarkierungsexperimente empfohlen (Prensky, 1976).

Erfolgreiche und reproduzierbare Jodierungen verlangen den Einsatz hochgereinigter Nukleinsäuren. Besonders kritisch ist die Kontamination mit Proteinen, da diese auch unter den zur Jodierung von Nukleinsäuren verwandten Reaktionsbedingungen erheblich größere Mengen von ^{125}J inkorporieren als Nukleinsäuren. Daneben bauen aber auch viele andere zelluläre Substanzen ^{125}J ein oder hemmen die Jodierungsreaktion (Scherberg and Refetoff, 1975).

Wässrige Lösungen von Nukleinsäure werden in Anwesenheit von Jodid und Thallium-tri-chlorid ($TlCl_3$) erhitzt, und es entsteht als stabiles Produkt nahezu ausschließlich 5-Jod-Cytosin. Ein labiles Zwischenprodukt (5-Jodo-6-Hydroxydihydro-Cytosin) muß durch Dehydrierung (Nachinkubation bei ca. 60 °C) in das stabile Endprodukt überführt werden. Die Dehydrierung von 5-Jodo-6-Hydroxy-Uracil, das während der RNA-Jodierung in beträchtlicher Menge entsteht, bewirkt jedoch gleichzeitig eine

Dejodierung, so daß 5-Jod-Uracil in nur sehr geringer Quantität verbleibt (ALTENBURG et al., 1975). Dennoch ermöglicht diese Reaktion die Markierung von Poly(U) mit $Na^{125}J$ (SCHERBERG and REFETOFF, 1974).

Inkorporation und stabile Bindung des radioaktiven Jodatoms werden durch folgende Faktoren stark beeinflußt: Jodid-, Tl^{3+}- und Nukleinsäurekonzentration, Nukleinsäure-Sekundärstruktur (native DNA inkorporiert etwa nur $10\times$ weniger ^{125}J-Atome als denaturierte, COMMERFORD 1971), pH-Wert, Ionenstärke, Zeitdauer und Temperatur der Reaktion und Art der Abstoppung der Reaktion. Die optimale Jodidkonzentration liegt zwischen 10^{-4} und 10^{-5}M, eine Konzentration, die in kleinen Reaktionsansätzen bereits durch das $Na^{125}J$ (spez. Radioaktivität etwa 2 Ci/µmole) eingebracht, andernfalls durch Zugabe von KJ eingestellt wird. Bei konstanter $TlCl_3$-Konzentration (Optimum um 10^{-3} bis 10^{-4}M) kann durch Variation des Verhältnisses KJ zu µg/ml RNA (bei gleichbleibendem %-Anteil von $Na^{125}J$ am Gesamtjodid) eine gewünschte spezifische Radioaktivität erzielt werden (Nomogramm bei MEEKER et al., 1976). Die Jodierungsreaktion zeigt ein scharfes pH-Optimum zwischen pH 4 und 5. Bei pH 5,5 findet bereits keine Jodierung mehr statt. Da bei zu niedrigem pH-Wert die Gefahr von Deaminierung und Depurinisierung groß ist, wird üblicherweise bei pH 4,7—5,0 jodiert. Die exakte Kontrolle des pH-Wertes im Reaktionsansatz ist von großer Wichtigkeit, zumal verschiedene $Na^{125}J$-Chargen den pH oft unterschiedlich beeinflussen. Unsere Beobachtung, daß mit größeren Reaktionsansätzen (200 µl nach SCHERBERG und REFETOFF, 1975) reproduzierbarere Resultate erzielt werden, dürfte hiermit in Zusammenhang stehen. Die gewählte Ionenstärke muß ausreichen, um den pH-Wert auf den gewünschten Wert einzustellen, sollte allerdings möglichst niedrig liegen, um starke Ausbildung von Sekundärstrukturen in RNA bzw. schnelle Renaturierung denaturierter DNA zu vermeiden, da Doppelstrangstrukturen schlechte Jodierungssubstrate sind. Mit Erhöhung der Temperatur erhöht sich auch die Reaktionsrate. Reaktionen bei 60 °C für 10—30 min stellen einen guten Kompromiß zwischen optimaler Reaktionsrate und tolerierbarer Degradation der Nukleinsäure dar, doch können je nach Anforderung die Bedingungen variiert werden. Vielfach wird die Reaktion durch Zugabe von Na_2SO_3 (Tl^{3+}-Reduktion) gestoppt, doch können Umwandlung von Cytosin in Uracil und Dejodierung von Cytosin während der Nacherhitzung die Folge sein. Wir bevorzugen deshalb Abkühlung auf 0 °C und Erhöhung des pH-Wertes auf $\geqq 7$. Die darauf folgende Nachinkubation ist insbesondere bei jodierter RNA von großer Wichtigkeit, da durch sie instabil gebundenes Jod von den Uracil-Resten entfernt wird. Um die jodierte Nukleinsäure in weiteren Reaktionen erfolgreich einsetzen zu können, ist eine sorgfältige Nachreinigung nötig. Bislang sind nahezu alle Verfahren zum Einsatz gekommen, die es gestatten, ungebundenes $Na^{125}J$ zu entfernen. Dabei sind Bindung an eine Matrix (z. B. DEAE- und Whatman-CF11-Cellulose für RNA und Hydroxyapatit für DNA) und extensive Spülung vor der Elution besonders effektiv. Generell ist den Verfahren der Vorzug zu geben, die die notwendigen Manipulationen auf ein Minimum reduzieren.

Jodierte Nukleinsäuren sind vornehmlich für Hybridisierungsexperimente eingesetzt worden. Da bereits bei Jodierung von weniger als 1% der Cytidilreste in RNA spez. Radioaktivitäten von mehr als 10^7 dpm/µg erreicht werden (PRENSKY, 1976), ist normalerweise eine Beeinträchtigung der Hybridisierungsfähigkeit nicht zu befürchten. So zeigten z. B. GETZ et al. (1972), TEREBA und MCCARTHY (1973), SCHERBERG und REFETOFF (1974) und MEEKER et al. (1976), daß Hybridisierungsrate, Sättigungswert und T_m-Wert nicht oder vernachlässigbar gering beeinflußt werden. Bei quantitativer Analyse von Hybridisierungsdaten muß jedoch berücksichtigt werden, daß in Abhängigkeit von Cytidin- und Sekundärstrukturanteil und durch Ablösung von Jod während langer Hybridisierungsreaktionen bei hoher Temperatur unterschiedliche bzw. veränderte spez. Radioaktivitäten resultieren können.

Von erheblicher praktischer Bedeutung ist die Synthese von ^{125}J-dCTP bzw. ^{125}J-CTP und deren Einsatz als Substrat für die enzymatische Synthese und Markierung von Nukleinsäuren (Bhalla et al., 1976; Shaw et al., 1975). Jodierte Nukleinsäuren haben ferner Anwendung gefunden für die Sequenzanalyse (z. B. Dube, 1973; Jacobson et al., 1973; Robertson et al., 1973; Cohen-Solal et al., 1977), die Sekundärstruktur-Analyse (z. B. Jensen et al., 1976; Scherberg and Refetoff, 1977; Batey and Brown, 1977) und den Nachweis von Poly(A)$^{+}$-RNA (Sawin et al., 1977). Die letztgenannte Methode basiert auf der schnellen Dejodierung von ^{125}J-Poly(U) durch Bisulfit bei neutralem pH und deren Verhinderung nach Hybridisierung mit Poly(A). Die biologische Aktivität von ^{125}J-mRNA in einem in vitro-Translationssystem bleibt wenigstens teilweise erhalten (Knöchel, 1974).

Alle genannten Daten wurden mit Modifikationen der Commerford-Technik gewonnen. Dagegen benutzten Shaposhnikov et al. (1976) eine bei der Jodierung kleinster Proteinmengen benutzte Methode mit Chloramin T als Oxidationsmittel. Die Reaktion erfolgt für nur 20 sec bei Raumtemperatur und verringert deshalb stark die Gefahr einer Degradation der Nukleinsäuren.

8.1.2. Experimentelles Protokoll: Radiojodierung ribosomaler RNA

Wir beschreiben die Radiojodierung von ribosomaler 26S-rRNA aus Larven von *Chironomus thummi*, doch sind auf gleiche Weise andere RNA-Typen (einschließlich hochmolekularer mRNA), sowie verschiedene DNA-Fraktionen (ausführliche Angaben zur Jodierung von DNA machen Orosz und Wetmur, 1974, Chan et al., 1976, und Anderson und Folk, 1976) dieses und anderer Organismen erfolgreich markiert worden.

Spezielles Material

- 5 μg 26S-rRNA, gewonnen durch Saccharose-Gradientenzentrifugation entsprechend Abschnitt 7.2.1. nach Isolation von Gesamt-RNA mit kaltem Phenol entsprechend Abschnitt 3.2.1.
- $Na^{125}J$, hochkonzentriert (20 mCi in 80—200 μl, trägerfrei, Zentralinstitut für Kernforschung, Dresden-Rossendorf).
- KJ-Lösung (10 mg in 60 ml A. bidest.)
- $TlCl_3$-Lösung (10 mg in 0,84 ml 0,2 M Na-acetat, pH 4,7).
- 1 mg/ml 4 + 5S-RNA aus *E. coli* (Boehringer, nachgereinigt durch zweifache Phenolextraktion) in 0,05 M Tris · HCl, pH 7,2/0,1 M NaCl/5 mM EDTA.
- Glassäule (1 × 40 cm) mit Sephadex G50 (Pharmacia) oder Epidex B5 (Serumwerk Bernburg) in 0,1 M Na-acetat, pH 4,7, überschichtet mit ca. 1 cm³ Chelex 100 (Bio-Rad).
- Glassäule mit ca. 1 cm³ gepackter DEAE-Cellulose in 0,02 M Na-acetat, pH 5,0/0,3 M NaCl.

Versuchsdurchführung

(1) Die RNA wird in einem spitzen, silikonisierten, hitzesterilisierten 1-ml-Reaktionsgefäß mit 2,5 Vol. Alkohol präzipitiert und der Niederschlag im N_2-Strom getrocknet.

(2) Der Niederschlag wird in 100 μl 0,2 M Na-azetatpuffer, pH 4,7, aufgenommen und das Reaktionsgefäß in ein Eisbad gebracht.

(3) Nacheinander erfolgt die Zugabe von (a) 1 µl KJ-Lösung (Endkonzentration 5×10^{-6} M), (b) ca. 2 mCi $Na^{125}J$ (je nach Konzentration und Alter der $Na^{125}J$-Lösung wird ein entsprechendes Volumen abgenommen und mit A. dest. auf 100 µl gebracht) und (c) 1 µl $TlCl_3$-Lösung (Endkonzentration $1{,}9 \times 10^{-4}$ M).
(4) Nach sorgfältiger Mischung wird das Gefäß mit Parafilm verschlossen und 20 min bei 60 °C im Wasserbad inkubiert.
(5) Die Reaktion wird durch Abkühlung im Eisbad und Zugabe von 20 µl 1 M Tris · HCl, pH 8,3, abgestoppt.
(6) Nachinkubation wiederum bei 60 °C für 20 min.
(7) Abkühlung im Eisbad auf 0 °C und Zugabe von 50 µl *E. coli*-RNA als Träger.
(8) Gelfiltration der Probe zur Abtrennung nichtgebundenen $Na^{125}J$. Gesammelt werden 20 Tropfen (= 1,5 ml) pro Fraktion.
(9) Die Fraktionen werden direkt in einem γ-Szintillationszähler gemessen, das Ausschlußvolumen (4,5 bis maximal 7,5 ml) 1:2 mit DEAE-Säulenpuffer verdünnt und an DEAE-Cellulose gebunden.
(10) Mit dem gleichen Puffer wird solange gespült, bis keine Radioaktivität mehr eluiert (15–20 × 3 ml).
(11) Elution der jodierten RNA mit 0,02 M Na-acetat, pH 5,0/1 M NaCl und Präzipitation mit 2,5 Vol. Alkohol bei −20 °C.

Auswertung

Durch die Zugabe der Träger-RNA in Schritt 7 ist eine exakte Bestimmung der spezifischen Radioaktivität nicht möglich. Die im Ausschlußvolumen der Sephadex-Säule gemessenen 9×10^6 cpm (= $23{,}4 \times 10^6$ dpm oder 10,7 µCi) lassen jedoch auf eine minimale spezifische Radioaktivität von $4{,}7 \times 10^6$ dpm oder 2,1 µCi/µg schließen.

Im 1%-Agarosegel wandert die jodierte RNA zwischen den 26 S- und 4 S-Markerbanden mit einem Gipfel bei 18 S. Der 26 S-rRNA-Abbau wird jedoch vornehmlich durch die 60 °C-Inkubation bedingt, da 26 S-rRNA von Insekten generell bei Hitzebehandlung in zwei 18 S-Fragmente zerfällt (s. S. 42). 5 S-rRNA wird unter gleichen Bedingungen nicht abgebaut.

Strahlenschutz

Die niedrige Energie der beim Zerfall von ^{125}J emittierten γ-Strahlung bedingt, daß eine wirksame Abschirmung bereits durch dünne (1 mm) Bleifolie, Plexiglasscheiben usw. erreicht wird. [Der Anteil von ^{126}J (Halbwertszeit 13 Tage; emittiert γ-Strahlung mit Energien im Bereich 400–1400 keV) liegt für das von uns verwandte $Na^{125}J$ des Zentralinstituts für Kernforschung (Dresden-Rossendorf) stets unter 1% (Werksmitteilung)]. Andererseits ist der wirksame Nachweis bei der persönlichen Überwachung dadurch erheblich erschwert (vgl. Prensky, 1976). Wir treffen folgende, wesentliche Schutzmaßnahmen. Alle Arbeiten (Schritte 3–11) erfolgen in einem Isotopenlaboratorium unter einem gut ziehenden Abzug (besonders während der Reaktion wird flüchtiges J_2 freigesetzt), wobei 2 Paar Gummihandschuhe (1 Paar mit Armschutz, darüber 1 Paar kurze Handschuhe, die nach jeder Jodierung verworfen werden) getragen werden. Flüssigen Abfällen wird Na_2SO_3 zur Reduktion von J_2 zu löslichem Jodid beigesetzt. Sie werden vorübergehend im Abzug unter einer Bleiabschirmung gesammelt. Reaktionsgefäß, Parafilm (stark kontaminiert!) und Gelfiltrationssäule gelangen nach Gebrauch in den radioaktiven Abfall.

Anmerkungen

Schritt 1: Wird mehrfach die gleiche RNA-Präparation jodiert, empfiehlt sich Aufbewahrung in 5—20 µg-Proben (0,1—1 mg/ml) in A. bidest. in flüssigem Stickstoff. DNA wird aus 0,02 M Na-acetat pH 5,5/0,3 M NaCl im Reaktionsgefäß präzipitiert.

Schritt 2: Alle verwandten Puffer werden auf 0,1% DEP gebracht, autoklaviert und mit 0,02% Na-azid versetzt. Wird öfter jodiert, ist die Aufbewahrung kleiner Mengen bei —20 °C zu empfehlen.

Schritt 3: Das $TlCl_3$ wird erst unmittelbar vor Gebrauch in Acetatpuffer (!) gelöst und stets frisch angesetzt. — Prensky (1975) empfiehlt die Kontrolle des pH-Wertes mit Bromkresolgrün, wobei die in der Pipette verbleibenden geringen Flüssigkeitsmengen ausreichen.

Schritt 4: Unmittelbar auf die Reaktion folgende Entfernung der niedermolekularen Reaktanten durch Sephadex-Chromatographie in „Nacherhitzungs-Puffer" plus 0,5% SDS nach Bindung von Tl^{3+} an EDTA oder Chelex 100 und Addition von SDS auf 0,5% kann die Nukleinsäure-Degradation reduzieren (Knöchel, 1974).

Schritt 11: Jodierte RNA läßt sich als Alkoholpräzipitat bei —20 °C wenigstens 3 Wochen aufbewahren. Vor Gebrauch erfolgt eine erneute Chromatographie entsprechend Schritt 8 in einer 2-ml-Pipette.

8.2. Radioaktive Markierung von DNA durch Reparatursynthese

8.2.1. Einführung

Die radioaktive Markierung von DNA durch Reparatursynthese (‚nick' oder ‚gap translation') bedient sich des Enzyms DNA-Polymerase I (EC 2.7.7.7.) aus *E. coli*. Das Enzym besitzt neben der Polymerase-Aktivität eine 5'-3'-Exonuklease-Aktivität. Zur Initiation ist ein Bruch mit freiem 3'-OH-Ende in einem Strang (‚nick') notwendig, der bei nativer DNA durch Behandlung mit DNase I (EC 3.1.4.5.) gesetzt wird. Davon ausgehend hydrolysiert die Nuklease-Aktivität den 5'-Strang, den die Polymerase-Aktivität nachfolgend neu synthetisiert. Demzufolge werden unmarkierte Nukleotide durch radioaktiv markierte ersetzt (Kelly et al., 1970). Die erreichbare spezifische Aktivität ist primär abhängig von der Anzahl der ‚nicks' und der spezifischen Aktivität der zugesetzten Desoxy-Nukleosid-Triphosphate (dNTP). Das Reaktionsprodukt ist gewöhnlich zu mehr als 90% resistent gegen S1-Nuklease (Einzelstrang-spezifisch). Hauptproblem ist die Synthese von selbstkomplementären Haarnadelstrukturen, anscheinend verursacht durch Verminderung der Exonuklease-Aktivität (gefördert durch lange Lagerung des Enzyms). Mangelnde Exonuklease-Aktivität führt zu Verdrängung (statt Hydrolyse) des 5'-Stranges und Überspringen der Synthese auf den anderen Strang (gefördert durch zahlreiche ‚nicks' oder in die Reaktion eingesetzte kurze, lineare DNA-Fragmente, etwa Reassoziationsprodukte; gemindert durch Reaktion bei niedriger Temperatur). Da die ‚nicks' während der Reaktion nur verschoben werden, wird das Einzelstrang-Molekulargewicht in Abhängigkeit von der DNase I-Reaktion mehr oder minder stark herabgesetzt. Die ersten Anwender der Methode führten Bruchsetzung und Reparatursynthese in zwei getrennten Reaktionen durch. Inzwischen wurden Bedingungen gefunden, die den gleichzeitigen Ablauf beider Reaktionen ermöglichen. Die im folgenden angegebenen Reaktionsbedingungen wurden von Rigby et al. (1977) für SV40-DNA ausgearbeitet, deren mittleres Einzelstrang-Molekulargewicht durch die Reaktion auf ca. $1{,}3 \times 10^5$ herabgesetzt wurde. Da Integrität der DNA und Unterschiede in den Enzympräparationen einen starken Einfluß ausüben, müssen die exakten Reaktionsbedingungen jeweils neu erarbeitet werden.

8.2.2. Experimentelles Protokoll

Spezielles Material

- Desoxynukleosid-Triphosphate: dATP, dCTP und dGTP (Boehringer) werden eingewogen, in A. bidest. gelöst, mittels Chelex-100 von Schwermetallionen gereinigt und durch sterile Membranfilter filtriert. Die exakte Konzentrationsbestimmung erfolgt mittels der molaren Absorptionskoeffizienten. Aufbewahrung in kleinen Proben bei −20 °C. Für die Reaktion wird ein Gemisch hergestellt, das je 0,6 mM dATP, dCTP und dGTP enthält.
- ^{3}H-TTP, 15 Ci/mMol, 500 µCi/ml (Amersham) in 50% Alkohol.
- DNA-Polymerase I (grade I), 5 Einheiten/µl (Boehringer, Mannheim)
- DNase I (Worthington) 1 mg/ml in 0,01 N HCl, aufbewahrt in kleinen Proben bei −20 °C.
- DNA von *C. thummi* (Fraktion aus einem CsCl-Gradienten), 67 µg/ml in 1 mM NaCl/0,1 mM EDTA.

Versuchsdurchführung

(1) Folgende Reaktionskomponenten werden in der angegebenen Reihenfolge in einem silikonisierten 300 µl-Röhrchen gemischt:

Volumen in µl	Lösung	Endkonzentration	Bemerkungen
10	^{3}H-TTP	5,5 µM	wird im N_2-Strom eingetrocknet
1,5	dNTP-Gemisch	15 µM/dNTP	
6	0,5 M K-phosphat-Puffer, pH 7,4	0,05 M	
3	100 mM $MgCl_2$	5 mM	
15	DNA	16,7 µg/ml	
25,5	A. dest.	—	
5	aktivierte DNase I	11,1 ng/ml	s. Schritt 2
4	DNA-Polymerase I	333 Einh./ml	

(2) DNase-Aktivierung: 10 µl DNase-Stammlösung werden mit 90 µl Aktivierungs-Puffer (10 mM Tris · HCl, pH 7,5/5 mM $MgCl_2$/1 mg/ml Rinderserumalbumin, COHN-Fraktion V) verdünnt und 2 h im Eisbad inkubiert. Unmittelbar vor Versuchsbeginn werden 4 µl in 3 ml Aktivierungspuffer verdünnt und davon 5 µl zum Reaktionsansatz gegeben. Nach ca. 1 min bei Raumtemperatur erfolgt Zugabe der Polymerase und Inkubation im Wasserbad bei 14 °C für 180 min.

(3) Zur Verfolgung der Einbaurate werden 1 µl-Proben entnommen und in 100 µl fragmentierte Kalbsthymus-DNA (0,5 mg/ml) injiziert. Nach Zugabe von 1 ml 1 N HCl/1% (w/v) NaH_2PO_4/1% (w/v) $Na_4P_2O_7$ wird 15 min im Eisbad inkubiert und der Niederschlag auf einem Nitrocellulose- (oder Glasfaser)-Filter gesammelt, 2× mit Säurelösung und 2× mit 95% (v/v) Alkohol gespült und entsprechend Schritt 6, Abschnitt 9.2.4., gemessen. Die letzte Probe, unmittelbar vor Versuchsende entnommen, dient zur Bestimmung der spezifischen Radioaktivität unter Zugrundelegung der eingegebenen DNA-Menge.

(4) Versuchsstop durch Zugabe der folgenden Lösungen, stets von Schütteln (1—2 min auf Mikroschüttler) gefolgt: 40 µl 0,1 M EDTA, pH 7,5; 0,4 ml 0,3 M NaCl/0,3% SDS/ 200 µg/ml *E. coli*-tRNA; 0,5 ml Phenol (gesättigt mit 0,3 M Na-acetat/2 mM EDTA, pH 7,5); 0,25 ml Chloroform: Isoamylalkohol (24:1). Zentrifugation 10 min bei 4500 Upm, Abnahme der wässrigen Phase mit einer Hütchenpipette und Nachextraktion der Phenolphase mit 0,25 ml H_2O wie beschrieben. Vereinigung der wäßrigen Phasen und Fällung mit 2 Vol. Äthanol bei —20 °C über Nacht. Aufnahme in 100 µl SP50-Puffer, Chromatographie entsprechend S. 188 und Alkoholfällung des Ausschlußvolumens.

(5) Abtrennung selbstkomplementärer DNA (fakultativ): Aufnahme des Alkoholpräzipitats in 1 ml 0,12 M PB, Denaturierung 3 min bei 100 °C, Abschrecken im Eisbad und HAP-Chromatographie nach Abschnitt 9.2.2. Im hier geschilderten Experiment wurden 4% der DNA nicht in 0,12 M PB bei 60 °C eluiert. Mittlere Länge der DNA = 380 NT, gemessen in einem 2%igen Agarosegel bei pH 12 (s. S. 98), mit Hae III-Fragmenten der DNA des Phagen PM2 als Referenz.

Auswertung

Zwei nach 180 min entnommene 1 µl-Proben enthielten 4090 und 3932 cpm oder im Mittel (bei 34,6% Zählausbeute) 11593 dpm. Da die Reaktion 1 µg DNA enthielt, errechnet sich eine spezifische Radioaktivität von ca. 7×10^5 dpm/µg.

Anmerkungen

Schritt 1: Optimal sind identische (bzw. dem G + C-Gehalt der DNA angepaßte) Konzentrationen aller Triphosphate. SH-Gruppen-Protektoren und Rinderserumalbumin (Nukleasekontamination beachten!) können dem Reaktionsgemisch zugesetzt werden (vgl. Abschnitt 8.3.1.). Der Ansatz ohne Enzyme wird 5—10 min im Eisbad vorinkubiert, dann sorgfältig gemischt. — Bei Verwendung reassoziierter DNA unterbleibt die DNase-Behandlung, da die kurzen Fragmente ausreichend freie 3'-OH-Enden besitzen.

Schritt 2: Der Einbau steigt auch nach 180 min noch über längere Zeit an. Für reassoziierte DNA sind Inkubationszeiten bei 11—12 °C bis 48 h verwandt worden, doch befinden sich dann 20—30% der eingebauten Radioaktivität in selbstkomplementären Sequenzen (z. B. Galau et al., 1976).

Schritt 3: Fällung mit TCE, die NaH_2PO_4 und $Na_4P_2O_7$ enthält, ist gleichermaßen gebräuchlich.

Schritt 4: Rigby et al. (1977) stoppen mit 0,5 Vol. 0,25 M EDTA, pH 7,4, gefolgt von 10minütiger Inkubation bei 68 °C und unmittelbar anschließender Sephadex G50 (fine)-Chromatographie in 10 mM Tris · HCl, pH 8/10 mM NaCl/2 mM EDTA. Die DNA wird durch Messung von 1 µl-Proben jeder Säulenfraktion lokalisiert. Wird Schritt 5 angeschlossen, erfolgt Sephadex G50-Chromatographie in 0,12 M PB, um das die DNA enthaltende Ausschlußvolumen direkt denaturieren und weiterverwenden zu können. Auch Injektion des Reaktionsansatzes in 1 ml 0,03 M PB/0,15 M NaCl, Denaturierung und unmittelbar anschließende HAP-Chromatographie ist möglich, nur wird zunächst mit 0,03 M PB gespült, bis das freie ^{3}H-TTP entfernt ist. Sorgfältige Prüfung der Versuchsbedingungen sind jedoch erforderlich, um DNA-Verluste oder Kontamination durch ungebundenes ^{3}H-TTP zu vermeiden.

Schritt 5: Ist nur bei hohem Anteil selbstkomplementärer DNA notwendig, doch sollte dieser Anteil für eine Versuchsserie stets ermittelt werden.

8.3. Synthese komplementärer DNA (cDNA)

8.3.1. *Einführung*

Komplementäre DNA (cDNA) wird in den meisten Laboratorien mittels der RNA-gesteuerten DNA-Polymerase (Revertase, ‚reverse transcriptase', EC 2.7.7.7., Übersicht bei VERMA, 1977) des Vogel-Myeloblastosevirus (AMV) synthetisiert (Übersicht bei EFSTRATIADIS und KAFATOS, 1976).

Das Inkubationsgemisch enthält (in Klammern die üblicherweise benutzten Konzentrationen): Puffer (50 mM Tris/HCl, pH 7,9—8,3); monovalente Kationen (KCl oder NaCl, 30—60 mM); Mg^{2+} (5—10 mM); SH-Gruppen-Protektor (β-Mercaptoäthanol oder Dithiothreitol, 1—10 mM; Desoxy-Nukleosidtriphosphat (s. u.); oligo $(dT)_{12-18}$ (1—5 μg/ml; hybridisiert mit dem poly(A)-Teil der RNA und ermöglicht über seine freie 3'-OH-Gruppe dem Enzym die Initiation, s. auch Fußnote 2, S. 173); poly$(A)^+$-RNA (1—20 μg/ml); Revertase (1—200 Enzymeinheiten[1]) pro ml); Actinomycin D (25—100 μg/ml; hemmt selektiv DNA-abhängige DNA-Synthese und damit die Kopierung des neusynthetisierten DNA-Stranges; zusätzliche Einflüsse auf Ausbeute und Länge der cDNA) und (fakultativ) Rinderserumalbumin (100 μg/ml) zur Enzymstabilisierung. Lange Zeit konnten selbst von relativ kleinen mRNAs (z. B. Globin-mRNA) keine vollständigen Transkripte erhalten werden. Bei einer systematischen Untersuchung des Einflusses der Konzentration aller Desoxy-Nukleosidtriphosphate auf die Produktlänge fanden EFSTRATIADIS et al. (1975), daß ab einer Konzentration von etwa 0,05 mM pro dNTP geringe Mengen kompletter Transkripte erhalten werden können und deren Prozentanteil mit weiter steigender Konzentration der dNTPs gleichermaßen zunimmt. Nach FRIEDMAN und ROSBASH (1977) sind sättigende Enzymkonzentrationen ebenso wichtig, da sie die Synthese kompletter Transkripte auch bei niedrigen Konzentrationen (20 μM) des radioaktiven NTPs erlauben, und LEE und HUNG (1977) erhielten vollständige Transkripte durch Zusatz von Nukleinsäure-bindendem Protein. Neben diesen Faktoren ist eine völlig intakte Matrize (mRNA) und der Ausschluß bzw. die Unterdrückung von Nuklease, die RNA-Matrize und DNA-Transkript angreifen, von großer Wichtigkeit (MYERS et al., 1977). Zur Nuklease-Hemmung setzen verschiedene Autoren wahlweise ca. 4 mM $Na_4P_2O_7$, 10—30 mM NaF (hemmt spezifisch RNase H) oder Bentonit (s. S. 14) ein. Auch hohe Nukleosidtriphosphat-Konzentrationen selbst (2—4 mM) hemmen Nukleasen. Der Einfluß weiterer Faktoren auf Ausbeute und Größe der cDNA kann folgendermaßen zusammengefaßt werden (EFSTRATIADIS and KAFATOS, 1976; WEISS et al., 1976): (1) Konzentration und Länge (im Bereich 6—20 NT) des ‚primer' oligo(dT) beeinflussen nicht die Länge der cDNA, jedoch steigt die Ausbeute mit steigender Konzentration und Länge (im angegebenen Bereich); (2) niedrige RNA-Konzentrationen scheinen größere Transkripte zu ergeben als hohe, allerdings existiert ein optimales Verhältnis zwischen der Konzentration von Enzym, ‚primer' und Matrizen-RNA, das selten ermittelt wurde; (3) Monovalente Kationen sind für die Enzymaktivität nicht nötig, stabilisieren aber die ‚primer'-Bindung. Da RNA-Regionen mit starker Sekundärstruktur anscheinend ein Hindernis für das Enzym darstellen, kann die Optimierung von Salz- und Temperaturbedingungen für eine gegebene RNA durch (teil-

---

[1]) 1 Enzymeinheit entspricht der Inkorporation von 1 nMol TTP in ein säureunlösliches Produkt in 10 min bei 37 °C mit 0,2 A_{260}-Einheiten/ml poly(A):oligo(dT) als Matrize (KACIAN und SPIEGELMAN, 1974).

weises) Aufbrechen der Sekundärstrukturen die Größenverteilung der Transkripte positiv beeinflussen.

Das Reaktionsgemisch wird üblicherweise bei 37 °C (Optimum jedoch bei 40—42 °C!) für 10—180 min inkubiert. Da das Syntheseprodukt als Hybrid vorliegt, werden die RNA durch RNase oder alkalische Hydrolyse entfernt und anschließend die niedermolekularen Substanzen, speziell die Triphosphate, durch Sephadex-Chromatographie abgetrennt. Die Ausbeuten liegen stets unter der Masse der eingesetzten RNA (1—80%).

Prinzipiell ist neben AMV-Revertase auch das entsprechende Enzym aus Maus-Leukämie-Viren zur Synthese von cDNA geeignet (VERMA, 1975), wird jedoch bislang nicht genutzt.

Mehr Erfahrungen liegen über die Verwendung von DNA-Polymerase I aus *E. coli* (unter ähnlichen Inkubationsbedingungen wie für Revertase beschrieben) vor. Das erhaltene Transkript ist jedoch selten länger als 100 NT. Längere Fragmente (200 NT lang) können mit dem Klenow-Subfragment der DNA-Polymerase I (erhalten durch proteolytische Abspaltung der 5'-3'-Exonuklease-Aktivität) synthetisiert werden (HOUDEBINE, 1976). Es ist anzunehmen, daß bei größtmöglicher Ausschaltung von Nukleaseaktivitäten und Optimierung der Reaktionsbedingungen die Synthese auch weitaus längerer cDNA möglich wird.

8.3.2. Experimentelles Protokoll

Komplementäre DNA wird heute hauptsächlich für drei Anwendungsarten synthetisiert: (a) Identifizierung und Quantifizierung spezifischer Sequenzen mittels molekularer Hybridisierung; (b) Synthese von Genabschnitten zur Herstellung rekombinanter DNA; (c) Sequenzbestimmung von RNA. Daraus ergeben sich verschiedene Synthesebedingungen, die sich in der Art der radioaktiven Markierung und der spezifischen Radioaktivität unterscheiden. Für die Hybridisierung wird eine cDNA hoher spezifischer Radioaktivität benötigt. Üblicherweise werden ein oder mehrere ^{3}H-markierte Desoxynukleosidtriphosphate oder ^{125}J-markiertes dCTP verwendet. Demgegenüber wird bei der Gensynthese eine hohe Produktmenge angestrebt. Für die RNA-Sequenzbestimmung werden α-^{32}P-markierte dNTPs verwendet. In jedem Falle sollen möglichst lange Transkripte synthetisiert werden. Prinzipiell ist die Markierung mit ^{125}J auch nach der Synthese möglich. Wir synthetisieren cDNA, komplementär zu Globin-mRNA, nach folgendem Protokoll:

Spezielles Material

Die Lösungen werden, soweit möglich, autoklaviert. Es werden ausschließlich sterile, silikonisierte Glas- und Plastgeräte verwandt.

- Globin-mRNA, 300 µg/ml in A. bidest. (s. S. 191).
- AMV-Revertase, 1000 Einheiten/ml (Zentralinstitut für Molekularbiologie, Berlin-Buch).
- dNTP-Lösung: je 5 mM TTP, dGTP, dATP und ^{3}H-dCTP (5 Ci/mMol). Reinigung und Konzentrationsbestimmung der unmarkierten dNTPs s. S. 144.
- oligo$(dT)_{10}$, 50 µg/ml in A. bidest. (Zentralinst. f. Mikrobiol. u. exptl. Therapie, Jena).
- Terminationspuffer: 0,2 M Na-acetat/10 mM Tris · HCl, pH 7,5/50 mM EDTA.
- Phenol/m-Kresol/Chloroform (7:1:8), gesättigt mit A. bidest.
- *E. coli*-tRNA, 1 mg/ml (s. S. 141).

Versuchsdurchführung

(1) Folgende Reaktionskomponenten werden in der angegebenen Reihenfolge bei 0°C gemischt (Endvolumen 100 μl):

Volumen in μl	Lösung	Endkonzentration
25	0,2 M Tris · HCl, pH 8,3	50 mM
10	0,5 M NaCl	50 mM
10	0,1 M $MgCl_2$	10 mM
20	dNTP-Lösung	1 mM
2	oligo$(dT)_{10}$-Lösung	1 μg/ml
3	0,4 M DTT (s. auch S. 146)	12 mM
10	mRNA-Lösung	30 μg/ml
10	Actinomycin D-Lösung 500 μg/ml, (s. auch S. 146)	50 μg/ml
10	AMV-Revertase	100 Einh./ml

(2) Das Reaktionsgemisch wird 2 h bei 37 °C inkubiert und die Synthese durch Zugabe von 1,8 ml Terminationspuffer gestoppt.

(3) Der Lösung werden 0,1 ml einer 10%-SDS-Lösung und 0,1 ml der tRNA-Lösung zugesetzt und die Nukleinsäuren bei Raumtemperatur mit je 2 ml Phenol/Kresol/Chloroform zweimal durch Schütteln extrahiert (vgl. Schritt 4, S. 145).

(4) Die wäßrige Phase wird in einem SW-41-Becher mit dem doppelten Volumen eiskalten Alkohol vermischt und 5 h im Beckman-Rotor SW 41 bei 35000 Upm und 0 °C zentrifugiert.

(5) Das Präzipitat wird in 100 μl frisch zubereiteter 0,3 N NaOH aufgenommen und 12—18 h bei 37 °C inkubiert. Anschließend wird mit 15 μl 2 N HCl neutralisiert.

(6) Die Nukleinsäurelösung wird auf eine Sephadex-G-50-Säule (0,7 × 40 cm) geladen und mit desionisiertem H_2O eluiert.

(7) Die cDNA im Ausschlußvolumen wird lyophilisiert oder auf 0,1 M Na-acetat (pH 5) gebracht und mit dem doppelten Volumen Alkohol ohne Zusatz von Träger-RNA gefällt.

(8) Die synthetisierte cDNA wird im alkalischen Saccharosegradienten [5—20% (w/v) Saccharose in 200 mM NaOH/2 mM EDTA/100 mM NaCl] 20 h bei 20 °C und 36000 Upm im Beckman-Rotor SW 41 zentrifugiert. Der Gradient wird in 25 Fraktionen ausgetropft und die Radioaktivität jeder Fraktion bestimmt (vgl. Abschnitt 7.2.2.).

Auswertung

Eingesetzt wurden 500 μCi ^{3}H-dCTP im 100-μl-Reaktionsansatz mit einer gemessenen Radioaktivität von 0,9 × 10^6 dpm/μCi (theoretisch 2,2 × 10^6 dpm/μCi) bei einer spezifischen Aktivität von 5 Ci/mMol. Daraus errechnet sich eine spezifische Aktivität von 4500 dpm/pMol (da 500 μCi = 500 × 0,9 × 10^6 dpm = 100 nMole dCTP im Ansatz).

Nach 120 min Reaktionszeit wurden zweimal 1 μl-Proben entnommen und deren Radioaktivität (im Mittel 9500 dpm) mittels TCE-Fällung (vgl. Schritt 3, S. 144) bestimmt. Das entspricht einer Inkorporation von 211 pMol dCMP im Ansatz. Unter der Annahme, daß die als Matrize verwendete Globin-mRNA zu 17,3% aus GMP besteht, ergibt sich eine cDNA-Synthese aus 1219 pMol dNMP. Bei einer mittleren Molmasse der dNMPs von 326,7 errechnet sich eine Synthese von 398 ng cDNA. Diese Menge entspricht einer Ausbeute von 13,2% bezogen auf die eingesetzte Menge mRNA (3 μg). Während der Reinigungsoperationen traten 22% Verlust auf. Aus der synthetisierten Menge und der gemessenen Aktivität (950000 dpm = 398 ng) errechnet sich eine spezifische Aktivität des Produktes von $2{,}4 \times 10^6$ dpm/μg. Die Größenanalyse im alkalischen Gradienten ergab ein heterodisperses Produkt von 4—12 S (Globin-mRNA 9S) mit einem Gipfel bei 8S und einem kleineren Gipfel bei 4S. Als Referenz wurden *E. coli*-tRNA und Globin-mRNA im neutralen Saccharosegradienten benutzt.

Anmerkungen

Schritt 1: In einigen Fällen führt die vorherige Erhitzung (1 min, 90 °C, eiskühlen) des Gemisches aus oligo$(dT)_{10}$ und mRNA zu höheren Ausbeuten. — Die Transkription von RNA ohne poly(A)-Abschnitt ist möglich, wenn synthetisch poly(A) angehängt wird oder wenn ein spezifischer synthetischer Initiator mit komplementären Sequenzen verwendet wird (s. S. 173, Fußnote 2). — Die Hemmfähigkeit der DNA-abhängigen DNA-Synthese durch Actinomycin D ist nicht immer gleich und sollte geprüft werden.

Schritt 2: Längere Synthesezeiten steigern die Ausbeute unwesentlich. Wenn bei 43—46 °C inkubiert wird, verkürzt sich die Reaktionszeit auf 20 Minuten. — Die Reaktion kann auch durch Erhitzen (2 min, 100 °C, eiskühlen) des Gemisches beendet werden, doch können dadurch kürzere Stücke entstehen (Efstratiadis, 1976). — Die Termination kann entfallen, wenn das Reaktionsgemisch sofort alkalisch behandelt wird (s. Schritt 5).

Schritt 3: Vor der Phenolextraktion kann eine Behandlung mit 0,5% SDS und 500 μg/ml Pronase durchgeführt werden (30 min, 37 °C). — Deproteinisierung ist nicht notwendig, wenn die cDNA nur im alkalischen Saccharosegradienten charakterisiert wird. Weiterhin besteht die Möglichkeit Schritt 3 mit Schritt 5 oder mit Schritt 6 in der Reihenfolge zu vertauschen. Üblich ist z. B. die Schrittfolge 1—2—5—3—6.

Schritt 4: Die Fällung kann auch über Nacht bei —20 °C erfolgen. Zentrifugiert wird dann 30 min bei 15000 × g bei —20 °C. — Auf die Fällung kann verzichtet werden, wenn nach Schritt 5 die Lösung konzentriert wird (s. Anmerkung zu Schritt 5) oder auf die Sephadex-Chromatographie verzichtet wird (s. Anmerkung zu Schritt 6).

Schritt 5: Das alkalische Gemisch kann auch 20 min auf 80 °C erhitzt werden. Dabei besteht jedoch die Gefahr der Verkürzung der synthetisierten Ketten. Wenn Schritt 4 weggelassen wird, kann die Lösung durch Zugabe von NaOH auf die angegebene Konzentration gebracht werden. Nach Neutralisierung kann die Lösung auf einer 1-cm^3-Hydroxyapatit-Säule konzentriert werden. Die cDNA wird mit 0,5 ml Phosphatpuffer (0,3 M) eluiert (Fanshier, 1971).

Schritt 6: Die Sephadex-Chromatographie kann durch Dialyse ersetzt werden, besonders dann, wenn das Volumen der Lösung groß ist (z. B. bei Auslassung von Schritt 4). Dialysiert wird gegen 0,5 M NH_4HCO_3 bei 0 °C und anschließend gegen A. dest.

Schritt 7: Die cDNA kann in desionisiertem H_2O bei $\leqq$ —20 °C gelagert werden.

Schritt 8: Die Charakterisierung kann auch durch PAA-Elektrophorese in 98% Formamid (Maniatis et al., 1975) erfolgen. Ist die Molekularmasse größer als 2×10^6 D, ist eine denaturierende Agarosegel-Elektrophorese mit 5 mM Methylquecksilberhydroxid (Bailey und Davidson, 1976) geeigneter. Für die Separierung bestimmter Größenklassen kann neben der Gradientenzentrifugation auch Gelelektrophorese unter nicht-denaturierenden Bedingungen angewendet werden (Efstratiadis, 1976).

8.4. Synthese komplementärer RNA (cRNA)

8.4.1. *Einführung*

Komplementäre RNA (cRNA) wird meist mit Hilfe der DNA-abhängigen RNA-Polymerase (Nukleosid-triphosphat-RNA-Nukleotidyltransferase, EC 2.7.7.6.) aus *E. coli* synthetisiert. Das Enzym ist kommerziell verfügbar oder kann z. B. nach Burgess (1969) isoliert werden. Eine wesentlich einfachere, auf Affinitätschromatographie basierende Isolationsmethode haben Sternbach et al. (1975) beschrieben. Die komplette RNA-Polymerase (Holo-Enzym) besteht aus zwei α- und je einer β-, β'- und δ-Untereinheit, wobei $2\alpha + \beta + \beta'$ als ‚core'-Enzym bezeichnet wird (Übersichten in Losick und Chamberlin, 1976). Die Haupteigenschaft eines sauberen Enzympräparates ist die Synthese einzelsträngiger, dem kodogenen Strang komplementärer RNA in Gegenwart der vier Ribonukleosidtriphosphate und divalenter Kationen. Die Synthese erfolgt in 4 Schritten: (a) Bindung des Enzyms an spezifische Stellen der DNA, (b) Initiation der RNA-Ketten bei gleichzeitiger Strangselektion und ausschließlicher Bildung eines Purin-Ribonukleosidtriphosphates am 5'-Ende, (c) Elongation vom 5'- zum 3'-Ende und (d) Termination und Ablösung der Ketten vom DNA-Enzymkomplex (Sethi, 1971). Allerdings ist eine vollständig asymmetrische Transkription nicht vorauszusetzen. Beispielsweise fanden Bishop und Robertson (1969) nach der Transkription von T4-DNA in Anwesenheit von Mn^{++} (2,5 mM) maximal 29% Selbstkomplementarität der cRNA, bei Benutzung von Mg^{++} (10m M) jedoch maximal 5%. Ribosomale DNA von Xenopus wird — nativ wie denaturiert — sowohl vom ‚core'-Enzym als auch vom Holoenzym transkribiert (T4-DNA dagegen nur vom Holoenzym). Dabei ist die Strangselektion bei Benutzung nativer DNA genauer als bei denaturierter DNA. Für native DNA steigt zudem die Genauigkeit der Strangselektion mit dem Molekulargewicht. Für hochmolekulare rDNA lag das Verhältnis der Transkription von kodogenem zu nichtkodogenem Strang durch das Holoenzym im günstigsten Falle bei 20:1, normalerweise jedoch um 5:1, für denaturierte DNA und native DNA mit einer Molekularmasse um 5×10^5D dagegen um 2:1 (Reeder und Brown, 1970).

Diese wenigen Beispiele zeigen deutlich, daß die RNA-Polymerase selektiv transkribiert, vornehmlich in Abhängigkeit von der Matrize. In vitro-Transkription insbesondere von DNA hoher Komplexität garantiert deshalb nicht, daß (a) alle Sequenzen der Matrize kopiert werden, (b) alle transkribierten Sequenzen in gleichen Mengen-Verhältnissen vorliegen, wie in der DNA-Matrize und (c) nur ein Strang transkribiert wird. Diesen Tatsachen ist speziell bei der quantitativen Auswertung von Hybridisierungsexperimenten mit cRNA Rechnung zu tragen.

Für die Synthese von cRNA zur weiteren Verwendung speziell in Hybridisierungsreaktionen ist ein relativ weites Spektrum von Reaktionsbedingungen benutzt worden. Als Puffer wird fast ausschließlich Tris/HCl zwischen 0,02 und 0,1 M (pH 7,5—8,0) ververwandt, als monovalentes Kation Na^+ oder K^+ (NaCl oder KCl um 150 mM), als divalentes Kation vorzugsweise (s. o.) Mg^{++} (2—15 mM $MgCl_2$). Die üblicherweise benutzten Konzentrationen der Matrizen-DNA liegen zwischen 5 und 25 µg/ml, doch sind Konzentrationen von weniger als 0,15 µg/ml möglich (Marotta et al., 1974). Die DNA muß frei von Metallionen sein (s. auch Anmerkung 1) und sollte deshalb ebenso wie die NTP-Stammlösungen (s. S. 141) vor Einsatz in die Reaktion mittels Chelex-100 gereinigt werden. Zitrat (in SSC) wirkt ebenfalls als Inhibitor und wird durch Sephadex-Gelfiltration oder Dialyse gegen 10 mM Tris/HCl, pH 7,9, ausgetauscht. Die Polymerase-

Konzentration wird oft in µg angegeben (im Mittel 50—100 µg/ml), da die Enzymaktivität stark von Art und Qualität der DNA-Matrize abhängt und somit einer exakten Bestimmung der spezifischen Aktivität entgegensteht. Saubere Enzympräparationen besitzen spezifische Aktivitäten von 200—600 Einheiten[1])/mg. Die üblicherweise verwandten Konzentrationen je NTP liegen um 0,15 mM, doch kann die Ketten-Wachstumsrate durch Erhöhung der NTP-Konzentration weiter gesteigert werden. Speziell die Konzentrationen der radioaktiven NTPs werden jedoch vornehmlich durch finanzielle Erwägungen bestimmt und betragen oft nur 1 Zehntel der Konzentration der unmarkierten Nukleosidtriphosphate. Variationen von Substratkonzentration, Ionenstärke, divalenten Kationen und Temperatur ändern nicht nur die Syntheserate, sondern evtl. auch die Spezifität der Transkription (z. B. Marotta et al., 1974). Ferner besteht eine starke Abhängigkeit von der DNA-Matrize. Spermidin in niedrigen Konzentrationen (0,8 mM) beeinflußt Anfangsgeschwindigkeit und Ausmaß der Polymerase-Reaktion mit nativer DNA positiv (Abraham, 1968) und wird deshalb von einigen Autoren dem Reaktionsansatz zugesetzt. Zur Enzymstabilisierung können β-Mercaptoäthanol (1—10 mM) oder DTT (0,1—5 mM) dienen. Wir vermeiden Rinderserumalbumin (s. S. 146), da die meisten Präparate RNase-Spuren enthalten. Die Kontamination mancher Polymerase-Präparate mit Polynukleotid-Phosphorylase (EC 2.7.7.8.) und der Triphosphate mit Diphosphaten kann zur Synthese von Homopolynukleotiden und in der Folge zu verfälschten Versuchsergebnissen führen. Diese Reaktion wird durch Zugabe von 0,4 mM K-phosphate, pH 7,5, vollständig gehemmt (Burgess, 1969).

8.4.2. Experimentelles Protokoll

Oberstes Prinzip bei der Synthese von cRNA muß die Verhinderung jeglicher RNase-Wirkung sein (vgl. z. B. Marotta et al., 1974). Alles Glasgerät ist säuregewaschen' hitzesterilisiert (mehrere Stunden bei ca. 210 °C) und silikonisiert. Die Silikonisierung wird unter einem Abzug wie folgt durchgeführt: Eintauchen der trockenen Glasgeräte in 5% (v/v) Dichlordimethylsilan in Chloroform für 1—5 min, Abtropfen der Lösung, Lufttrocknung, gründliches Spülen mit A. bidest., Lufttrocknen und Autoklavieren in Alufolie. Der Puffer wird aus autoklavierten Stammlösungen (Ausnahme Mercaptoäthanol!) gemischt. Alle Arbeiten erfolgen mit sterilen Gummihandschuhen in einem Labor, in dem nicht mit pulverisierter RNase hantiert wird.

Spezielles Material

— DNA von *Chironomus thummi* aus einem CsCl/Actinomycin D-Gradienten extrahiert mit Isopropanol (vgl. Abschnitt 7.2.2.), mit Äthanol gefällt, aufgenommen in 10 mM Tris · HCl, pH 8,2/0,5 mM EDTA, zweimal durch 0,5 cm^3 Chelex-100 filtriert. Konzentration 90,5 µg/ml.
— RNA-Polymerase (Boehringer), 400 Einheiten/ml; 520 Einheiten/mg.
— DNase I, 1,2 mg/ml in 0,0025 N HCl (s. S. 144), behandelt mit Jodacetat (s. Anmerkung 4, S. 153).
— 1 M Tris · HCl, pH 8,4 (gemessen bei 20 °C; der pH-Wert sinkt bei Verdünnung auf 0,05 M und Temperaturerhöhung auf 37 °C auf 7,85).

---

[1]) Burgess (1969) definiert: 1 Enzymeinheit entspricht der Inkorporation von 1 nMol radioaktivem ATP in säureunlösliches Produkt mit 0,15 mg/ml Kalbsthymus-DNA als Matrize in 10 min bei 37 °C.

— Mercaptoäthanol: 100 mM Stammlösung (0,7 ml in 100 ml A. bidest.) wird jeweils frisch angesetzt (DTT kann als 0,1 M Stammlösung in einer dunklen Flasche bei 4 °C aufbewahrt werden).
— ^{3}H-ATP (27 Ci/mMol), ^{3}H-GTP (10,5 Ci/mMol), jeweils 1 mCi/ml (Amersham) in 50% Äthanol
— CTP und UTP (Boehringer), je 2,5 mM in A. bidest. (Konzentrationsbestimmung und Reinigung, s. S. 144)
— „Phenol" = Phenol/m-Kresol/8-Hydroxyquinolin (s. S. 16) in 0,3 M Na-acetat/ 2 mM EDTA, pH 7,0.
— Chloroform = Chloroform : Isoamylalkohol (24:1).
— TCE-Lösung: 5% (w/w) TCE/0,02 M $Na_4P_2O_7$.
— *E. coli*-tRNA; 7,75 mg/ml in 10 mM Tris · HCl, pH 7,5.

Versuchsdurchführung

(1) In ein 300 µl-Reaktionsröhrchen werden nacheinander pipettiert:

Volumen in µl	Lösung	Endkonz.	Bemerkungen
33	^{3}H-ATP (= 1.22 nMol)	0,024 mM	wird gemeinsam im N_2-Strom eingetrocknet
25	^{3}H-GTP (= 2,38 nMol)	0,048 mM	
5	CTP	0,25 mM	
5	UTP	0,25 mM	
2,5	1M Tris · HCl	55 mM	durch DNA-Puffer eingebrachtes Tris eingeschlossen
5	1,5 M KCl	150 mM	
2,5	0,1 M β-Mercaptoäthanol	5 mM	
2	0,1 M $MgCl_2$	4 mM	
1	0,02 M K-phosphat, pH 7,5	0,4 mM	
5	RNA-Polymerase	1 Einh./µg DNA	

(2) Die Lösungen werden gut gemischt, das Röhrchen 5 min in Eis gestellt und die Reaktion durch Zugabe von 22 µl DNA (Endvolumen 50 µl) und Überführung in ein 37 °C-Wasserbad gestartet.
(3) Zur Verfolgung der Einbaurate werden beginnend mit der Zeit 0 im Abstand von 10 min 1-µl-Proben entnommen und auf numerierte 5-mm-NC-Filter (Porendurchmesser 0,45 µ) pipettiert. Die Filter werden getrocknet, gemeinsam 3 × je 10 min in wenigstens 10 ml eiskalter TCE-Lösung gerührt, 2 × kurz mit 95% Alkohol gespült, getrocknet und entsprechend Schritt 6, S. 189 gemessen. 2 Parallelproben, unmittelbar vor Versuchsende entnommen, dienen der Bestimmung der Ausbeute und der Kalkulation der spezifischen Radioaktivität.
(4) Nach 80 min wird dem Reaktionsgemisch 1 µl DNase I (Endkonzentration 20 µg/ml) zugegeben und die Inkubation für 15 min bei 37 °C fortgesetzt.
(5) Reaktionsstopp durch Zugabe von 15 µl *E. coli*-tRNA und Injektion des Inkubationsgemisches in 0,5 ml 0,3 M NaCl/0,25% SDS.

(6) Die nachfolgende „Phenol“-Chloroform-Extraktion geschieht exakt entsprechend Schritt 4, S. 145.

(7) Die vereinigten wässerigen Phasen werden auf eine 1 × 40 cm Sephadex-G50-Säule in SP50-Puffer (s. S. 183) aufgetragen und in diesem Puffer bei 4 °C chromatographiert. Das durch die Träger-tRNA optisch erfaßbare Ausschlußvolumen (hier 6,5 ml) wird mit 2 Vol. Alkohol über Nacht bei −20 °C gefällt und kann als Alkoholpräzipitat für kürzere Zeit aufbewahrt werden.

Auswertung

Bei Versuchsende wurden 4696−170 (= Untergrund-Meßwert) = 4526 cpm oder (bei 24,7% Zählausbeute) 1,83 × 10^4 dpm pro µl gemessen. Demnach enthalten die verbleibenden 40 µl Reaktionsansatz 1,81 × 10^5 cpm oder (bei 24,7% Zählausbeute) 7,33 × 10^5 dpm. Wird ein prozentual gleicher Einbau aller dNTPs vorausgesetzt, stammen — entsprechend dem Verhältnis der spez. Radioaktivitäten von ATP und GTP — 72% des Einbaus oder 5,28 × 10^5 dpm aus dem ATP. Aus der spez. Radioaktivität des ATP und der Annahme, daß 1 µCi 2,22 × 10^6 dpm ergeben, errechnet sich ein Einbau von 8,8 pMol ATP oder 35,2 pMol NTP. Aus den Molekulargewichten der freien Säuren von AMP, CMP, GMP und UMP (= 347, 323, 363 und 324) und der Tatsache, daß während der Synthese pro angefügtes Nukleotid 1 Wassermolekül abgespalten wird, ergeben sich 1285 pg für je 1 pMol aller NTPs und somit eine Gesamtsynthese von 35,2 × 1285 = 45,2 ng cRNA mit einer spezifischen Radioaktivität von 1,6 × 10^7 dpm/µg. Speziell die Unkenntnis des genauen G + C-Gehaltes der cRNA verhindert eine exaktere Kalkulation.

Anmerkungen

Schritt 1: Die geringe EDTA-Menge, eingebracht durch die DNA-Lösung, macht nur etwa 5% der Magnesiumionen-Konzentration aus und hat eine größere Affinität gegen Spuren von Schwermetallionen (die das Enzym vergiften) als gegen Magnesium. — Ist die Reaktionsausbeute entscheidender als die spez. Radioaktivität, wird die Konzentration aller NTPs durch Zugabe unmarkierter Nukleosidtriphosphate auf 0,15−1,5 mM gebracht.

Schritt 3: Eine niedrigere Untergrundmarkierung wird mit der S. 144 (Schritt 3) mitgeteilten Methode erreicht. Weinstein et al., (1975) tragen die Proben in ein Quadratnetz auf Chromatographiepapier (Whatman 31 ET) auf und chromatographieren aufsteigend mit 5% TCE.

Schritt 4: Eine RNase-freie DNase (selbst so ausgezeichnete kommerzielle Produkte genügen den Anforderungen oft nicht) ist für diesen Schritt erforderlich. Holmes und Bonner (1973) entfernten RNase-Spuren durch Chromatographie der DNase auf Sephadex G50 (fine) in 0,3 M Ammoniumacetat (pH 5,8). Wir behandeln die DNase mit Jodazetat nach Zimmermann und Sandeen (1966): 5 mg/ml DNase werden 2 Tage gegen 2 × 250 Vol. 0,0025 N HCl bei 4 °C dialysiert. Die Reaktion enthält 0,2 ml Enzymdialysat, 0,4 ml 0,2 M Na-acetat, pH 5,3 und 0,2 ml 0,6 M Na-jodacetat und wird 30 (−40) min bei 55 °C durchgeführt. Nach Abkühlung im Eisbad erfolgt erneut Dialyse gegen 250 Vol. 0,0025 N HCl für 16 h und Aufbewahrung in kleinen Proben bei −20 °C. Inkubation der nicht nachgereinigten DNase in Anwesenheit von 1 mg/ml Heparin als RNase-Hemmer ist ebenfalls möglich (C. Coutelle, pers. Mitt.). Ein besonders geeignetes Reinigungsverfahren scheint die Affinitätschromatographie an Agarose-UMP [Agarose-5′(4′-aminophenyl)-Uridin-2′(3′)-phosphat] zu sein (Maxwell et al., 1977; Brison und Chambon, 1976).

Schritt 7: Bei Chromatographie in A. bidest. kann die RNA nachfolgend lyophilisiert und in dem gewünschten Puffer aufgenommen werden. Längere (durch Radiolyse begrenzte) Aufbewahrung sollte in Puffer oder A. bidest. bei −20 °C erfolgen.

Nachtrag: Eine Technik, die sehr an Bedeutung gewonnen hat, ist die Endmarkierung von DNA-Fragmenten (z. B. MAXAM, A. L. und GILBERT, W., 1977, Proc. Natl. Acad. Sci. USA 74, 560 bis 564) und von fragmentierter oder intakter RNA (z. B. MAIZELS, N., 1976), Cell 9, 431–438, und EFSTRATIADIS, A., VOURNAKIS, J. N., DONIS-KELLER, H., CHACONAS, G., DOUGALL, D. K. und KAFATOS, F. C., 1977, Nucleic Acids Res. 4, 4165–4174) mit Hilfe von γ-^{32}P-dATP bzw. γ-^{32}P-ATP und Polynukleotid-Kinase aus T4-Phagen-infizierten *E. coli*-Zellen (ATP:5'-dephosphopolynucleotid 5'-phospho-Transferase, EC 2.7.1.78).

Nick-Translation von DNA (Abschnitt 8.2) und Synthese von komplementärer RNA (Abschnitt 8.4) können durch Verwendung kleiner Reaktionsvolumina effizienter und ökonomischer durchgeführt werden. Dafür ist es nötig (und bei häufiger Verwendung sehr zeitsparend), einen 10-fach konzentrierten Reaktionspuffer anzusetzen.

Nick-Translation: Eine ausführliche Darstellung und Diskussion der Methode ist vom Radiochemical Centre (Amersham) publiziert worden (Technical Bulletin 80/3, 1980, 15 S.). MACKEY, J. K., BRACKMANN, K. H., GREEN, M. R. und GREEN, M. (1977, Biochemistry 16, 4478–4483) beschreiben 4 µl-Reaktionen zur Markierung von ng-Mengen viraler DNA-Fragmente. Wir verwenden gegenwärtig folgendes Protokoll: Je 50–200 pMol (=0.05–0.2 mM) dNTP's (ein oder mehrere radioaktiv markiert, die unmarkierten in 2- bis 5fachem Überschuß) werden in einem silikonisierten Röhrchen lyophilisiert. Dazu kommen 1 µg DNA, 1 µl 10x-Puffer (500 mM Tris-HCl, pH 7,8/50 mM $MgCl_2$/10 mM β-Merkaptoäthanol/1 mg/ml Rinderserumalbumin, vor Zusatz für 2 h bei 37 °C mit 0,05% DEP inkubiert), 5–20 pg DNase I (kann oft weggelassen werden) und ca. 4 Einheiten DNA-Polymerase I (Endvolumen 10 µl). Inkubation (1–3 h) und Weiterverarbeitung erfolgen wie beschrieben.

Synthese von cRNA: Je 500 pMol (=0.5 mM) ATP und GTP und je 200 pMol (=0.2 mM) ^{3}H-CTP und ^{3}H-UTP werden in einem silikonisierten Glasröhrchen lyophilisiert. Dazu kommen 1 µg DNA, 1 µl 10x-Puffer (0.2 M Hepes, pH 7,9/0,1 Mg-azetat/2 M KCl/10 mM DTT/2 mM Spermidin-HCl) und 2 µl RNA-Polymerase (Endvolumen 10 µl). Inkubation 2 h bei 37 °C.

Literatur

ABRAHAM, K. A. (1968): Eur. J. Biochem. 5, 143–146.

ALTENBURG, L. C., GETZ, M. L. and SAUNDERS, G. F. (1975): Methods Cell Biol. 10, 325–342.

ANDERSON, D. M. und FOLK, W. R. (1976): Biochemistry 15, 1022–1030.

BAILEY, J. M. und DAVIDSON, N. (1976): Anal. Biochem. 70, 75–85.

BATEY, I. L. und BROWN, D. M. (1977): Biochim. Biophys. Acta 474, 378–385.

BHALLA, R. B., GERACI, D., MODAK, M. J., PRENSKY, W. und MARCUS, S. L. (1976): Biochem. Biophys. Res. Comm. 72, 513–521.

BISHOP, J. O. und ROBERTSON, F. W. (1969): Biochem. J. 115, 353–361.

BRISON, O. und CHAMBON, P. (1976): Anal. Biochem. 75, 402–409.

BURGESS, R. R. (1969): J. Biol. Chem. 244, 6160–6167.

CHAN, H.-C., RUYECHAN, W. T. und WETMUR, J. G. (1976): Biochemistry 15, 5487–5490.

COHEN-SOLAL, M., FORGET, B., PRENSKY, W., MAROTTA, C. A. und WEISSMAN, S. M. (1977): J. Biol. Chem. 252, 5032–5039.

COMMERFORD, S. L. (1971): Biochemistry 10, 1993–2000.

DUBE, S. K. (1973): Nature 246, 483.

EFSTRATIADIS, A. (1976): Cell 7, 279–288.

EFSTRATIADIS, A. und KAFATOS, F. C. (1976): In (Last, J., Ed.) Eukaryotes at the cellular level. Methods in Molecular Biology, Vol. 8, 1–124; Marcel Dekker, Inc., New York–Basel.

EFSTRATIADIS, A., MANIATIS, T., KAFATOS, F. C., JEFFREY, A. und VORNAKIS, J. W. (1975): Cell 4, 367–378.

ERTL, H. H., FEINENDEGEN, L. E. und HEINIGER, H. J. (1970): Phys. Med. Biol. 15, 447–456.

FANSHIER, L. (1971): J. Virol. 7, 77–85.

FRIEDMAN, E. Y. und ROSBASH, M. (1977): Nucleic Acids Research 4, 3455–3471.

Galau, G. A., Klein, W. H., Davis, M. K., Wold, B. J., Britten, R. J. und Davidson, E. H. (1976): Cell 7, 487—505.
Getz, M. J., Altenburg, L. C. und Saunders, G. F. (1972): Biochim. Biophys. Acta 287, 485—494.
Holmes, D. S. und Bonner, J. (1973): Biochemistry 12, 2330—2338.
Houdebine, L.-M. (1976): Nucleic Acids Res. 3, 615—630.
Jacobson, A., Housman, D. and Prensky, W. (1973): Molec. Biol. Reports 1, 209—213.
Jensen, K. F., Nes, I. F. and Wells, R. D. (1976): Nucleic Acids Res. 3, 3143—3155.
Kacian, D. L. und Spiegelman, S. (1974): Methods Enzymol. 29, 150—173.
Kelly, R. B., Cozzarelli, N. R., Deutscher, M. P., Lehman, L. R. und Kornberg, A. (1970): J. Biol. Chem. 245, 39—45.
Knöchel, W. (1974): Molec. Biol. Reports 1, 311—320.
Lee, S. G. und Hung, P. P. (1977): Nature 270, 366—369.
Losick, R. und Chamberlin, M. (Eds.): RNA-Polymerase. Cold Spring Harbor Monograph Series. Cold Spring Harbor Laboratory 1976.
Maniatis, T., Jeffrey, A. und van de Sande, H. (1975): Biochemistry 14, 3787—3794.
Marotta, C. A., Lebowitz, P., Dhar, R., Zain, B. S. und Weissman, S. M. (1974): Methods Enzymol. 29E, 255—272.
Maxwell, I. H., Maxwell, F. und Hahn, W. E. (1977): Nucleic Acids Res. 4, 241—246.
Meeker, R. R., Thomas, J. R. and Tewari, K. K. (1976): Plant Physiol. 58, 71—76.
Myers, J. C., Spiegelman, S. und Kacian, D. L. (1977): Proc. Nat. Acad. Sci. USA 74, 2840—2843.
Orosz, J. M. and Wetmur, J. G. (1974): Biochemistry 13, 5467—5473.
Prensky, W. (1976): Methods Cell Biol. 13, 121—152.
Reeder, R. H. und Brown, D. D. (1970): J. Mol. Biol. 51, 361—377.
Rigby, P. W. J., Dieckmann, M., Rhodes, C. und Berg, P. (1977): J. Mol. Biol. 113, 237—251.
Roberts, H. D., Dickson, E., Model, P. und Prensky, W. (1973): Proc. Nat. Acad. Sci. USA 70, 3260—3264.
Sawin, V., Greenman, B. und Scherberg, N. (1977): Anal. Biochem. 82, 141—148.
Scherberg, N. H. und Refetoff, S. (1974): J. Biol. Chem. 249, 2143—2150.
Scherberg, N. H. und Refetoff, S. (1976): Methods Cell Biol. 10, 343—358.
Scherberg, N. H. und Refetoff, S. (1977): Biochim. Biophys. Acta 475, 337—351.
Sethi, V. S. (1971): Progr. Biophysics Mol. Biol. 23, 69—101.
Shaposhnikov, J. D., Zerov, Y. P., Ratovitiski, E. A., Ivanov, S. D. und Bobrov, Y. F. (1976): Anal. Biochem. 75, 234—240.
Shaw, J. E., Huang, E.-S. and Pagano, J. S. (1975): J. Virology 16, 132—140.
Sternbach, H., Engelhardt, R. und Lezins, A. G. (1975): Eur. J. Biochem. 60, 51—55.
Tereba, A. und McCarthy, B. J. (1973): Biochemistry 12, 4675—4679.
Verma, L. (1975): J. Virol. 15, 843—854.
Verma, L. (1977): Biochim. Biophys. Acta. 473, 1—38.
Weinstein, B. L., Bhardwayj, N. und Li, H.-C. (1975): Anal. Biochem. 68, 62—69.
Weiss, G. B., Wilson, G. N., Steggles, A. W. und Anderson, F. W. (1976): J. Biol. Chem. 251, 3425—3441.
Zimmermann, S. B. und Sandeen, A. (1966): Anal. Biochem. 14, 269—277.

Kapitel 9

Hybridisierung von Nukleinsäuren

9. Hybridisierung von Nukleinsäuren

9.1. Einführung

Das Prinzip der komplementären Basenpaarung spielt eine fundamentale Rolle in der Zelle. Etwa seit 1960 (erste Übersicht bei MARMUR et al., 1963) wird dieses Prinzip in Form der Hybridisierung auch experimentell für die Analyse zellulärer Nukleinsäuren genutzt[1]). Nukleinsäurehybridisierungsmethoden gehören heute zu den wichtigsten Techniken der Molekularbiologie.

Die ersten Hybridisierungsversuche sind mit prokaryotischer DNA durchgeführt worden. Zu dieser Zeit gab es guten Grund anzunehmen, daß die Reassoziation von DNA höherer Organismen sehr schwer meßbar sein dürfte. Infolge des hohen haploiden DNA-Gehalts der Eukaryotengenome liegt die individuelle Nukleotidsequenz in extrem hoher Verdünnung vor, wodurch die Reaktion unpraktikabel lange Zeiten in Anspruch nehmen müßte. Da jedoch bestimmte prozentuale Anteile von z. B. Säuger-DNA entgegen den Erwartungen sehr schnell reassoziierten, mußte auf die Existenz repetitiver Sequenzen in eukaryotischer DNA geschlossen werden (BRITTEN und KOHNE, 1968). Dieses Konzept hat alle Vorstellungen von Aufbau und Funktion des Genoms höherer Organismen verändert und unsere Kenntnisse durch darauf aufbauende experimentelle Entwicklungen und Befunde entscheidend erweitert. Für die Interpretation von Hybridisierungsexperimenten bedeutet allerdings das Vorhandensein eines ganzen Spektrums repetitiver Sequenzen, die mehr oder weniger kreuzhybridisieren, eine enorme Erschwernis. Experimente mit Sequenzgemischen müssen deshalb stets mit großer Zurückhaltung interpretiert werden.

Terminologie (vgl. BRITTEN et al., 1974): Es gibt noch keine generell akzeptierte Terminologie. Wir verwenden die Begriffe in folgender Bedeutung:

Hybridisierung: Überbegriff für alle Reaktionen, die über Basenpaarung zu Doppelstrangstrukturen führen.

Renaturierung: DNA-DNA-Hybridisierungsreaktionen, die zu Doppelstrangstrukturen führen, auch zwischen Abschnitten eines Stranges oder in denaturierter DNA, die an einigen Stellen noch durch ‚crosslinks' oder kurze, gepaarte Abschnitte zusammengehalten wird.

Reassoziation: Hybridisierungsreaktionen, bei der zwei zunächst vollständig getrennte Stränge eine Doppelstrangstruktur bilden.

Die Begriffsbestimmungen werden nicht einheitlich gebraucht. Viele Autoren verwenden Renaturierung und Reassoziation gleichwertig für DNA-DNA-Reaktionen in Lösung, während Reaktionen mit filtergebundener DNA oder zwischen DNA und RNA als Hybridisierungen bezeichnet werden.

Reassoziationskriterium: Differenz zwischen Inkubationstemperatur und Schmelztemperatur (T_m) einer gegebenen DNA mit exakter Basenpaarung in einem gegebenen Lösungsmittel.

---

[1]) Eine gute methodische Übersicht gibt CHURCH (1973).

Analytische Komplexität (= Sequenzkomplexität): Gesamtlänge aller unterschiedlichen DNA-Sequenzen in Nukleotidpaaren (oder Dalton), bei Viren und Bakterien etwa der Genomgröße entsprechend. Der Begriff wird speziell bei Eukaryoten auch zur Kennzeichnung der Länge einer spezifischen Sequenz gebraucht.

Kinetische Komplexität: aus der Reassoziationskinetik abgeleitete Komplexität (s. S. 162), die speziell in eukaryotischen Systemen von der analytischen Komplexität erheblich abweichen kann.

Repetitionsfrequenz: Anzahl identischer Kopien in einem Genom. Aus der Reassoziationskinetik abgeleitete Repetitionsfrequenzen (s. S. 162) entsprechen nicht immer den wahren Verhältnissen, da auch mehr oder weniger ähnliche Sequenzen (abhängig von den Reassoziationsbedingungen) Duplexe bilden.

Unikale DNA: Nur einmal pro Genom vorhandene Sequenz bzw. der Anteil des Genoms, der nach der Reassoziationskinetik aus nur einmal pro Genom vorhandenen Sequenzen besteht.

Experimenteller Hybridnachweis

Prinzipiell sind alle Methoden geeignet, mit denen einzelsträngige von doppelsträngigen Polynukleotidsequenzen unterschieden werden können. Die folgenden Methoden sind weit verbreitet:

- Hypochromizitätsmessung: Nutzt die geringere Absorption doppelsträngiger Nukleinsäure aus und erfolgt im Spektrophotometer kontinuierlich oder an Einzelproben.
- Hydroxyapatitchromatographie: Hydroxyapatit hat unterschiedliche Bindungsaffinitäten zu DNA und RNA in Einzel- und Doppelstrangform, so daß die jeweiligen Nukleinsäurestränge und -hybriden bei unterschiedlichen Ionenstärken eluiert werden können.
- Nuklease-Verdauung: Unter geeigneten Ionenbedingungen verdaut RNase A und T1 nur RNA in Einzelstrangform. Einzelstrang-DNA (und z. T. RNA) wird spezifisch von Nukleasen, wie S1 aus *Aspergillus* (s. S. 194), abgebaut. Die Auswertung erfolgt durch Fällung der unverdauten Hybriden oder deren Bindung an Hydroxyapatit.
- Gleichgewichts-Dichtegradientenzentrifugation: Dieses Verfahren nutzt die unterschiedlichen Dichten einzel- und doppelsträngiger DNA und RNA und deren Hybriden.

9.1.1. DNA · DNA Reassoziation

Die Reassoziation denaturierter DNA und die diese Reaktion beeinflussenden Faktoren sind eingehend untersucht worden. Viele der im folgenden aufzuzeigenden Abhängigkeiten gelten auch für andere Hybridisierungsreaktionen, sind aber dort kaum genauer untersucht worden.

9.1.1.1. Reaktionskinetik

Denaturierte DNA reassoziiert unter geeigneten Bedingungen nach $W + C \xrightarrow{k} WC$. Da beide Reaktionspartner in gleicher Konzentration vorliegen, folgt $\frac{dWC}{dt} = -k \cdot WC$ oder anders ausgedrückt

$$\frac{C}{C_0} = (1 + k \times C_0 \times t)^{-1} \quad \text{(Britten und Kohne, 1968).} \qquad (9.1)$$

C_0 ist die DNA-Gesamtkonzentration, C die Konzentration der zur Zeit t noch nicht reassoziierten DNA (beide in Mol Nukleotide/Liter), t die Reaktionszeit in Sekunden und k die Reassoziationskonstante (‚reassociation rate constant‘). k ist abhängig von den Reaktionsbedingungen und der Komplexität der DNA.

WETMUR und DAVIDSON (1968) haben in ihrer klassischen Arbeit zur Kinetik der DNA-Reassoziation die Reassoziationskonstante k_2 so definiert, daß folgende Beziehung entsteht:
k_2 (WETMUR/DAVIDSON) = $2k$ (BRITTEN/KOHNE).

Da der Cot-Bereich, in dem DNA unterschiedlicher Herkunft reassoziiert, mehrere Zehnerpotenzen überstreicht, wird eine logarithmische Auftragung der Cot-Werte bevorzugt (z. B. Abb. 9.5). Die Kurve für sequenzhomogene DNA überstreicht etwa zwei Zehnerpotenzen. Flachere Kurven zeigen Sequenzheterogenität an.

Theoretisch gilt Gleichung (9.1) nur, wenn alle DNA-Fragmente gleich lang sind und in allen Molekülen an identischen Stellen der Sequenz beginnen und enden. Praktisch ist dieser Fall nur bei der Verwendung gereinigter Restriktionsfragmente verwirklicht, während bei mechanisch zerkleinerter DNA ein Spektrum von Moleküllängen vorliegt und jedes Fragment an verschiedenen Stellen der Sequenz beginnt und endet. Das bedeutet, daß jeder sich bildende Duplex ungepaarte Einzelstrangenden besitzt. Diese Sequenzen können im weiteren Verlauf der Reaktion ebenfalls in Duplexe eingehen, doch mit verlangsamter Kinetik (SMITH et al., 1975). Das bedeutet, daß in den üblichen Reassoziationsexperimenten die Reaktionskinetik von der Idealform abweicht. Es gilt eine modifizierte Gleichung

$$C/C_0 = (1 + kC_0t)^{-N} \qquad (9.2)$$

Für mit Einzelstrangnuklease verfolgte Reaktionen wurde empirisch ein Wert $N = 0{,}44$ gefunden (SMITH et al., 1975). HAP-gemessene Reaktionen folgen dagegen erstaunlich gut der Idealkinetik der Gleichung (9.1). Das gilt aus noch unbekannten Gründen auch für optisch gemessene Reaktionen (in denen in Annäherung der Anteil total doppelsträngiger DNA im Reaktionsverlauf gemessen wird). Optische Messung der Reassoziation von Satelliten-DNA (für die mehrere kinetische Abweichungen vom „Normalverhalten“ gefunden wurden, s. S. 166) erbrachte für unterschiedliche Sequenzen Werte für N zwischen 0,42 und 1 (BRUTLAG et al., 1977).

Detaillierte Differentialgleichungen für das Verschwinden von freien Einzelsträngen (HAP-Kinetik) und dem Nukleotidanteil in Einzelstrang-DNA (S1-Nuklease-Kinetik) im Reaktionsverlauf haben BRITTEN und DAVIDSON (1976) beschrieben.

Die Reassoziationsrate wird in einer Kinetik 2. Ordnung vornehmlich von der Nukleationsreaktion bestimmt, also der Bildung einiger aufeinanderfolgender Basenpaare zwischen zwei Strängen. Die sich anschließende „Reißverschlußreaktion“ (zippering-reaction) erfolgt hingegen sehr schnell und beeinflußt die Reaktion kaum. Die kürzeste Sequenz, die — mit einer exakt homologen Sequenz gepaart — zwei Stränge zu einem Duplex stabilisiert (‚minimal stable length‘) hängt von einer Reihe noch zu besprechender Faktoren ab (s. auch WALKER, 1969). Aus indirekten Messungen ist unter Standardbedingungen (s. S. 170) auf einen Wert von 30—40 Nukleotidpaaren geschlossen worden.

Die Messung der Reassoziationskinetik denaturierter DNA erlaubt es, Antworten auf eine Vielzahl von Fragen zu erhalten. Um die Anwendungsbreite der Methode zu veranschaulichen, sollen kurz einige der bearbeiteten Probleme aufgezählt werden: Bestimmung von Genomgrößen; Analyse von Genomen zwecks Messung repetitiver und unikaler Anteile, deren Repetitionsfrequenz, kinetische Komplexität und Anordnung

(Sequenzorganisation); entsprechende Analyse der DNA aus Organellen; präparative Isolation kinetisch definierter DNA-Fraktionen und deren Analyse; Untersuchung von Sequenzhomologien zur Klärung evolutiver und funktioneller Fragen; Titration viraler DNA in zellulärer DNA verschiedener Herkunft; Analyse der Reassoziationskinetik spezifischer Sequenzen in DNA verschiedener Gewebe und/oder Entwicklungsstadien zum Nachweis von Amplifikation oder Unterreplikation.

9.1.1.2. Parameter der Reassoziationsreaktion

Komplexität

Die Abhängigkeit der Reassoziationsrate von der Komplexität der DNA (zur Definition s. S. 160) ist Ausdruck der Konzentrationsabhängigkeit der Reassoziation.

Ein SV40-Genom mit einer Sequenzkomplexität von ca. 5500 NTP würde grob 10 verschiedene Fragmente á 500 NTP liefern, ein *E. coli*-Genom mit $4{,}2 \times 10^6$ NTP 8400 unterschiedliche Fragmente á 500 NTP. Bei gleichen DNA-Konzentrationen (μg/ml) in parallelen Ansätzen ist die Konzentration eines beliebigen Fragmentes X von SV40 840 × höher als die eines beliebigen Fragmentes X' von *E. coli*. Entsprechend verläuft die Reassoziation der SV40-DNA 840 × schneller, die $Cot_{1/2}$-Werte unterscheiden sich um den Faktor 840.

Demzufolge läßt sich die kinetische Komplexität K einer DNA durch Vergleich des $Cot_{1/2}$-Wertes (oder k-Wertes entsprechend $k = 1/Cot_{1/2}$) der unbekannten DNA mit dem $Cot_{1/2}$-Wert einer DNA bekannter Komplexität (meist benutzte Referenz-DNA ist die von *E. coli*) errechnen:

$$K^x = Cot_{1/2}^x \times \frac{K^{Ref}}{Cot_{1/2}^{Ref}} \tag{9.3}$$

Die Anwendung dieser Gleichung setzt voraus, daß unbekannte DNA und Referenz-DNA unter identischen (bzw. äquivalenten) Bedingungen untersucht werden und Charakteristika wie G + C-Gehalt (s. S. 167) und Fragmentlänge (s. S. 166) gleich sind. Wenn nicht, müssen die $Cot_{1/2}$-Werte entsprechend korrigiert werden.

Bei Reassoziation eukaryotischer DNA enthält man mehrphasische Kurven, aus denen für kinetisch einheitliche Komponenten kinetische Komplexität K_i und Repetitionsfrequenz N_i bestimmt werden können:

$$N_i = \alpha_i \times \frac{G}{K_i} \tag{9.4}$$

(α_i = %-Anteil der Komponente i am Genom, G = Genomgröße) K_i errechnet sich wie beschrieben bzw. im Vergleich zur Reassoziationsrate der unikalen DNA, nur muß der gemessene $Cot_{1/2}$ auf $Cot_{1/2}$(pure) korrigiert werden:

$$Cot_{1/2}(\text{pure}) = Cot_{1/2} \times \alpha_i \tag{9.5}$$

Temperatur

Geschwindigkeit und Spezifität der Reassoziation sind von der Temperatur abhängig. Optimale Reassoziationsgeschwindigkeiten werden bei DNA-DNA-Reaktionen bei einer Temperatur T_{opt} erreicht, die etwa 23 °C niedriger als der Schmelzpunkt T_m (s. u.)

der nativen DNA liegt (vgl. Abb. 9.1.) $T_{opt} = T_m - 23\,°C$ gilt für die Standard-Fragmentlänge von 300—500 NT, während bei größerer DNA T_{opt} anscheinend näher am T_m-Wert liegt (gemessen an DNA aus Hefemitochondrien, CHRISTIANSEN et al., 1974). T_{opt} für DNA · RNA-Reaktionen liegt generell näher am T_m der DNA. T_{opt} garantiert zwar eine optimale Reassoziationsrate, nicht immer jedoch optimale Reaktionsbedingungen. Erhöhung der Reaktionstemperatur erniedrigt zwar k, erhöht aber die Spezifität. Heterologe Reaktionen zwischen DNAs verschiedener Organismen verlangen dagegen eine Herabsetzung der Spezifität, d. h. der Reaktionstemperatur, benötigen aber aufgrund des erniedrigten k-Wertes längere Reaktionszeiten.

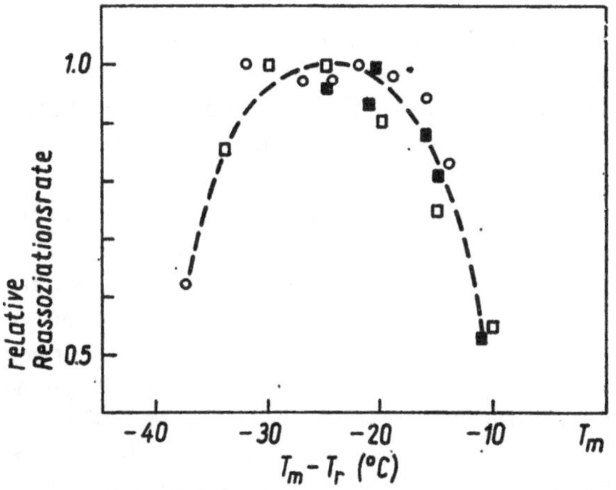

Abb. 9. 1. Abhängigkeit der Reassoziationsrate von der Reassoziationstemperatur, ausgedrückt als Differenz zwischen Schmelztemperatur (T_m) und Reassoziationstemperatur (T_r) der jeweiligen DNA (nach Daten von WETMUR und DAVIDSON, 1968, und HUTTON, 1977).
□ : fragmentierte DNA von *E. coli*, reassoziiert in 0,2 M NaCl/0,015 M Tris · HCl/0,1 mM EDTA (nach HUTTON, 1977).
■ : fragmentierte DNA von *E. coli*, reassoziiert in 1,0 M Na^+ (nach WETMUR und DAVIDSON, 1968).
○ : Fragmentierte T4-DNA, reassoziiert in 1,0 M Na^+ (nach WETMUR und DAVIDSON, 1968).

Die Abhängigkeit der Reassoziationsreaktion von der Temperatur verlangt ein näheres Eingehen auf den T_m-Wert und seine Abhängigkeiten. Bekanntlich ist die quantitative Absorption von allen Polynukleotiden mit geordneter Struktur im Wellenlängenbereich um 260 nm geringer als auf der Basis der Absorption der Basen zu erwarten (Hypochromie). Demzufolge steigt die Absorption beim Übergang in eine weniger geordnete Struktur (Hyperchromie), z. B. während der Denaturierung durch Hitze. Dieser Hyperchromieeffekt (20—50% der Ausgangsabsorption) ist grob dem A + T-Gehalt der DNA proportional. Die Messung erfolgt in einem UV-Spektralphotometer mit thermostatisierbarem Küvettenhalter. Zur Auswertung wird vorteilhafterweise die Absorptionsänderung (1. Differential) gegen die Temperatur aufgetragen. Auf diese Weise wird die bei der Analyse von einfachen Temperatur-Absorptionskurven notwendige Festlegung von Anfangs- und Endpunkten umgangen. Der Schmelzpunkt T_m ist dann die Temperatur im Maximum der Differentialkurve. Er wird erreicht, wenn etwa die Hälfte der Basenpaare dissoziiert sind. Die gewählte Wellenlänge kann den Wert etwas in Abhängigkeit vom G + C-Gehalt verschieben. Die Abhängigkeit des T_m-Wertes vom G + C-

Gehalt der DNA (Molprozent) und der Na^+-Konzentration ist gegeben durch

$$T_m = 81{,}6 + 16{,}6\,(\log Na^+) + 0{,}41\,(\%G + C) \tag{9.6}$$

Für die oft benutzte Lösung 1 × SSC vereinfacht sich die Beziehung auf $T_m = 69{,}3 + 0{,}41\,(\%G + C)$ (MARMUR und DOTY, 1962). Bei G + C-Gehalten unter 30% und über 70% gilt Gleichung 9.6 nur noch mit Einschränkungen. Niedermolekulare DNA schmilzt bei niedrigeren Temperaturen entsprechend

$$T_n - T_m = B/L \tag{9.7}$$

(T_n Schmelztemperatur hochmolekularer DNA, T_m Schmelztemperatur fragmentierter DNA, L Fragmentlänge in Nukleotidpaaren, B Konstante).

Die wenigen vorliegenden Daten zeigen eine Abhängigkeit von B von der Salzkonzentration entsprechend $B = 300 + 2000 \times Na^+$ (für Na^+ von 0,05 bis 0,5 M). B für 0,18 M Na^+ ist demnach etwa 650 (BRITTEN et al., 1974). Voraussetzung für die Gültigkeit aller genannten Beziehungen ist, neben einer sauberen, gut dialysierten DNA, das Fehlen von seltenen Basen.

Die in reinen Salzlösungen notwendigen hohen Reassoziationstemperaturen und oft langen Reaktionszeiten führen zum thermischen Abbau der Nukleinsäuren. Deshalb ist die Anwesenheit von den T_m erniedrigenden Substanzen im Reaktionspuffer vorteilhaft. Am häufigsten verwandt wird Formamid, seltener Harnstoff, $NaClO_4$ und Dimethylsulfoxid. Steigende Konzentrationen von Harnstoff zwischen 0 und 8 M erniedrigen den T_m um 2,25 °C pro 1 M und die Reassoziationsrate um etwa 8% pro 1 M. Steigende Konzentrationen von Formamid im Bereich 0—50% erniedrigen den T_m um 0,60 °C pro 1% Formamid für NaCl-Konzentrationen zwischen 0,035 und 0,88 M. Bei höheren Salzkonzentrationen ist die Abhängigkeit des T_m von der Formamidkonzentration etwas größer. Steigende Formamidkonzentrationen erniedrigen die Reassoziationsrate linear um 1,1% pro 1% Formamid (alle Daten nach HUTTON, 1977).

Formamid führt zu einer spezifischen Stabilisierung von DNA-RNA-Hybriden. Der Unterschied in den T_m-Werten von DNA-DNA-Duplexen und den entsprechenden DNA-RNA-Hybriden kann bei hohen Formamidkonzentrationen bis zu 10 °C betragen. Er ermöglicht DNA-RNA-Hybridisierung bei fehlender DNA-DNA-Reassoziation (VOGELSTEIN and GILLESPIE, 1977; CASEY and DAVIDSON, 1977) und wird in der elektronenmikroskopischen ‚R-loop'-Technik ausgenutzt (THOMAS et al., 1976). In 70% Formamid/0,1 M Tris · HCl, pH 8,5/1 mM EDTA ist die Änderung des T_m-Wertes pro 1%G + C = 0,7 (gegenüber 0,41 in Lösungen ohne Formamid) (WELLAUER et al., 1976).

Neben der UV-Messung können andere Methoden zur T_m-Wert-Bestimmung angewandt werden, doch sind die Werte selten direkt vergleichbar. Während mit Hilfe der Einzelstrang-spezifischen Nukleasen (z. B. S1-Nuklease oder Pankreas-RNase) ebenfalls der Anteil dissoziierter Basen bei einer bestimmten Temperatur gemessen wird, ist T_m (genauer $T_{m,i}$) bei thermischer Elution von Hydroxyapatit (s. S. 185) und Nitrocellulose-Filtern (s. S. 203) die Temperatur, bei der die Hälfte aller Duplexe komplett getrennt sind, d. h. die G + C-reichsten Abschnitte eines gegebenen Duplex bestimmen die Elutionstemperatur.

Monovalente Kationenkonzentration

Die Reassoziationskonstante ist in starkem Maße von der monovalenten Kationenkonzentration (meist eingestellt durch Na^+) abhängig, entsprechend der Beziehung zwischen Na^+ und T_m (s. oben). Tab. 9.1. weist die Abhängigkeit der relativen Reassoziationsrate von der Na^+-Konzentration in Mol/l aus. Diese Angaben ermöglichen es, bei verschiedenen Salzkonzentrationen gewonnene k-Werte in den äquivalenten Cot-Wert (bezogen auf 0,18 M Na^+) umzurechnen und somit zu vergleichen. Dabei ist jedoch zu beachten, daß die zu vergleichenden Reaktionen wirklich unter äquivalenten Bedingungen ablaufen. Insbesondere müssen die Reaktionstemperaturen so gewählt werden, daß $T_m - T_R$ (Reaktionstemperatur) konstant bleibt.

Tabelle 9.1

Reassoziationsrate versus Salzkonzentration (nach BRITTEN, 1970)[a]

Monovalente Kationenkonz.	Rel. Reassoziationsrate[b]	PB-Molarität[c]	Monovalente Kationenkonz.	Rel. Reassoziationsrate[b]	PB-Molarität[c]
0,015	0,0000	0,01	0,450	3,7567	0,30
0,030	0,0016	0,02	0,465	3,8841	0,31
0,045	0,0133	0,03	0,480	4,0085	0,32
0,060	0,0453	0,04	0,495	4,1300	0,33
0,075	0,1021	0,05	0,510	4,2487	0,34
0,090	0,1831	0,06	0,525	4,3646	0,35
0,105	0,2858	0,07	0,540	4,4778	0,36
0,120	0,4063	0,08	0,555	4,5884	0,37
0,135	0,5410	0,09	0,570	4,6964	0,38
0,150[d]	0,6867	0,10	0,585 (3 × SSC)	4,8019	0,39
0,165	0,8404	0,11	0,600	4,9049	0,40
0,180	1,0000	0,12	0,615	5,0056	0,41
0,195 (1 × SSC)	1,1633	0,13	0,630	5,1040	0,42
0,210	1,3288	0,14	0,645	5,2001	0,43
0,225	1,4954	0,15	0,660	5,2941	0,44
0,240	1,6619	0,16	0,675	5,3860	0,45
0,255	1,8277	0,17	0,690	5,4758	0,46
0,270	1,9920	0,18	0,705	5,5636	0,47
0,285	2,1544	0,19	0,720	5,6495	0,48
0,300	2,3146	0,20	0,735	5,7335	0,49
0,315	2,4722	0,21	0,750	5,8157	0,50
0,330	2,6271	0,22	0,825	6,2009	0,55
0,345	2,7791	0,23	0,900	6,5478	0,60
0,360	2,9280	0,24	0,975 (5 × SSC)	6,8613	0,65
0,375	3,0739	0,25	1,050	7,1457	0,70
0,390 (2 × SSC)	3,2167	0,26	1,125	7,4047	0,75
0,405	3,3563	0,27	1,200	7,6413	0,80
0,420	3,4929	0,28	1,275	7,8582	0,85
0,435	3,6263	0,29	1,350	8,0575	0,90

a) Die Kalkulation basiert auf einer empirischen Formel, gewonnen durch Anpassung der Daten von WETMUR und DAVIDSON (1968), und gilt für optimaleReassoziationstemperatur(T_m−25 °C).

b) Der äquivalente Cot-Wert (equCot) ist der mit der rel. Reassoziationsrate multiplizierte Cot-Wert

c) PB = neutraler Phosphatpuffer.

d) Die experimentell bestimmte Reassoziationsrate von Satelliten-DNA weicht bei Na^+-Konzentrationen unter 0,15 M von den hier tabellierten Werten ab (VOTAVOVÁ und SPONAR, 1975).

Molekulargewicht

Unter der Voraussetzung, daß DNA-Komplexität und Länge gleich sind, gilt $k \sim L^{0,5}$ (WETMUR and DAVIDSON, 1968). L ist die Länge des DNA-Einzelstranges.

Erhebliche Anteile des Genoms der meisten höheren Organismen sind so organisiert, daß relativ kurze repetitive DNA-Sequenzen und längere unikale DNA-Sequenzen abwechseln (DAVIDSON et al., 1975). Diese Sequenzorganisation bedingt, daß die DNA vor der Reassoziation zerkleinert werden muß, um die repetitiven und unikalen Anteile des Genoms hinreichend zu trennen und die Bildung großer DNA-Netzwerke zu verhindern. Da während der DNA-Fragmentierung die Brüche zufällig gesetzt werden, ist eine absolute Trennung zwischen repetitiven und unikalen Sequenzen jedoch nicht möglich. Für eine genaue Interpretation von Reassoziationskurven sind demnach DNA-Fragmentierung und Kontrolle der Fragmentgröße unumgänglich. Als Standardlänge in Reassoziationsexperimenten wird 300—500 NT lange DNA benutzt. Repetitive DNA mit Basislängen unterhalb der Fragmentlänge (z. B. Satelliten-DNA) verhält sich abweichend. Die Reassoziationsrate fällt mit steigender Fragmentlänge (HUTTON und WETMUR, 1973; SOUTHERN, 1975a). Eine konventionelle Analyse der Reassoziationskinetik solcher DNA ergibt kinetische Komplexitäten, die stets der Fragmentlänge entsprechen (CHILTON, 1973).

Methoden zur DNA-Fragmentierung

a) Hydraulische Presse (BRITTEN et al., 1974): Die DNA-Lösung wird in einem Stahlzylinder komprimiert und dann durch hohen Druck durch ein Nadelventil gepreßt. Für reproduzierbare Ergebnisse müssen folgende Parameter konstant gehalten werden: Form des Nadelventils, Austrittsöffnung, Durchtrittsgeschwindigkeit, Salzkonzentration, Kühlung der Nadelöffnung. Die DNA-Konzentration scheint weitgehend ohne Einfluß auf die Fragmentgröße zu sein.

(b) Ultraschallbehandlung: Für gut reproduzierbare Werte sollten alle Parameter sorgfältig konstant gehalten werden: Puffer, DNA-Konzentration, Puffervolumen, Gefäßgröße und -form, Geräteparameter (Sonde, Frequenz, Energie). Die DNA wird vor (und vorteilhafterweise auch während) der Beschallung mit Stickstoff (reinst) durchspült und im Eisbad gekühlt. Die Beschallung erfolgt in kurzen Pulsen, unterbrochen von längeren Pausen, um optimale Kühlung zu garantieren (z. B. WOBUS, 1975).

(c) DNase-Behandlung: DNase I (HELL et al., 1972) und DNase II (MORI et al., 1972) sind zur DNA-Fragmentierung herangezogen worden. Das Verfahren wird jedoch kaum benutzt.

(d) Hitzebehandlung: Speziell in virologischen Labors ist die Technik verbreitet, DNA durch Kochen in 0,3 N NaOH zu fragmentieren. Nach GALLIMORE et al. (1974) wird z. B. Virus- und Säuger-DNA durch 15minütiges Kochen in 0,3 N NaOH auf eine mittlere Fragmentlänge von 300 NT gebracht.

(e) Partielle Depurinisierung (GROUSE et al., 1972): Die DNA in 0,1 M Na-azetat (pH 4,2) wird bei 70 °C depurinisiert (33 min für ca. 500 NT lange Fragmente), eisgekühlt, mit 0,2 Vol. 1 N NaOH versetzt und für 10 min bei 50 °C gespalten.

(f) Homogenisation (BRITTEN et al., 1974): Ein einfaches Verfahren, das gut reproduzierbare Fragmente unterschiedlichster Größenklassen liefern kann, ist die Fragmentierung im Messerhomogenisator. Die DNA wird in 0,2 M Na-acetat/67% Glycerin unter Trockeneis/Alkohol-Kühlung bei hoher Geschwindigkeit homogenisiert. 30minütige Behandlung bei 50000 Upm liefert DNA-Fragmente um 300 NT. Die DNA kann nach der Fragmentierung direkt mit Alkohol gefällt werden.

Es muß darauf hingewiesen werden, daß mit verschiedenen Verfahren gewonnene Fragmente unterschiedlich breite Größenverteilungen liefern und die Fragmente Eigenschaften besitzen, die zu unterschiedlichen Reassoziationskurven führen können (z. B. DNA-Fragmente erzeugt durch DNase II-Abbau oder Ultraschallbehandlung, MORI et al. 1972).

Methoden zur Bestimmung des Einzelstrang-Molekulargewichts fragmentierter DNA

Zur Interpretation von Reassoziationskurven ist die Kenntnis des Einzelstrang-Molekulargewichts notwendig. Bei langen Inkubationen sollte das Molekulargewicht am Ende der Reaktion kontrolliert werden, da starker Abbau die Ergebnisse verfälschen kann.

Alle genannten Verfahren zur DNA-Fragmentierung liefern Größenverteilungen. Wenn eine scharf definierte Fragmentlänge benötigt wird, sollte die DNA in einem isokinetischen Saccharose-Gradienten (s. S. 116) fraktioniert werden.

(a) Zentrifugation (s. auch Kapitel 7)
Bislang wurden die meisten Molekulargewichtsbestimmungen über die Messung der Sedimentationsrate in alkalischen, linearen (5—20%) oder isokinetischen Saccharose-Gradienten durchgeführt. Die Methode ist nach wie vor zur präparativen Gewinnung von diskreten Fragmentlängen unerläßlich. Sedimentationsanalysen in der analytischen Ultrazentrifuge erfolgen meist nach Studier (1965) in 0,9 M NaCl/0,1 N NaOH. Dabei gilt für große Fragmente Gleichung 7.5, S. 119.

(b) Elektronenmikroskopie (EM). Mit Hilfe der Kleinschmidt-Technik (Kleinschmidt, 1968) wird die DNA auf einem Cytochrom-c-Film sichtbar gemacht. Fragmente unter 100 NTP Länge werden jedoch nicht aufgelöst. Bei Techniken, die ohne einen Proteinfilm auskommen (s. Griffith, 1973), besteht dieser Nachteil nicht.

(c) Gelelektrophorese unter denaturierenden Bedingungen ist neuerdings die Methode der Wahl. Sie ist einfach durchzuführen, erlaubt die Größenbestimmung von kurzen, aber auch sehr langen Fragmenten unter Benutzung von Restriktionsfragmenten als Marker und benötigt sehr wenig DNA und geringen Material- und Geräteaufwand (vgl. Abschnitt 5).

Ein sorgfältiger Vergleich der genannten Techniken (Ordahl et al., 1976) ergab, daß nach Studier umgerechnete Sedimentationswerte und die Kleinschmidt-Elektronenmikroskopie zu hohe Werte liefern.

Viskosität

Chang et al., (1974) unterscheiden zwischen mikroskopischer und makroskopischer Viskosität. Es gilt für die durch das Lösungsmittel bestimmte (mikroskopische) Viskosität $k \sim \frac{T(°K)}{\eta}$. Experimentell ist es sinnvoll, den durch hohe Nukleinsäurekonzentrationen bedingten Einfluß der Viskosität durch Reassoziation der Referenz-DNA unter gleichen Bedingungen zu umgehen. Ein solches Experiment kann die Verwendung radioaktiver Referenz-DNA in Gegenwart entsprechend hoher Konzentrationen heterologer DNA erforderlich machen.

Für die makroskopische Viskosität, erreicht durch Zugabe von Polymeren (z. B. Ficoll, Dextransulfat) gilt die umgekehrte Beziehung (Ursache: ,volume exclusion effect'). Demzufolge kann durch Polymerzugabe die Reassoziationsrate einer gegebenen DNA erheblich erhöht werden (Wetmur, 1975).

G + C-Gehalt

Wetmur und Davidson (1968) fanden eine verringerte Reassoziationsrate mit abfallendem G + C-Gehalt der DNA, die von einigen Autoren bestätigt wurde. Nach Seidler und Mandel (1971) muß der gemessene $Cot_{1/2}$-Wert für je 1 Mol% G + C-Abweichung um 1,8% korrigiert werden. Viele Autoren benutzen diesen Korrektur-Faktor. Dagegen kommen Gillis und De Ley (1975) zu dem Schluß, daß der Einfluß des G + C-Gehaltes auf die Reassoziationsrate vernachlässigbar ist. Die Frage bedarf weiterer Klärung, doch kann das Problem experimentell entweder durch Wahl einer Referenz-DNA mit etwa gleichem G + C-Gehalt oder durch Reassoziation in Alkyltrimethyl- und Alkyltriäthyl-Ammoniumsalzen (CHANG et al., 1974; OROCZ and WETMUR, 1977) umgangen werden.

Nichtkomplementäre Basenpaare (‚mismatching')

Nichtkomplementäre Regionen in einem Duplex erniedrigen die Reassoziationsrate. Experimentell wird der Prozentsatz nicht- oder fehlgepaarter Basen über die Erniedrigung des T_m-Wertes des Hybriden gemessen (Einfluß der Duplexlänge auf den T_m beachten, s. S. 164). Für heterologe Hybriden wird allgemein angenommen, daß 1% ungepaarte Basen den T_m um 1 °C erniedrigen. Bestimmte nichtkomplementäre Basenpaare (z. B. Thymindimere oder G · U-Paare) setzen dagegen den T_m viel stärker herab (z. B. WEINBLUM et al., 1974; ULLMANN and McCARTHY, 1973).

Experimente über den Einfluß nichtkomplementärer Basenpaare auf die Reassoziationsrate in verschiedenen Modellsystemen ergaben uneinheitliche Werte. In sorgfältigen Untersuchungen ermittelten BONNER et al. (1973) nach Korrektur auf optimale Inkubationstemperatur eine Reduktion der Reassoziationsrate um den Faktor 2 für jeweils 10 °C T_m-Erniedrigung. Jedoch vergrößert sich dieser Faktor umso mehr, je mehr sich die Inkubationstemperatur dem T_m der nativen DNA nähert (MARSH and McCARTHY, 1974). Das ermöglicht beispielsweise die Wahl von Reaktionsbedingungen, unter denen nahe verwandte Sequenzen nicht kreuzhybridisieren (z. B. getrennte Untersuchung von Genen für δ- und β-Ketten-Globin-mRNA und den entsprechenden Genen aus Maus und Mensch, DEISSEROTH et al., 1976).

Da Basenfehlpaarung auch zu Abweichungen von der Idealkinetik (s. Gleichung 9.1., S. 160) führt, sind lange Reaktionszeiten nötig, um heterologe Reaktionen zu Ende zu führen. Deaminierte DNA mit einem um 24 °C erniedrigten T_m benötigt einen um mehr als den Faktor 100 größeren Cot-Wert um annähernd vollständig (90%) zu reassoziieren, obwohl sich die Reassoziationsraten nur etwa um den Faktor 4 unterscheiden (BONNER et al., 1973).

pH-Wert

Detaillierte Untersuchungen liegen nicht vor, doch fanden WETMUR und DAVIDSON (1968) keine Änderung der Reassoziationsrate in 0,4 M Na^+ zwischen pH 5 und 9.

9.1.2. Hybridisierung im DNA-Überschuß

Wenn ein Überschuß denaturierter DNA (‚driver') mit geringen Mengen eines Nukleinsäureeinzelstranges (‚tracer') reagiert, hängt die Rate der ‚driver-tracer'-Hybridisierung von der Rate der Abnahme einzelsträngiger ‚driver'-DNA ab. Diese ist unabhängig von der ‚tracer'-Reaktion, da die mit der ‚tracer'-Sequenz hybridisierte DNA die Gesamtkonzentration einzelsträngiger ‚driver'-DNA nicht signifikant beeinflußt, folgt also Gleichung 9.2 (S. 161) und erlaubt demnach die Bestimmung der Repetitionsfrequenz der der ‚tracer'-Sequenz komplementären DNA-Sequenz.

Es muß allerdings betont werden, daß eine erhebliche Zahl von Unsicherheitsfaktoren die exakte Kalkulation beeinflussen. So hat SMITH (1976) deutlich gemacht, daß anhand der in DNA-Überschuß-Hybridisierungen gewonnenen Daten über die Zahl der den variablen Anteil des Immunoglobulins kodierenden Gene eine saubere Unterscheidung zwischen den Alternativen 3 Gene oder 20 Gene nicht möglich ist.

Wird in Gleichung 9.2 (S. 161) $N = 0{,}44$ gesetzt, kann die Kapazität der verbleibenden Einzelstrangregionen, mit den ‚tracer'-Molekülen zu reassoziieren, in guter Annäherung beschrieben werden. Wenn die Reassoziationsraten der ‚driver-tracer'-Reaktion (k_t) und der ,driver-driver'-Reaktion (k_d) unterschiedlich sind, wird (nach PEARSON et al., 1977) die Fraktion der nichtreassoziierten ,tracer'-Sequenz als Funktion von Cot beschrieben durch

$$f_i \exp \frac{K_t[1 - (1 + k_d \mathrm{Cot})^{1-N}]}{k_d(1 - N)} \tag{9.8}$$

Als ,tracer' in dieser Reaktion wird (a) radioaktive DNA (cDNA oder isolierte DNA-Sequenzen) und (b) radioaktive RNA verwandt.

DNA · DNA-Reaktion. Die Isolation einer Anzahl von mRNAs und deren Transkription in cDNA (s. S. 146) hat es erlaubt, die Anzahl der entsprechenden Gene in verschiedenen Organismen zu bestimmen. Hervorzuheben ist der mittels dieser Technik erbrachte Nachweis, das bestimmte — aber nicht alle — Formen der Thalassämie ihre Ursache im Fehlen (bzw. in einer partiellen Deletion) des Gens für α-Globin-mRNA haben (z. B. OTTOLENGHI et al., 1974). Die Kinetik der Reassoziation eines DNA-,tracers' mit ,driver'-DNA im Überschuß wird meist mit Hilfe einzelstrangspezifischer Nukleasen (vornehmlich S1 aus *Aspergillus*, s. S. 194) gemessen und folgt dann Gleichung 9.2 (S. 161) mit $N = 0{,}44$. In Reaktionen mit cDNA im Überschuß wird das Produkt aus DNA-Konzentrationen und Zeit gelegentlich als Dot (im Gegensatz zu Cot und Rot, s. S. 161 und 170) bezeichnet.

Für Hybridisierungsexperimente ist die Verwendung von cDNA, die die volle Länge der Matrizen-RNA repräsentiert, unbedingt zu bevorzugen: (a) die Hybriden sind stabiler (vgl. S. 164); (b) in Reassoziationsexperimenten ergeben sich niedrigere $\mathrm{Cot}_{1/2}$-Werte (da $k \sim L^{0,5}$, vgl. S. 166); (c) in Sättigungsexperimenten geht mehr RNA in Hybriden ein, da (d) die volle Komplexität (und nicht nur die am poly(A)-Ende beginnende) erfaßt wird; (e) es reagiert ein wesentlich höherer Prozentsatz der eingesetzten cDNA (WEISS et al., 1976). Weitere Probleme bei der Synthese und Nutzung der cDNA werden an anderen Stellen beschrieben (s. S. 146 und WILLIAMSON, 1976).

DNA · RNA-Reaktion. Während für die Reassoziation von ,tracer'-DNA mit einem Überschuß an ,driver'-DNA eine gleiche Kinetik wie für die Reassoziation der ,driver'-DNA miteinander angenommen werden darf (siehe aber S. 175), ist diese Voraussetzung bei der Verwendung von RNA als ,tracer' nicht gegeben. Bereits MELLI et al. (1971) stellten fest, daß die DNA · RNA- gegenüber der DNA · DNA-Reaktion verzögert ist. Die Größe des Verzögerungsfaktors ist besonders stark von der Temperatur abhängig (BISHOP, 1972a; STRAUS und BONNER, 1972). Um dennoch Repetitionsfrequenzen in Annäherung sicher kalkulieren zu können, werden die gemessenen Werte mit denen einer Standardreaktion (MELLI et al., 1971, verwandten die Reassoziation komplementärer RNA [cRNA, s. S. 150] von *E. coli* im DNA-Überschuß) verglichen. Die Repetitionsfrequenz N ergibt sich dann nach

$$N = \frac{\mathrm{Cot}_{1/2}(E.\ coli\ \mathrm{cRNA})}{\mathrm{Cot}_{1/2}(\text{untersuchte RNA})} \times \frac{K\ (\text{untersuchte DNA})}{K(E.\ coli)} \tag{9.9}$$

Dabei ist K die Komplexität (s. S. 160 und 162). Reaktionen von RNA-Spezies mit bekannter Repetitionsfrequenz können ebenfalls zur Ermittlung von N herangezogen werden, wenn die Reassoziation der bekannten und der unbekannten RNA unter identischen Bedingungen ablaufen (s. S. 162). Das erfordert: in beiden Reaktionen sollten DNA und RNA annähernd gleich lang sein; der G + C-Gehalt beider RNA-Spezies sollte sich nicht stark unterscheiden; für beide Reaktionen muß die Bedingung des DNA-Überschusses erfüllt sein. Zwar sind Korrekturen für differierende Ionenbedingungen,

Längen und G + C-Gehalte möglich (s. Abschnitt 9.1.1.2.), doch sind einmal diese Korrekturen selbst mit Unsicherheiten behaftet, zum anderen erfüllen beide Reaktionen dann selten die Forderung nach identischem Reassoziationskriterium.

Daß die Bedingung „DNA-Überschuß" bei der Analyse von Säugergenomen nicht leicht zu erfüllen ist, illustriert folgendes Beispiel: In einem Säugergenom von 6×10^9 NTP liegt eine 600 NT lange, mRNA-kodierende Sequenz nur einmal vor. Um das nachzuweisen, soll die mRNA (spez. Akt. 10^7 cpm/µg) im DNA-Überschuß (20fach) hybridisiert werden, wobei für einen Meßpunkt 500 cpm zu veranschlagen sind. Unter Berücksichtigung der Tatsache, daß in die Rechnung nur der kodogene Strang einbezogen werden kann, errechnen sich 20 mg Gesamt-DNA pro Meßpunkt. In einem identischen Versuch mit *Drosophila*-DNA (ca. $1{,}5 \times 10^8$ NTP/haploides Genom) würde man dagegen nur etwa 0,5 mg DNA pro Meßpunkt benötigen.

Eine sorgfältige Untersuchung der Kinetik der DNA · RNA-Reassoziation im DNA-Überschuß (GALAU et al., 1977) hat ergeben, daß die Reaktion nicht, wie z. B. in Gleichung (9.9) vorausgesetzt, einer idealen Kinetik 2. Ordnung folgt, sondern der Funktion 9.8 (S. 169). N wird gleich 0,44 gesetzt und k_d (bei Messung der DNA · DNA-Reassoziation mittels HAP) separat nach Gleichung 9.1 (S. 160) ermittelt. Solcherweise ausgewertete Experimente ergaben, daß unter Standardbedingungen (0,12 M PB, 60 °C, Fragmentlänge 300—800 NT) und einem Verhältnis DNA/RNA > 150 die Reassoziationsrate der DNA · RNA-Reaktion gegenüber der der DNA · DNA-Reaktion 3—4,5-fach niedriger ist. Dieselbe Feststellung trifft für pseudomonomolekulare Reaktionen mit RNA als ‚tracer' und einem DNA-Einzelstrang als ‚driver' zu, nicht jedoch für Reaktionen im RNA-Überschuß (GALAU et al., 1977).

9.1.3. Hybridisierung im RNA-Überschuß

Wird DNA in Anwesenheit eines Überschusses komplementärer RNA reassoziiert, folgt die Reaktion praktisch einer Kinetik 1. Ordnung (pseudomonomolekulare Reaktion), da die RNA keine Eigenreaktion eingeht und ihre Konzentration im Reaktionsverlauf unverändert bleibt[1]). Wenn C = Konzentration unreassoziierter DNA zur Zeit t und C_0 = Anfangskonzentration der Einzelstrang-DNA,

$$\text{dann ist } \frac{C}{C_0} = e^{-k \times \mathrm{Rot}} \tag{9.10}$$

Rot (auch Crot oder Crt oder RNA Cot) ist das Produkt aus RNA-Konzentration (in Mol/l) und Zeit (in sec), k die Reaktionskonstante der pseudomonomolekularen Reaktion. Ist die Hälfte der Reaktion abgelaufen, ergibt sich die Beziehung

$$k = 0{,}69/\mathrm{Rot}_{1/2} \tag{9.11}$$

Bei logarithmischer Auftragung von Rot markieren die Schnittpunkte einer durch den Kurvenanstieg gelegten Geraden etwa 1,5-log-Einheiten. Leichte Abweichungen bei Ein-Komponenten-Reaktionen sind wahrscheinlich auf Größenheterogenität der DNA zurückzuführen. Überstreicht die Kurve einen wesentlich größeren log-Bereich, liegen mehrere Sequenzen in unterschiedlicher Konzentration vor. In einem Sequenz-

---

[1]) Nach GALAU et al. (1977) gibt es keine signifikanten Unterschiede in den Reaktionskonstanten pseudomonomolekularer RNA · DNA- und DNA · DNA-Reaktionen.

gemisch ist die Hybridisierungsrate jeder DNA-Sequenz proportional der Konzentration der komplementären RNA und demzufolge nach Gleichung 9.11 umgekehrt proportional dem $Rot_{1/2}$-Wert. Sequenzen gleicher Länge und Konzentration bilden eine Häufigkeitsklasse (‚abundance class') und reagieren als einheitliche Komponente, deren $Rot_{1/2}$-Wert der Komplexität der RNA proportional ist. Wenn z. B. eine saubere mRNA-Präparation mit der entsprechenden komplementären DNA reassoziiert, müssen kalkulierte Komplexität und Molekulargewicht übereinstimmen. Eine solche Reaktion liefert den Bezugswert für die Kalkulation der Komplexität von unbekannten RNA-Molekülen bzw. RNA-Populationen nach der Beziehung (vgl. die analoge Beziehung auf S. 162)

$$K^X_{RNA} = Rot^X_{1/2} \times K^{Ref.}_{RNA}/Rot^{Ref.}_{1/2} \qquad (9.12)$$

$Rot_{1/2}$ für die Reaktion von Globin-mRNA (etwa äquimolare Mischung aus mRNA für α- und β-Kette) ist 6×10^{-4} in 0,24 M PB und entspricht einer Komplexität von 4×10^5 D (Bishop et al., 1974). Die Komplexität in Dalton einer unbekannten RNA ergibt sich dann aus $Rot^X_{1/2} \times 4 \cdot 10^5/6 \cdot 10^{-4}$, wenn die Reaktion nur eine Komponente enthält. Andernfalls muß $Rot_{1/2}$(pure), kalkuliert analog zu $Cot_{1/2}$(pure) (s. S. 162), eingesetzt werden. Es gibt zwei wesentliche Varianten der RNA-Überschuß-Reassoziation:

Reassoziation radioaktiver unikaler DNA mit RNA im Überschuß.

Die Reaktion wird bis zur Erreichung des Sättigungsplateaus verfolgt. Der Prozentsatz hybridisierter unikaler DNA ist dann ein Maß für die Komplexität der untersuchten RNA nach

$$K_{RNA} = K_{unik.DNA} \times \%\text{hybrid. DNA}/100. \qquad (9.13)$$

Ist die durchschnittliche Größe (in Dalton oder NT) der RNA bekannt, läßt sich näherungsweise die Zahl verschiedener RNA-Spezies und damit die Zahl der transkriptionsaktiven Strukturgene (bei Verwendung von cytoplasmatischer mRNA) bzw. transkriptionsaktiven DNA-Sequenzen überhaupt (bei Verwendung von HnRNA) nach K_{RNA} dividiert durch das durchschnittliche Molekulargewicht der eingesetzten RNA bestimmen.

Der prozentuale Anteil der diese Reaktion bestimmenden RNA-Sequenzen kann mit Hilfe der ermittelten Komplexität und der Reassoziationsrate eines Standards (s. o.) bestimmt werden (vgl. Galau et al., 1974), u. z. durch Vergleich des nach Beziehung (9.12) errechneten theoretischen $Rot_{1/2}$-Wertes (für Konzentration 100%) und dem gemessenen $Rot_{1/2}$-Wert.

$$\%RNA = Rot_{1/2}(\text{kalkuliert})/Rot_{1/2}(\text{gemessen}) \times 100 \qquad (9.14)$$

Bei unterschiedlicher Länge der reagierenden DNA in zwei zu vergleichenden Reaktionen muß der $Rot_{1/2}$-Wert entsprechend korrigiert werden (Young et al., 1974; s. S. 166), ebenso, wenn bei unterschiedlichen Ionenstärken inkubiert wurde (s. S. 165).

Die Methode birgt folgende Schwierigkeiten und Probleme: (a) Sie beschränkt sich auf die Verwendung unikaler DNA, da repetitive Sequenzen aufgrund ihrer oft geringen Sequenzunterschiede auch mit von ähnlichen, aber nicht identischen Sequenzen transkribierter RNA hybridisieren; (b) bei vielen Eukaryoten liegt der Prozentsatz der hybridisierten unikalen DNA weit unter 10%, so daß exakte Werte schwer zu erhalten sind; (c) RNA-Spezies geringer Komplexität, aber hoher Konzentration in der Zelle werden übersehen; (d) die Bedingungen des RNA-Überschusses sind für seltene RNA-Spezies oft nicht erfüllt; (e) methodischerseits muß die RNA absolut frei von DNA sein, eine evtl. DNA-DNA-Reassoziation berücksichtigt und der evtl. Abbau der RNA während sehr langer Inkubationszeiten geprüft werden.

Reassoziation radioaktiver cDNA (erhalten durch Transkription von Poly(A)$^+$-RNA mit Revertase oder DNA-Polymerase, s. S. 146) *mit* eben dieser *poly(A)$^+$-RNA im Überschuß*. Hier erreicht die Reaktion Plateau-Werte von 75—95%. Da der Prozentsatz der einer jeden RNA-Sequenz komplementären cDNA eine Funktion der relativen Konzentration dieser Sequenz ist, tragen RNAs geringer Komplexität und hoher Konzentration am stärksten zur Reaktion bei.

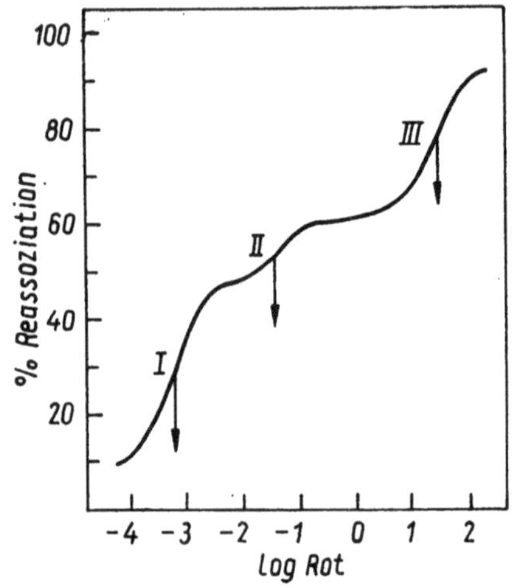

Abb. 9.2. Hybridisierungskinetik von poly(A)$^+$-RNA aus Polysomen des Hühnereileiters mit komplementärer DNA. Die Kurve repräsentiert die mittels eines Rechners ermittelte beste Anpassung an die (nicht dargestellten) Meßpunkte (nach AXEL et al., 1976). Weitere Erläuterungen und Auswertung s. Text und Tab. 9.2.

Tabelle 9.2

Häufigkeitsklassen von mRNA aus dem Eileiter des Huhns (nach AXEL et al., 1976).

Komponente	Prozent hybridisierte cDNA	$Rot_{1/2}$	$Rot_{1/2}$(pure)	Anzahl unterschiedl. Sequenzen	Kopien pro Zelle
I	50	$1{,}5 \times 10^{-3}$	$7{,}5 \times 10^{-4}$	1	100000
II	15	4×10^{-2}	6×10^{-3}	8	3750
III	35	30	10,5	14000	5

Die Reaktion ermöglicht demzufolge die Bestimmung der relativen und absoluten (s. u.) Konzentration von RNA-Populationen annähernd gleicher Komplexität und einer bestimmten RNA (sofern nicht andere RNAs gleicher Komplexität in ebenfalls gut meßbaren Konzentrationen vorliegen) in Zellen eines Gewebes in verschiedenen funktionellen Phasen oder in Zellen verschiedener Gewebe. Die Art der Kalkulation soll durch folgendes Beispiel veranschaulicht werden (nach AXEL et al., 1976). 50% des von den Mukosa-Zellen des Eileiters legender Hennen synthetisierten Proteins ist Ovalbumin. Wird cDNA mit ihrer Matrize, nämlich poly(A)$^+$-RNA aus Ovidukt-Zellen, reassoziiert, ergibt sich der in Abb. 9.2. gezeigte komplexe Reaktionsverlauf. Mittels eines Rechnerprogrammes (BISHOP et al., 1974) wurden $Rot_{1/2}$ und Anteil an der Gesamtreaktion für die 3 deutlich erkennbaren Häufigkeitsklassen ermittelt (Tab. 9.2.). Aufgrund des Molekulargewichts der Ovalbumin-mRNA (6×10^5), des $Rot_{1/2}$ der Reaktion $mRNA_{ov}$-$cDNA_{ov}$ und des Anteils neusynthetisierten Ovalbumins an der Gesamtprotein-Synthese (s. o.) konnte gefolgert werden, daß Komponente I die Reaktion von Ovalbumin mRNA repräsentiert. $Rot_1/_2$(pure) der Komponente I kann deshalb der Komplexität 6×10^5 gleichgesetzt werden. Die Komplexitäten der Komponenten II und III ergeben sich dann nach Beziehung 9.12, S. 171. Legt man ein durchschnittliches Molekulargewicht der verwandten poly(A)$^+$-RNA von 6×10^5 (ermittelt aus Zentrifugationsexperimenten) zugrunde, läßt sich die Zahl der verschiedenen Sequenzen ermitteln. Die Kalkulation der Kopien pro Zelle setzt die Kenntnis des RNA-Gehalts pro Zelle, des Prozentanteils der poly(A)$^+$-RNA und deren durchschnittlichen Größe (minus poly(A)-Anteil) voraus. Aus diesen Werten läßt sich die Zahl der poly(A)$^+$-RNA-Moleküle errechnen. Die Kopiezahl pro Zelle für jede einzelne Komponente ergibt sich dann nach

$$\text{Kopien pro Zelle} = \frac{\text{Anzahl poly(A)}^+\text{RNA-Moleküle pro Zelle} \times \%\text{cDNA}}{\text{Zahl der Sequenzen}} \qquad (9.15)$$

Die wesentlichen Nachteile dieser Methode sind: (a) die Bestimmung der Gesamtzahl unterschiedlicher Messenger ist mit einer relativ hohen Unsicherheit behaftet. Einmal trägt RNA hoher Sequenzkomplexität und niedriger Konzentration wenig zur Reaktion bei und kann übersehen werden. Zum anderen hängt die Bestimmung nahezu ausschließlich vom ermittelten %-Anteil und (evtl. verschiedentlich korrigierten) $Rot_{1/2}$-Wert der komplexesten Komponente und der Extrapolation ihrer Komplexität aus dem Vergleich mit $Rot_{1/2}$ einer Standardreaktion über 3—4 Zehnerpotenzen hinweg ab; (b) es ist unklar, inwieweit eine von einer Gesamtpopulation von RNA transkribierte cDNA diese Population wirklich in bezug auf Konzentration und Komplexität aller Sequenzen exakt widerspiegelt[1]); (c) die Methode ist üblicherweise[2]) auf poly(A)-haltige RNA beschränkt, die nicht die gesamte mRNA repräsentiert; (d) bei Fehlen eines echten RNA-Überschusses (RNA:cDNA < 10) erhöhen sich die $Rot_{1/2}$-Werte (bis etwa 30% bei einem Verhältnis von 1:1; Young und Paul, 1973) und es kommt zu einer Unterbestimmung des Sequenzanteils der untersuchten Probe; (e) methodischerseits bestehen die gleichen Probleme, wie bei der Verwendung von unikaler DNA beschrieben (s. S. 172).

Trotz der aufgezeigten unterschiedlichen Schwächen beider Methoden sind in einigen Systemen sehr ähnliche Resultate mit beiden Verfahren erzielt worden (z. B. Axel et al., 1976; Hereford and Rosbash, 1977).

9.1.4. Hybridisierung mit geringem Überschuß eines Reaktionspartners

Sind in einer Reassoziationsreaktion mit zellulärer DNA die in die Reaktion eingehenden Sequenzen gegenüber der radioaktiven Probe nicht in großem Überschuß vorhanden, werden die radioaktive Sequenz und der ihr sequenzidentische Minus-

---

[1]) Dieser Nachteil kann durch Gewinnung des Teils der unikalen DNA umgangen werden, der der Poly(A)$^+$-RNA komplementär ist (Hames and Perry, 1077).

[2]) Diese Einschränkung kann umgangen werden. Revertase transkribiert jede RNA, wenn ein geeigneter ‚primer' vorhanden ist. Die in vielen RNAs vorhandenen, internen G- oder C-reichen Sequenzen können mit komplementären Oligonukleotiden paaren und so die notwendigen, für die Initiation freien 3'-OH-Enden liefern. DNAse-verdaute Kalbsthymus-DNA kann ebenfalls als ‚primer' dienen (Taylor et al., 1976). Schließlich ist die Anheftung von AMP-Resten in vitro an das 3'-Ende von RNA mittels ATP:RNA-Adenyltransferase aus *E. coli* beschrieben worden (Devos et al., 1976, Hell et al., 1976).

Strang der Zell-DNA (m) um den komplementären Plus-Strang (p) kompetitieren. Reassoziationsrate und Sättigungswert der Reaktion hängen demzufolge vom Massenverhältnis Minus-Strang der Zell-DNA zu radioaktiver Probe und vom Verhältnis der Reassoziationskonstanten der beiden kompetitierenden Reaktionen ab. Wird von der Voraussetzung ausgegangen, daß in einer cDNA · DNA-Reassoziation beide Reassoziationskonstanten gleich sind, können sowohl die kinetische Komplexität der cDNA (K_{cDNA}) als die Zahl der ihr komplementären Gene relativ einfach bestimmt werden. Die Reaktion erfolgt vorteilhafterweise bei geringem (2—8fach) Überschuß an cDNA.

Nach BISHOP und FREEMAN (1975) gelten folgende Beziehungen. Der Anteil der nach Abschluß der Reaktion hybridisierten cDNA (x) ist vom Verhältnis eingesetzter cDNA (D_0) zu Minus-Strang-DNA (m) abhängig. Daraus folgt $D_0/m = x \times D_0/(p - x \times D_0)$ und, da in zellulärer DNA $m = p$,

$$p = \big(x/(1 - x)\big)\, D_0 \qquad (9.16)$$

Um verschiedene Reaktionen vergleichen zu können, wird der relative Anteil an Plus-Strang pro in die Reaktion eingehende Gesamt-DNA (C_0) bestimmt, also p/C_0. Die Länge des Plusstranges in Dalton im haploiden Genom (L_p) ergibt sich dann nach

$$L_p = K \times p/C_0 = Kx \times xD_0/(1 - x)\, C_0 \qquad (9.17)$$

wobei K die Sequenzkomplexität des Genoms des untersuchten Organismus in Dalton ist. Die Kinetik von Reassoziationen in mäßigem Überschuß wird nach BISHOP (Gleichung 9b in BISHOP, 1972) beschrieben durch

$$k_{cDNA} = 2{,}3 \log (2 - x)/D_0t_{1/2} \qquad (9.18)$$

Da nach Gleichung 9.3 (S. 162) die Reassoziationskonstante k proportional der kinetischen Komplexität K ist, gilt $K_{cDNA} = K_{Ref.} \times k_{Ref.}/k_{cDNA}$ und, nach Einsatz in Gleichung 9.18,

$$K_{cDNA} = K_{Ref.} \times k_{Ref.} \times \mathrm{Do}t_{1/2}/2.3 \log (2 - x) \qquad (9.19)$$

Nach experimenteller Bestimmung des Molekulargewichts der cDNA ($M_{r,cDNA}$) gibt $K_{cDNA}/M_{r,cDNA}$ an, wieviel nicht kreuzhybridisierende mRNA-Moleküle von der Reversetase transkribiert wurden, L_p/K_{cDNA} die durchschnittliche Zahl von verschiedenen Molekülen und $L_p/M_{r,cDNA}$ die Gesamtzahl der Gene pro haploides Genom. Wurde ein absolut sauberer Messenger für die cDNA-Synthese benutzt, ist $K_{cDNA} = M_{r,cDNA}$.

Auf dem gleichen Prinzip basierende Ableitungen zur Bestimmung der Genzahl aus dem Sättigungswert sind von GAMBINO et al. (1974), ROSS et al. (1974) und PACKMAN et al. (1972) beschrieben worden.

Die Methode hat folgende Vorteile: (a) Die Menge der für ein Experiment benötigten Zell-DNA ist gering im Vergleich zu DNA-Überschuß-Reassoziationen; (b) eine geringe Veränderung der Genzahl führt zu einer starken Veränderung des Sättigungswertes, während dieselbe Änderung der Genzahl in der DNA-Überschuß-Reassoziation den $\mathrm{Co}t_{1/2}$-Wert nicht sicher nachweisbar verschiebt; (c) Kontaminationen beeinflussen die Reaktion bei sehr geringem cDNA-Überschuß wenig, treten aber bei Vergrößerung des Verhältnisses D_0/C_0 deutlich hervor, analog den Verhältnissen bei der Sättigungshybridisierung im RNA-Überschuß. Als Nachteile müssen genannt werden: (a) Die Voraussetzung identischer Reassoziationskonstanten für die beiden kompetitierenden Reaktionen ist für DNA · RNA-Reaktionen nicht gegeben (s. S. 169) und für cDNA-DNA-

Reaktionen fraglich (GAMBINO et al., 1974; SMITH 1976). Die Auswertung der Experimente wird dadurch sehr erschwert, ist aber dennoch möglich (vgl. STRAUS and BONNER, 1972; BISHOP, 1972; GAMBINO et al., 1974; YOUNG et al., 1974; MUTO, 1977). Wenn jedoch bei hohen Formamidkonzentrationen ($\geqq 70\%$) inkubiert wird, erfolgt keine DNA · DNA-Reassoziation (s. S. 164), und die Kinetik wird leicht interpretierbar. Dieses System verspricht große Vorteile trotz erniedrigter Reassoziationsrate (s. S. 164); (b) Im Gegensatz zur DNA-Überschuß-Reassoziation muß die spezifische Aktivität der radioaktiven Probe möglichst genau bekannt sein.

9.1.5. Filterhybridisierung

Eine gesonderte Darstellung der Filterhybridisierung durchbricht das bislang verwandte Einteilungsprinzip der Hybridisierungsreaktionen. Die Fixierung einer der reagierenden Sequenzen an eine Matrix bedingt jedoch sowohl Abweichungen im methodischen Vorgehen, als in der Reaktionskinetik, die eine getrennte Darstellung rechtfertigen. Die bereits dargelegten Parametereinflüsse (s. S. 162) gelten jedoch (mit den zu schildernden Ausnahmen) auch für Hybridisierungen mit filtergebundener DNA[1]).

Die Entwicklung der Filterhybridisierung durch GILLESPIE und SPIEGELMAN (s. GILLESPIE 1968, dort auch Beschreibungen früher angewandter Techniken) hat die Hybridisierung zu einem der meist gebrauchten Untersuchungsmethoden in der Molekularbiologie gemacht. Das Verfahren ist heute allerdings aufgrund schwerwiegender Nachteile, vor allem bei der Analyse eukaryotischer Nukleinsäuren, zugunsten der Hybridisierung in Lösung zurückgedrängt worden. Deshalb beschränkt sich die Behandlung auf wesentliche Aspekte.

Prinzipiell wird denaturierte DNA durch ein Nitrocellulosefilter filtriert und dabei gebunden. Der Hybridisierungspartner befindet sich in Lösung und kann sowohl DNA wie RNA sein. DNA-DNA-Reaktionen sind von FLAVELL et al. (1974a) genauer untersucht worden. Liegt die filtergebundene DNA im Überschuß vor, ergeben sich folgende Charakteristika: (a) Die Anfangsrate der Hybridisation (v_i) ist umgekehrt proportional der Lösungsmittelviskosität; (b) v_i ist annähernd proportional $M_r^{-0,5}$, ganz im Gegensatz zur Reassoziation in Lösung (s. S. 166); v_i ist unabhängig von der kinetischen Komplexität; (d) Schüttelung des Reaktionsgefäßes erhöht v_i. Diese Charakteristika weisen darauf hin, daß die Diffusion der in Lösung befindlichen Nukleinsäure hin zur komplementären, filtergebundenen Sequenz die Reaktionsgeschwindigkeit bestimmt. Maximale Hybridisierung wird deshalb gefördert durch Schüttelung, hohe Temperaturen, gut fragmentierte DNA usw. Befindet sich dagegen die DNA in Lösung im Überschuß, ergeben sich für die Reaktionskonstante k die für die DNA · DNA-Reassoziation bekannten Abhängigkeiten von der Komplexität der DNA und der Lösungsmittelviskosität (s. Abschnitt 9.1.1.). Demnach ist eine Bestimmung der kinetischen Komplexität von DNA (im Bereich 10^6—10^{10}D) auch mittels Filterhybridisierung möglich. Allerdings sind zwei Anomalien herauszustellen. Einmal ist k aus kaum verstandenen Gründen unabhängig vom Molekulargewicht der DNA in Lösung. Gleiches wurde für die analoge Reaktion mit RNA in Lösung gefunden (BIRNSTIEL et al., 1972). Zum anderen liegen die absoluten Reaktionskonstanten 7—10mal niedriger als für mittels Hydroxyapatit gemessene DNA · DNA-Reassoziationen in Lösung. Diese Aussage gilt gleichermaßen für die DNA · RNA-Filterhybridisierung. Dafür werden folgende Gründe verantwort-

[1]) Bindung von RNA an Filter ist beschrieben worden (SAXINGER et al., 1972; s. auch S. 207).

lich gemacht: (a) Nur ein Teil der gebundenen DNA ist für die Nukleationsreaktion verfügbar, so daß die zur Kalkulation benutzte DNA-Konzentration nicht korrekt ist; (b) die Bildung des stabilen Nukleationskomplexes (s. S. 161) ist durch die Filterbindung der DNA sterisch behindert. Eine quantitative Auswertung wird zusätzlich erschwert, da die viel schnellere Reassoziation der komplementären DNA in Lösung einerseits der Filterreaktion DNA entzieht und andererseits zur Hybridisierung von Reassoziationsprodukten mit freien Einzelstrangenden führt (Flavell et al., 1974b).

Hybridisierungen mit filtergebundener DNA und RNA im Überschuß erfolgen üblicherweise als Sättigungshybridisierungen (s. S. 200). Sie können aber auch zur Bestimmung der Komplexität einer RNA-Präparation herangezogen werden, da die Hybridisierungsrate proportional der RNA-Konzentration und umgekehrt proportional der Komplexität ist (Bishop, 1969; Birnstiel et al., 1972; s. auch S. 171). Sättigungshybridisierungen geben Auskunft über den Prozentanteil einer Sequenz am Genom und — sofern die analytischen Komplexitäten des Genoms und der hybridisierten RNA bekannt sind — über deren Repetitionsgrad. Sie verlangen jedoch eine extrem saubere RNA[1]), da bereits geringe Verunreinigungen durch Transkripte höher repetitiver DNA-Sequenzen den Plateauwert erheblich erhöhen können. Andererseits kann ein Teil der komplementären DNA aus verschiedenen Gründen nicht hybridisieren, so daß die Sättigungskurve zu niedrige Werte liefert. In Modellsystemen sind Werte für das Verhältnis komplementäre DNA zu Sättigungswert bis zu 2 gefunden worden (Bishop et al., 1969).

Reaktionen im Filtersystem mit RNA-Sequenz-Gemischen sind schwer oder nicht analysierbar. Ebenso liefern Transkripte mit repetitiven Anteilen nicht interpretierbare Ergebnisse. Da pro Filter nur relativ wenig DNA gebunden werden kann (maximal 200 μg pro Rundfilter mit 25 mm Durchmesser) und die Reaktionsgeschwindigkeit gegenüber Reassoziationen in Lösung stark verzögert ist (s. o.), sind Transkripte unikaler oder wenig repetitiver Sequenzen aus hochkomplexen Eukaryotengenomen ebenfalls nicht analysierbar. In den sechziger Jahren sehr häufig analysierte Reaktionen mit Kern-RNA und mRNA höherer Eukaryoten erfaßten demzufolge stets nur den höher repetitiven Sequenzanteil dieser Transkripte.

Die graphische Auswertung von Sättigungshybridisierungen kann auf verschiedene Weise erfolgen (Abb. 9.12). Bei Auftragung steigender RNA-Konzentrationen gegen den Prozentsatz hybridisierter RNA muß die Reaktion bis in den Sättigungsbereich verfolgt werden. Das erfordert meist sehr hohe RNA-Konzentrationen, erhöht den Einfluß kontaminierender Sequenzen und führt oft zu keinem echten Plateau. Auftragung der reziproken Werte führt zu einer Geraden, die die Y-Achse im reziproken Sättigungswert schneidet. Demzufolge kann dieser Wert extrapoliert werden. Diese Doppelreziprok-Auftragung, deren Anwendungsmöglichkeiten und Grenzen Bishop (1972b) ausführlich diskutiert hat, überbewertet allerdings stark die Meßwerte vom Beginn der Reaktion (Abb. 9.12b). Dagegen führt die Auftragung nach Scatchard (Abb. 9.12c) zu einer gleichmäßigen Bewertung der Daten (Marsh and McCarthy, 1973) und wird heute allgemein bevorzugt. Diese Art der Auftragung bringt auch für die Analyse von Kompetitionsexperimenten (s. u.) Vorteile (Gerbi, 1977).

Wenn RNA mit im Überschuß vorhandener, filtergebundener DNA hybridisiert, ist die Hybridisierungsrate (gemessen als Prozentsatz filtergebundener RNA in Abhängig-

---

[1]) Unterschiede in der Reinheit der verwendeten RNA sind sicher eine wesentliche Ursache der teilweise erheblich voneinander abweichenden Sättigungswerte z. B. für 18 + 28S-rRNA und 5S-rRNA, die in verschiedenen Laboratorien an einem Organismus bestimmt wurden.

keit von der Zeit) nur vom Repetitionsgrad der komplementären DNA abhängig, während genaue RNA-Konzentration und spezifische Aktivität die Messung nicht beeinflussen (PAGOULATOS und DARNELL, 1970). Das Verfahren ist jedoch durch die Hybridisierung in Lösung von RNA im DNA-Überschuß (s. Abschnitt 9.1.1.2.) verdrängt worden.

Kompetitionsexperimente im Filtersystem sind oft durchgeführt worden, um nachzuweisen, ob zwei Transkripte von einer DNA-Sequenz kodiert werden, oder inwieweit zwei RNA-Populationen identisch sind. Gesicherte Aussagen sind jedoch nur in Einkomponenten- oder Prokaryotensystemen zu gewinnen. Wesentliche Gründe hierfür sind (vgl. auch KENELL, 1971; BISHOP, 1972b; SMITH, 1973): (a) Aussagen sind nur im Sättigungsbereich möglich, dessen Erreichung RNA-Überschuß voraussetzt. Dieser ist in RNA-Populationen aus Eukaryoten selten für jede RNA-Spezies zu garantieren; (b) ebenso muß für jede Spezies eine ausreichende Kompetitor-Konzentration garantiert sein, da ungenügende Kompetitor-Konzentration von partieller Sequenzhomologie nicht unterschieden werden kann; (c) Transkripte, die ganz oder teilweise von repetitiven Sequenzen kodiert werden, können sehr stark kreuzhybridisieren; (c) Längere Moleküle (z. B. intakte rRNA) können bereits hybridisierte kürzere (z. B. rRNA-Bruchstücke) verdrängen, da ihre Hybriden stabiler sind (BECKMANN und DANIEL. 1974; vgl. auch S. 164). Allerdings dürfte während langer Reaktionszeiten bei hoher Temperatur dieser Effekt durch RNA-Abbau stark verringert werden.

Tragfähigere Aussagen über das Ausmaß der Identität verschiedener RNA-Populationen können durch die Analyse von Rot-Kurven (s. Abschnitt 9.1.1.3.) gewonnen werden (z. B. AXEL et al., 1976; GALAU et al., 1976; HASTIE und BISHOP, 1976; HEREFORD und ROSBASH, 1977; RYFFEL und MCCARTHY, 1975; YOUNG et al., 1976).

9.1.6. Hybridisierung von Nukleinsäuren in situ

Eine spezielle Variante der Nukleinsäurehybridisierung, die eine gesonderte Behandlung erfordert, ist die Hybridisierung in situ, d. h. mit DNA oder RNA in zytologischen Präparaten. Seit ihrer Entwicklung Ende der sechziger Jahre (GALL und PARDUE, 1969; JOHN et al., 1969; BUONGIORNI-NARDELLI und AMALDI, 1970) ist die in situ-Hybridisierung zu einer zentralen Methode der molekular orientierten Chromosomenforschung geworden. Methodik und experimentelle Resultate wurden in den vergangenen Jahren mehrfach zusammenfassend dargestellt (GALL und PARDUE, 1971; HENNIG, 1973; JONES, 1973; STEFFENSEN und WIMBER, 1972; WIMBER und STEFFENSEN, 1974; PARDUE und GALL, 1975; WOBUS, 1976; HENNIG, 1976). Eine sorgfältige kinetische Analyse der Reaktion ist erstmals von SZABO et al. (1975, 1977) unternommen worden. Dabei ergab sich eine weitgehende Übereinstimmung mit der Hybridisierung filtergebundener DNA (vgl. Abschnitt 9.1.5.). Alle dort diskutierten, die Reaktion beeinflussenden Faktoren sollten deshalb bei der Planung von in situ-Hybridisierungsexperimenten Beachtung finden.

Die in situ-Hybridisierung wird meist als RNA-Überschuß-Hybridisierung durchgeführt und folgt dann einer Kinetik 1. Ordnung (vgl. Abschnitt 9.1.3.). Allerdings hybridisiert bei Säuredenaturierung der DNA in den Chromosomen (s. Schritt 5, S. 121) nur 5—10% der vorhandenen, komplementären DNA. Die genauen Ursachen dieser geringen Hybridisierungseffizienz sind unklar, doch dürften an der DNA verbleibende chromosomale Proteine eine wichtige Rolle spielen (SZABO et al. 1977). Die geringe Nachweiseffizienz (zusammengesetzt aus autoradiographischer Effiziens und Hybridisierungseffizienz und definiert als Verhältnis zwischen der Zahl der beobachteten Silberkörner und der kalkulierten Zahl der radioaktiven Zerfälle für die Menge an Nukleinsäure, die der gesamten, komplementären DNA entspricht) und die geringe DNA-Konzentration pro Chromosomenort beschränkten den Anwendungsbereich der Methode nahezu ausschließlich auf die Lokalisation repetitiver Sequenzen. Abb. 9.3. erlaubt eine Abschätzung, ob ein geplantes Experiment unter gegebenen technischen Bedingungen ein Ergebnis liefert oder nicht.

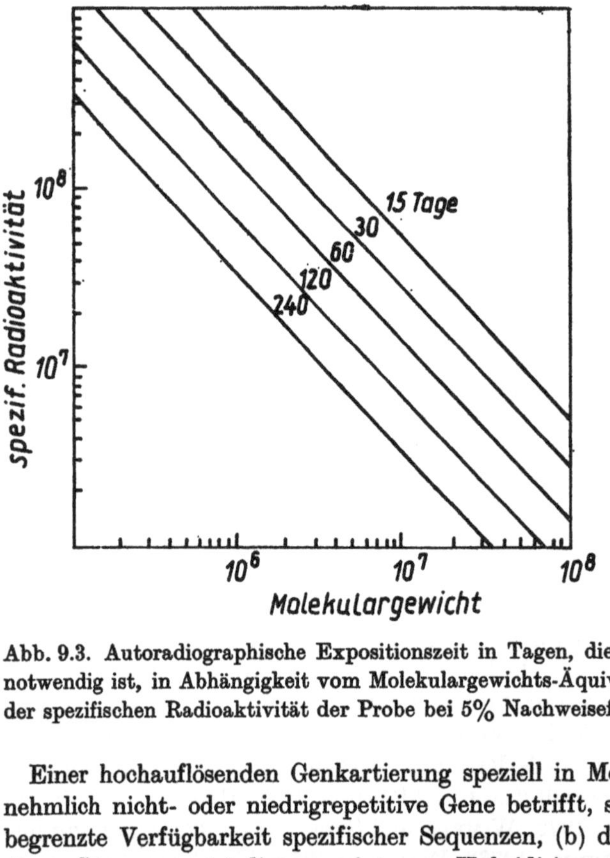

Abb. 9.3. Autoradiographische Expositionszeit in Tagen, die zur Erzeugung eines Silberkornes notwendig ist, in Abhängigkeit vom Molekulargewichts-Äquivalent eines Chromosomenortes und der spezifischen Radioaktivität der Probe bei 5% Nachweiseffizienz (nach Atwood et al., 1976).

Einer hochauflösenden Genkartierung speziell in Metaphasechromosomen, die vornehmlich nicht- oder niedrigrepetitive Gene betrifft, standen bislang entgegen (a) die begrenzte Verfügbarkeit spezifischer Sequenzen, (b) die meist ungenügende Reinheit dieser Sequenzen, (c) die zu geringe pro Hybridisierungsort gebundene Radioaktivität und (d) die geringe zytologische Auflösung bei der Festlegung des hybridisierten Chromosomenabschnittes. Die neuentwickelten Methoden zur Klonierung eukaryotischer DNA in Bakterien (Übersichten bei Sinsheimer, 1977 und Vosberg, 1977) überwinden die unter (a) bis (c) genannten Begrenzungen und eröffnen ein weites Feld des Experimentierens. Die ständig steigende Zahl isolierter mRNAs liefert das Material zur in vitro-Synthese komplementärer DNA, die nachfolgend in Vektoren eingebaut wird. Selektierte und gut charakterisierte Klone liefern dann Hybridisierungsproben hoher spezifischer Radioaktivität und großer Reinheit. Klonierte DNA-Sequenzen unbekannter Funktion können zunehmend in kombinierten Transkriptions-Translations-Systemen in vitro (Kronenberg et al., 1977) und in vivo (Oozyten-System: DeRobertis und Mertz, 1977) charakterisiert werden. Ein weiterer Vorteil der Nutzung von klonierter DNA ist die enorme Erhöhung der pro Chromosomenort gebundenen DNA (und damit Radioaktivität) durch (a) Hybridisierung beider DNA-Stränge, (b) Bildung von langen

Ketten hybridisierter Plus- und Minus-Stränge (Konkatenate), (c) Einbringung zusätzlicher Radioaktivität durch die kovalent gebundene Vektor-DNA und (d) Schaffung optimaler Hybridisierungsbedingungen, da die Proben in genügender Menge zur Verfügung stehen.

Eine weitere Möglichkeit in speziellen Fällen die Sensitivität der Methode zu erhöhen, stellt die Transkript-Hybridisierung dar. Dabei hybridisiert radioaktive DNA mit der noch am Syntheseort haftenden RNA (eine RNase-Vorbehandlung der Präparate muß selbstverständlich unterbleiben). Da ein transkriptionsaktives Gen stets mehrere RNA-Ketten unterschiedlicher Länge enthält, erhöht sich entsprechend die pro Gen hybridisierte DNA. Ferner ist es durch die gleichzeitige Anwendung der DNA-DNA- und RNA-DNA-Hybridisierung an Präparaten eines Gewebes möglich, zwischen transkriptionsaktiven und -inaktiven Genorten zu unterscheiden. Die Transkripthybridisierung ist bislang allerdings nur bei Lampenbürstenchromosomen erfolgreich eingesetzt worden (Pukkila, 1975; MacGregor und Andrews, 1977; Old et al., 1977).

Alle bisher genannten methodischen Varianten basieren auf dem autoradiographischen Nachweis der Hybriden. Zwei gänzlich andere Nachweisverfahren beruhen auf (a) dem mikroskopischen Nachweis fluoreszierender Antikörper (Rudkin und Stollar, 1977; Cheung et al., 1977) und (b) dem rasterelektronenoptischen Nachweis von Metakrylatkügelchen. Diese Kugeln sind an Avidin gekoppelt, das seinerseits mit an die hybridisierende RNA gekoppelten Biotin spezifisch reagiert (Manning et al., 1975). Da beide Methoden sehr aufwendig sind, dürften sie vorerst nur in Spezialfällen Anwendung finden.

Erhebliche Probleme bietet die Auswertung von in situ-Hybridisierungen. Hauptschwierigkeiten der qualitativen Auswertung ist die genaue Lokalisierung des Hybridisierungsortes. Für Säugerchromosomen hat es sich bewährt, die Chromosomen mit verschiedenen ‚banding' Techniken (meist Q-‚banding') vorzufärben, gute Metaphaseplatten zu fotografieren und die Fotos mit der Silberkornverteilung nach der Autoradiographie zu vergleichen (z. B. Gosden et al., 1975; Evans et al., 1974). Dieses Verfahren kann jedoch zu einer erniedrigten und variablen Hybridisierungseffizienz führen (Henderson et al., 1976). Die routinemäßige Nachfärbung der in situ-Präparate, speziell mit Giemsa (s. S. 212), liefert oft gute Bandenmuster und erleichtert somit ebenfalls die sichere Identifikation bestimmter Chromosomensegmente. Ist eine preferentielle Markierung einzelner Chromosomenabschnitte nicht unmittelbar ersichtlich, kann eine statistische Analyse der Silberkornverteilung (nach visueller Auszählung oder durch Computeranalyse der integrierten optischen Dichte der Silberkörner) solche Segmente hervortreten lassen (z. B. Steffensen und Wimber, 1972; Wieslander et al., 1975; Singh et al., 1977). Eine weitere Möglichkeit zur präziseren Lokalisierung ist die Nutzung von Translokationslinien mit Bruchpunkten im interessierenden Chromosomenbereich (Steffensen et al., 1975) oder die Analyse von Prophasechromosomen (z. B. Yunis und Sanchez, 1975).

Eine quantitative Auswertung begegnet den Hindernissen der quantitativen Autoradiographie (vgl. Dörmer, 1973), liefert aber unter streng standardisierten Bedingungen befriedigende Resultate (z. B. Szabo et al., 1977; Henikoff und Meselson, 1977).

Hybridisierungsreaktionen sind nicht absolut sequenzspezifisch. So kann die Lage jedes der drei hochrepetitiven DNA-Satelliten von *Drosophila virilis*, deren nur 7 Basenpaare umfassenden Grundeinheit sich in jeweils einer Position voneinander unterscheiden (Gall und Atherton, 1974), nicht durch in situ-Hybridisierung bestimmt werden, da alle miteinander kreuzhybridisieren (Blumenfeld et al., 1973). Dieses Beispiel zeigt eine der Grenzen der Methode auf, die bei der Interpretation der Ergebnisse stets in Betracht zu ziehen ist.

9.2. Experimentelle Protokolle

9.2.1. DNA · DNA-Reassoziation, gemessen im Spektralphotometer

Die photometrische Messung von DNA · DNA-Reassoziationen kann sowohl kontinuierlich als an Einzelproben (Bishop, 1972a) erfolgen. Die Methode eignet sich gut zur Komplexitätsbestimmung prokaryotischer (z. B. Gillis et al., 1970) und kleiner eukaryotischer Genome (bis ca. 10^{11}D) und zur Analyse isolierter, repetitiver Fraktionen eukaryotischer DNA. Sehr komplexe Genome verlangen Abänderungen des Standardverfahrens: (a) Einzelpunkt-Messung (Inkubation hoher DNA-Konzentrationen in Reaktionsgefäßen außerhalb des Photometers, Entnahme von Einzelproben, Verdünnung in z. B. 0,1 × SSC und Messung der Hyperchromizität); (b) Einbringung hoher DNA-Konzentrationen in 1-mm-Küvetten und Messung bei Wellenlängen unterhalb des Absorptionsmaximums (Britten et al., 1974); (c) Reassoziation in Tetraäthyl-Ammoniumchlorid unter Zusatz von Polymeren (dieses Lösungsmittelgemisch reduziert die Reassoziationszeiten um mehr als das Zehnfache; Wetmur, 1975) und (d) Analyse mittels der Phenol-Emulsionstechnik (PERT) von Kohne et al. (1977) mit mehr als tausendfach höheren Reassoziationsraten.

Bei der Versuchsplanung (vgl. Abschnitt 9.2.2.) sind alle in Abschnitt 9.1.1.1. behandelten Parametereinflüsse zu beachten. Wir wählen als Beispiel die Reassoziation von DNA aus *Escherichia coli.*

Spezielles Material

— DNA aus *Escherichia coli,* fragmentiert durch Ultraschall (s. S. 166) auf eine mittlere Länge von 350 NT, in 0,12 M PB; Konzentration = 10 A_{260}-Einheiten/ml
— verschließbare Quarzküvetten mit 1 mm Lichtweg
— kontinuierlich registrierendes Spektralphotometer mit thermostatisierbarem Küvettenhalter und Temperatur-Meßfühler (hier Unicam SP1800 + SP875 Temperatur-Programmgeber.)

Versuchsdurchführung

(1) DNA-Lösung und Referenzlösung (partikelfrei) werden mittels einer Glaspipette mit Teflonspitze in die Küvetten gefüllt, zur Entfernung von Luftblasen einem Unterdruck ausgesetzt und mit Paraffinöl (durch Kochen mit 0,12 M PB äquilibriert) überschichtet. Die Küvette darf nie ganz gefüllt sein (Küvettenbruch bei Erhitzung!). Der Stopfen wird mit Nagellack versiegelt.
(2) Nach nochmaliger Messung von A_{260} ($= A\infty$) wird durch Nullpunktverschiebung die Schreiberfeder auf die Nullinie des Registrierpapiers gebracht und der günstigste Meßbereich (hier 0—0,5) eingestellt.
(3) In einem externen Heizblock wird die DNA für 5 min bei 98 °C denaturiert.
(4) Die Probe wird schnell in den Küvettenhalter des Photometers gebracht und sofort mit der Registrierung begonnen. Die Registrierung wird solange fortgesetzt, bis kein Absorptionsabfall mehr erfolgt.
(5) Der Reassoziation folgt die Aufnahme einer Schmelzkurve. Dabei muß der bei der Denaturierung in Schritt 3 gemessene A_{260}-Wert wieder erreicht werden. Liegt der Wert höher, ist Flüssigkeit aus der Küvette verdampft, liegt er niedriger, enthielt die Lösung Partikel, die sich während der Reaktion auf dem Küvettenboden abgesetzt haben.

Auswertung

Für die Auswertung werden die Werte $A\infty$ (Absorption der nativen DNA bei Reassoziationstemperatur), A_0 (Absorption zu Beginn der Reassoziation) und A_t (Absorption zur Zeit t) benötigt. Die Festlegung von A_0 bzw. t_0 bereitet Schwierigkeiten, da auch Einzelstrang-DNA einen Absorptionsabfall bei Senkung der Temperatur (hier von 98 auf 60 °C) zeigt (Kollaps-Hypochromizität,) der von der Salzstärke und vom G + C-Gehalt abhängig ist (MARX, 1975). A_0 erhält man durch Multiplikation von $A_{98\,°C}$ (korrigiert für die thermische Expansion des Lösungsmittels. Tabelle z. B. bei MANDEL

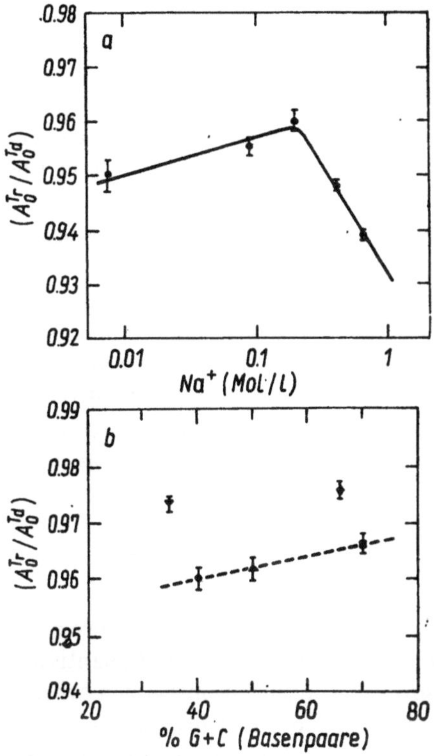

Abb. 9.4. Absorption (A_0) bei Reassoziationstemperatur (T_r) relativ zur Absorption bei Denaturierungstemperatur (T_d; T_d stets $= T_r + 40\,°C$) in Abwesenheit jeglicher Reassoziation 2. Ordnung (a) als Funktion der Na^+-Konzentration in äquimolarem Phosphatpuffer, pH 6,8 bzw. (b) als Funktion des G + C-Gehaltes der DNA. Die verschiedenen Zeichen symbolisieren DNA unterschiedlicher Herkunft, wobei die weit über der gestrichelten Linie liegenden Punkte Satelliten-DNA markieren (nach MARX, 1975).

und MARMUR, 1968) mit einem aus Abb. 9.4. entnehmbaren Korrekturfaktor $A_0{}^{Tr}/A_0{}^{Td}$. Andererseits kann der Reassoziationsbeginn (etwas willkürlich) auf $T_m - 10\,°C$ festgelegt werden. Der Zeitpunkt der Erreichung dieser Temperatur (also t_0) ist mit Hilfe einer EDTA-Lösung unter exakt simulierten Versuchsbedingungen bestimmbar. Die Absorption einer EDTA-Lösung zeigt eine lineare Abhängigkeit von der Temperatur. Eine Auftragung von $A_0 - A_\infty / A_t - A_\infty$ gegen t (oder Cot) nach WETMUR und DAVIDSON (1968) ermöglicht die Interpolation der frühen Meßwerte, so daß deren exakte Bestimmung weniger bedeutsam ist.

Im hier dargestellten Versuch ist (jeweils ausgedrückt in A_{260}-Einheiten) $A_\infty = 10$, $A_{98\,°C} = 13{,}68$, der Korrekturfaktor 0,962 und damit $A_0 = 13{,}16$. Die Cot-Berechnung kann auf folgenden Voraussetzungen basieren: Cot $= A_{260}$-Einheiten/ml $\times \frac{h}{2}$ (basiert auf einem molaren Extinktionskoeffizienten der DNA von 7200) oder 1 mg DNA/ml

$= 0{,}0031$ Mol/l oder 20 A_{260}-Einheiten/ml $= 1$ mg native DNA (bzw. in Abhängigkeit von der Hyperchromizität entsprechend weniger denaturierte DNA). Die Auswertung des Versuches mit einem auf Gleichung 9.1, S. 160, basierenden Rechnerprogramm ergibt folgende Werte: $Cot_{1/2} = 7{,}5$ (demzufolge $k = 0{,}133$ Mol/l $\times$ sec), Prozent reassoziierte DNA $= 89$ und Fehler der Anpassung (RMS) $= 0{,}018$.

Eine exakte Analyse eukaryotischer DNA, die mehrere Komponenten enthält, erfordert, daß die Reaktion nahezu ihren Endwert ($> 90\%$) erreicht hat. Bei der Bestimmung des prozentualen Anteils der Komponenten ergeben sich Fehler aus dem Einfluß des (meist unbekannten) G + C-Gehaltes einer Fraktion auf Hyperchromizität und Absorptionsmaximum (s. S. 163).

Anmerkungen

Schritt 1: Um gerätebedingte Verschiebungen der Nullinie während langer Registrierungen kontrollieren zu können, wird als Referenz eine 1 cm-Küvette mit einer Cytidin-Lösung in eine andere Position des Küvettenhalters gebracht.

Schritt 2: Die Absorption der DNA muß auch nach Denaturierung im linearen Absorptionsbereich des Photometers liegen.

Schritt 3: Die Denaturierung kann auch über die Aufnahme einer Schmelzkurve erfolgen. Dazu werden an einen Küvettenhalter zwei Wasserbäder angeschlossen. Mit einem Thermostaten wird die DNA geschmolzen, während mit Hilfe des zweiten nach erfolgter Denaturierung über einen Zweiwegehahn eine möglichst rasche Einstellung der Renaturierungstemperatur erfolgt.

Schritt 4: Bei sehr langen Reassoziationen ist eine Registrierung der Absorption in größeren Zeitabständen ausreichend, doch ist in diesem Fall eine Nullpunkt-Referenz unabdingbar (s. o.).

9.2.2. DNA · DNA-Reassoziation, gemessen durch Hydroxyapatitchromatographie (vgl. Kohne and Britten, 1971; Britten et al., 1974)

Hydroxyapatit eignet sich besonders gut zur Auswertung von Reassoziationsexperimenten: (a) Einzel- und Doppelstrang-Strukturen können gut getrennt und quantitativ gewonnen werden, (b) die Methode ist in einem großen Konzentrationsbereich arbeitsfähig; (c) sie erlaubt die Mitführung eines internen Standards und (d) benötigt keine speziellen Geräte (vgl. auch Abschnitt 3.2.4.). Es sollte jedoch nicht verkannt werden, daß für reproduzierbare Resultate sorgfältigste Standardisierung notwendig ist, da die Elutionscharakteristika durch verschiedenste Faktoren in komplizierter Weise beeinflußt werden (s. Martinson 1973a, b, c, d). Besonders erwähnenswert ist die steigende Affinität doppelsträngiger DNA mit zunehmender Länge (Wilson and Thomas, 1973) und abnehmendem G + C-Gehalt (Martinson, 1973d). Reassoziate mit Doppelstrangsegmenten $> 43-54$ NTP werden in 0,12 M Na-PB bei 60 °C quantitativ gebunden; die Länge von kovalent gebundenen Einzelstrangsegmenten scheint ohne wesentliche Bedeutung (Wilson and Thomas, 1973).

Neben dem hier beschriebenen Standardverfahren wird auch die Zentrifugationstechnik angewandt: Suspension des Hydroxyapatits in PB und Gewinnung der Lösung durch kurze, niedertourige Zentrifugation (vorzugsweise bei 60 °C). Verfahren zur quantitativen Analyse bei Raumtemperatur sind beschrieben worden (Goodman et al., 1973; Paetkau and Langman, 1975).

Wir wählen als Beispiel die Analyse der DNA aus Larven von *Chironomus thummi.*

Versuchsplanung

Die Genomgröße von *Chironomus thummi* beträgt ca. 9×10^{10} Dalton. Verwenden wir diesen Wert zunächst als kinetische Komplexität der DNA und wählen als Referenz *E. coli*-DNA ($K = 2{,}8 \times 10^9 D$; $Cot_{1/2}$, gemessen mittels HAP-Chromatographie, ca. 3,5), dann ergibt sich nach Gleichung 9.3 (S. 162) für die untersuchte DNA ein $Cot_{1/2}$-Wert zwischen 100 und 120 Mol × sec/l. Um die Reaktion möglichst vollständig zu erfassen, muß demzufolge bis Cot > 5000 inkubiert werden. Die Zeiten der Probeentnahme werden nach Cot = Mol/l × 60 × min × γ (γ = relative Reassoziationsrate, aus Tab. 9.1, S. 165, zu entnehmen) festgelegt. Für die verwendeten Proben ergibt sich: Probe a ($\gamma = 1$) 1,8 A_{260}-Einheiten/ml = 90 µg/ml = 0,00027 Mol/l (Umrechnungsfaktoren s. S. 182), Inkubationszeit (min) = (erwünschter) Cot/0,0162; Probe b ($\gamma = 4{,}9$) Inkubationszeit (*h*) = Cot/56,9.

Spezielles Material

- DNA (50—1000 µg DNA/ml) aus Larven von *Chironomus thummi*, isoliert nach Abschnitt 2.2.4.2., nach Alkoholfällung aufgenommen in 5 ml 0,3 M NaCl/0,01 M Na-acetat, pH 5,5/0,002% Na-azid, im Eisbad 10 min mit N_2 durchspült, mittels Ultraschall (s. S. 166) im Eisbad fragmentiert (12 × 10 sec mit 50 sec Pausen), chromatographiert auf einer Sephadex SP50-Säule (2,5 × 35 cm) mit nachgeschalteter Chelex-100 (BioRad)-Säule (0,8 × 10 cm) in obigem Puffer, ausgefällt mit Alkohol und aufgenommen in 0,12 M PB/0,1% SDS oder 0,4 M PB/0,1% SDS. Mittleres Einzelstrangmolekulargewicht nach alkalischer Sedimentationsanalyse (s. S. 167) 10^5, G + C-Gehalt 29%, T_m in 0,12 M PB 80 °C.
- PB = äquimolarer Na-phosphatpuffer, pH 6,8, hier stets 0,1% SDS enthaltend, in der Versuchsanleitung nur als PB abgekürzt.
- 5 ml Injektionsspritzen ohne Kolben, mit verschließbarem Auslaß, montiert in einer per Thermostat auf 57 °C (T_m—23 °C) gehaltenen Wanne.

Versuchsdurchführung

(1) Um die gesamte Cot-Kurve aufzunehmen, werden 2 Versuchsansätze benötigt. Ansatz a: je 0,9 ml DNA (1,8 A_{260}-Einheiten/ml) in 0,12 M PB werden in 5 säuregewaschene, hitzesterilisierte Glasröhrchen eingeschmolzen. Ansatz b: 450 µl DNA (21,5 A_{260}-Einheiten/ml) in 0,4 M PB werden in einem verschließbaren Reaktionsgefäß mit Paraffinöl (äquilibriert durch Aufkochen in 0,4 M PB) überschichtet.

(2) Denaturierung durch völliges Eintauchen in kochendes Wasser (Vermeidung von Kondensation) für 3 (Ansatz a) bzw. 5 (Ansatz b) min.

(3) Vorbereitung der HAP-Chromatographie: Einlage eines Glasfaserfilters in die Injektionsspritze, Zugabe von 0,12 PB bei geschlossenem Auslauf, Zugabe von HAP bis zur 1 ml-Marke, Durchlauf von 5 × 2 ml 0,12 PB, vorgewärmt auf 60 °C, Trockenlaufen der Säule kurz vor Probeaufgabe.

(4) Probeentnahme: Probe (a) nach 0,6; 6; 9,2; 31 und 62 min, Zugabe von 1,1 ml 0,12 PB (57 °C), mischen: Probe (b) Abnahme von je 75 µl mittels alkoholsterilisierter Injektionsspritze nach 14; 53 und 105 min und 9; 15,5 und 123 h und Injektion in 2 ml 0,12 PB (57 °C).

(5) Unmittelbare Aufgabe der Probe auf die Säule und — nach 2 min Temperaturäquilibrierung — Durchlauf und Sammlung.

(6) Spülung mit 3 × 2 ml 0,12 PB (57 °C) und Trockenlaufen nach jeder Spülung.

(7) Erhöhung der Wasserbad-Temperatur auf 98 °C. Nach Temperaturäquilibrierung Spülung mit 3 × 2 ml 0,12 PB (98 °C).

(8) Messung von A_{260}, wobei als Referenzlösung stets Eluate einer HAP-Säule dienen, die identisch, doch ohne DNA, beschickt und gespült wurde. Alle Proben und Referenzlösungen werden vor der Messung zentrifugiert (Sedimentation von oft in geringer Menge vorhandenem HAP). Bestimmt wird die Differenz $A_{260} - A_{320}$.

Auswertung

Die Bestimmung der Prozentanteile nichtreassoziierter DNA in jeder Probe erfolgt nach

$$\frac{A_{260}(\text{Durchlauf} + 57\,°\text{C-Spülungen}) \times \text{ml}}{A_{260}(57\,°\text{C-} + 98\,°\text{C-Spülungen}) \times \text{ml}} \times 100$$

Zur Cot-Wert-Berechnung s. o. Die kinetische Analyse erfolgt mit Hilfe eines Rechnerprogramms nach Gleichung 9.1 (S. 160). Die Ergebnisse zeigt Abb. 9.5. Die kinetische Komplexität der Hauptfraktion ergibt sich nach $K = \text{Cot}_{1/2} \times \alpha \times K_{E.coli}/\text{Cot}_{1/2,E.coli}$ (s. Gleichungen 9.3 und 9.5, S. 162; Referenzwerte von *E. coli* s. o.) $= 153 \times 0{,}74 \times 2{,}8 \times 10^9/3{,}5 = 90 \times 10^9$ und ihre Repetitionsfrequenz nach $N_i = 0{,}74 \times 90 \times 10^9/90 \times 10^9 = 0{,}74$ (s. Gleichung 9.4, S. 162). Demnach enthält das Genom von *C. thummi* wenigstens 75% unikale ($N_i = 1$) DNA. Diese Auswertung liefert, wie man sieht, nur Annäherungswerte, da weder der sehr schnell reassoziierende (ca. 7%) noch der am Ende der Reaktion nicht reassoziierte (ca. 5,5%) Anteil der DNA, noch der erhebliche G + C-Unterschied zwischen *C. thummi* und *E. coli*-DNA usw. berücksichtigt wurden. Eine genauere Analyse der repetitiven DNA kann nur nach deren Isolation erfolgen.

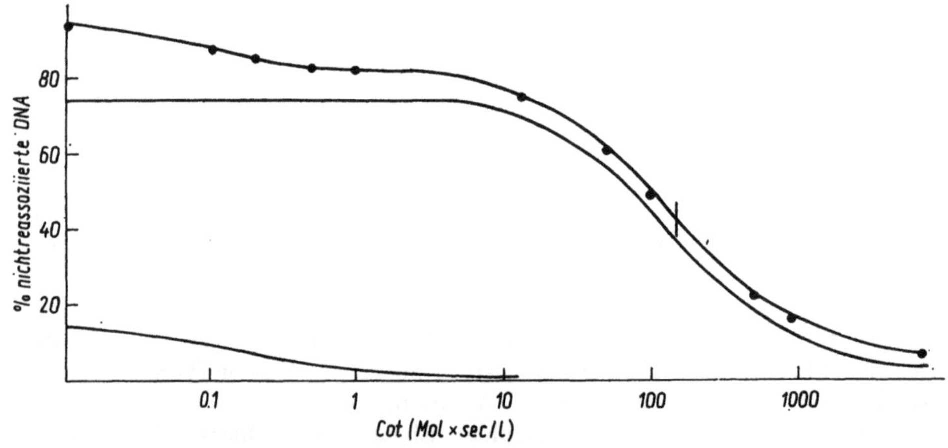

Abb. 9.5. Reassoziationskinetik von *Chironomus thummi*-DNA, gemessen durch Hydroxyapatit chromatographie.

Anmerkungen

Schritt 1: SSC setzt aufgrund des Zitratanteils die Bindungskapazität von HAP herab und sollte als Reassoziationspuffer hier nicht verwandt werden (betreffs EDTA s. S. 29).

Schritt 2: Liegt der T_m-Wert der DNA im Reassoziationspuffer bei ca. 90 °C oder darüber, muß die Denaturierung bei > 100 °C oder durch NaOH oder in Niedrigsalzpuffer erfolgen. In letzteren Fällen wird die gewünschte Na^+-Konzentration durch Pufferzugabe eingestellt (= Reaktionsbeginn).

Schritt 3: Nach MARTINSON und WAGENAAR (1974) wird durch Erhitzung des HAP in PB für 30 min in kochendem Wasser vor dem Versuch und/oder Verwendung von äquimolarem Kaliumphosphat-Puffer eine verbesserte Trennung zwischen Einzel- und Doppelstrang-DNA erreicht. Prinzipiell wird die Bindungsaffinität jedoch durch das Phosphatanion bestimmt. Chloride haben wenig Einfluß, so daß die Kationenkonzentration durch Zusatz von z. B. KCl oder NaCl variiert werden kann. — Das verwendete HAP muß ausführlich getestet sein (s. S. 27). Versuchsserien sollten stets mit der gleichen HAP-Charge durchgeführt werden. Um totale Absorption doppelsträngiger DNA zu garantieren, werden nicht mehr als 100 (—200) µg DNA/1 ml HAP verwandt. Jede HAP-Probe wird nur einmal benutzt. Bei der Analyse geringer Mengen radioaktiver DNA ist der Einschluß konstanter Mengen denaturierter und nativer, fragmentierter, heterologer Träger-DNA notwendig.

Schritt 4: Speziell bei Verwendung radioaktiver DNA muß eine Probe bei $t = 0$ entnommen werden, die sofort verdünnt und in HAP eingespritzt wird, um ein Fortschreiten der Reassoziation zu vermeiden. Der Prozentsatz gebundener DNA bei $t = 0$ (Nullpunkt-Bindung) wird bestimmt durch irreversibel gebundene DNA (s. S. 27), DNA mit Intrastrang-Homologien und sehr hoch repetitive DNA. Bei eukaryotischer DNA besteht eine sehr starke Abhängigkeit der Nullpunkt-Bindung von der Fragmentlänge.

Schritt 5: Soll die Analyse zu einem späteren Zeitpunkt erfolgen, werden die Proben nach Entnahme sofort in Alkohol/Trockeneis eingefroren. Abkühlung im Eisbad und langsames Einfrieren kann zu Aggregatbildung führen und damit die HAP-Analyse stören.

Schritt 7: Bei präparativen Arbeiten muß, bei analytischen Arbeiten kann Doppelstrang-DNA durch Erhöhung der PB-Molarität (üblicherweise auf 0,4—0,5 M) eluiert werden. Diese Methode erschwert jedoch speziell die optische Auswertung, da eine Hyperchromizitätskorrektur erfolgen sollte. Doch besitzen reassoziierte DNA-Fraktionen unterschiedliche und gewöhnlich unbekannte Hyperchromizitäten. Wird Radioaktivität direkt in den Eluaten gemessen, sind Löscheffekte (‚quenching') zu berücksichtigen.

Schritt 8: Neben der direkten Messung der Radioaktivität der Eluate (s. o.) kann die DNA auch mit TCE gefällt und dann gemessen werden (s. z. B. Abschnitt 9.2.8.).

9.2.3. Schmelzkurven von Hydroxyapatit-gebundenen Hybriden

Die bereits geschilderten Eigenschaften von Hydroxyapatit (s. 3.2.4. und 9.2.2.) ermöglichen die Messung der thermischen Stabilität von Nukleinsäuren. Obwohl sehr häufig angewandt und im Prinzip sehr einfach, bestehen erhebliche Fehlermöglichkeiten (siehe die grundlegenden Arbeiten von MARTINSON 1973a, b, und MARTINSON und WAGENAAR, 1973, auf die sich die folgenden Ausführungen vornehmlich stützen). Wesentlich ist die Abhängigkeit der Elutionsmolarität M_E (= Molarität, die 50% der DNA eluiert) von der Temperatur. Im Temperaturbereich, in dem gewöhnlich die thermische Elution erfolgt (60—100°C) fällt M_E rasch mit steigender Temperatur. Deshalb kann vor Erreichen von $T_{m,i}$ (= Temperatur, bei der 50% der DNA eine komplette Strangtrennung erfährt) native DNA eluiert werden, so daß die thermische Elutionstemperatur T_E (= Temperatur, bei der 50% der DNA eluiert werden) bestimmt wird, nicht aber $T_{m,i}$. Andererseits wird bei zu niedrigen PB-Molaritäten DNA bei Erreichen einer bestimmten Temperatur bereits denaturiert, nicht aber eluiert. Demnach existiert ein relativ enger Temperatur- und PB-Molaritäts-Bereich, in dem Denaturierung und Elution gleichzeitig erfolgen („Fenster"). Lage und Breite dieses Fensters hängen von mehreren Faktoren ab: Länge der DNA, G + C-Gehalt, HAP-Charge, HAP-Vorbehandlung, Molarität des Beladungspuffers, Elutionsverfahren, Versuchsdauer und Elutionsmolarität M_E. Für fragmentierte DNA mittleren G + C-Gehalts liegt die zur thermischen Elution meist gewählte PB-Konzentration von 0,12 M oft im Fensterbereich, doch ist es angebracht, diesen Nachweis für ein gegebenes experimentelles System zu erbringen.

Unter bestimmten, gut kontrollierten Versuchsbedingungen kann $T_{m,i}$ – gemessen an HAP – mit dem im Spektralphotometer gemessenen T_m-Wert identisch sein (z. B. KOHNE und BRITTEN, 1971), doch wird in beiden Fällen nicht dasselbe gemessen (s. S. 164), so daß – die vielen Parametereinflüsse hinzugenommen – differierende Werte nicht zu verwundern brauchen. Die beste Art, exakt vergleichbare $T_{m,i}$-Werte zu erhalten, ist der Einschluß eines internen Standards (je nach Versuch radioaktiv markiert oder unmarkiert), vorzugsweise von nativer DNA, wenn Reassoziations- oder Hybridisierungsprodukte untersucht werden. Bei der Planung und Auswertung von HAP-Schmelzkurven sind die in Abschnitt 9.2.2. gemachten Ausführungen zu berücksichtigen.

Wir beschreiben die Analyse reassoziierter, repetitiver DNA von *Vicia faba*. In die Reaktion ist DNA aus 2 Linien, die sich in ihrem Karyotyp unterscheiden, eingeschlossen.

Spezielles Material

- DNA aus *Vicia faba*, isoliert nach Abschnitt 2.2.1. 270 µg nichtradioaktive DNA des Karyotyps BKH + 1,5 µg ^{3}H-DNA des Karyotyps EF (mit ^{3}H-Thymidin in vivo markiert, spez. Radioaktivität 5400 cpm/µg) in 300 µl 0,12 PB werden bei 61 °C bis Cot 100 reassoziiert.
- Hydroxyapatit, hergestellt und getestet entsprechend Abschnitt 2.2.4.1.
- temperierbare Säule mit Temperaturmeßfühler (Abb. 9.6.)
- 0,12 PB, hier stets 0,1% SDS enthaltend (s. S. 183).

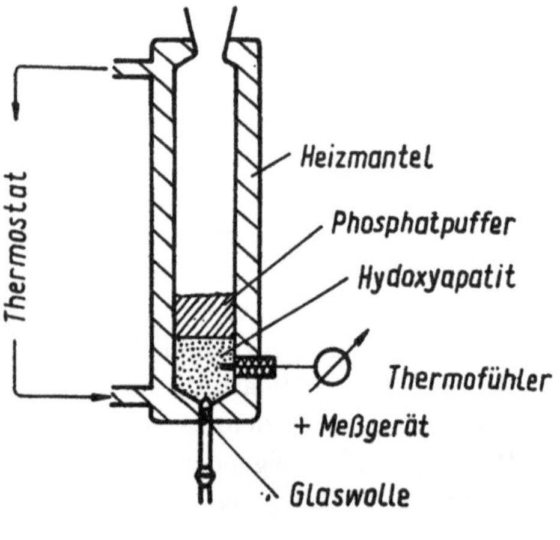

Abb. 9.6. Versuchsanordnung zur Messung der thermischen Denaturierung Hydroxyapatit-gebundener DNA.

Versuchsdurchführung

(1) Der Reassoziationsansatz wird durch Zugabe von 3 ml 0,12 PB verdünnt und auf eine 61 °C-Säule mit 2 cm³ HAP gegeben (s. Schritte 3 und 5, S. 183).
(2) Spülung der Säule mit 4 × 3 ml 0,12 PB (vorgewärmt auf 61 °C), wobei diese stets trocken läuft. 68,5% der DNA bleiben gebunden.
(3) Erhöhung der Temperatur in 3 °C-Schritten bis 100 °C und – nach Äquilibrierung für 10 min – Elution entsprechend Schritt 2 mit entsprechend vorgewärmtem 0,12 PB.

(4) Elution mit 0,48 PB zwecks Entfernung evtl. noch verbliebener DNA.
(5) Messung von A_{260} der Eluate entsprechend Schritt 8, S. 184.
(6) 1,5 ml jedes Eluats wird mit 15 ml PT12-Szintillator (s. S. 95) versetzt und im Flüssigkeitsszintillationszähler gemessen.

Auswertung

Die Meßwerte der Proben für jede Temperatur werden summiert (bei Volumendifferenzen muß korrigiert werden) und die Werte als Prozent der Gesamtsumme direkt (= 1. Ableitung) oder als Summationskurve aufgetragen (Abb. 9.7.). Es ergibt sich für die homologe Reaktion (A_{260}-Werte) ein $T_{m,t}$-Wert von 79,5 °C, für die heterologe Reaktion (^{3}H-Werte) von 78,3 °C. Die Werte aus 4 Versuchen schwanken von 78,7 bis 80,7 °C für die Homoduplexe und von 78,3 bis 78,8 °C für die Heteroduplexe. Wahrscheinlich beruht die größere Schwankungsbreite der Homoduplex-Werte auf größeren Ungenauigkeiten bei der optischen Auswertung. Der Unterschied kann erst dann als signifikant angesehen werden, wenn er sich im umgekehrten Versuch mit radioaktiver BKH-DNA und nichtradioaktiver EF-DNA bestätigen läßt.

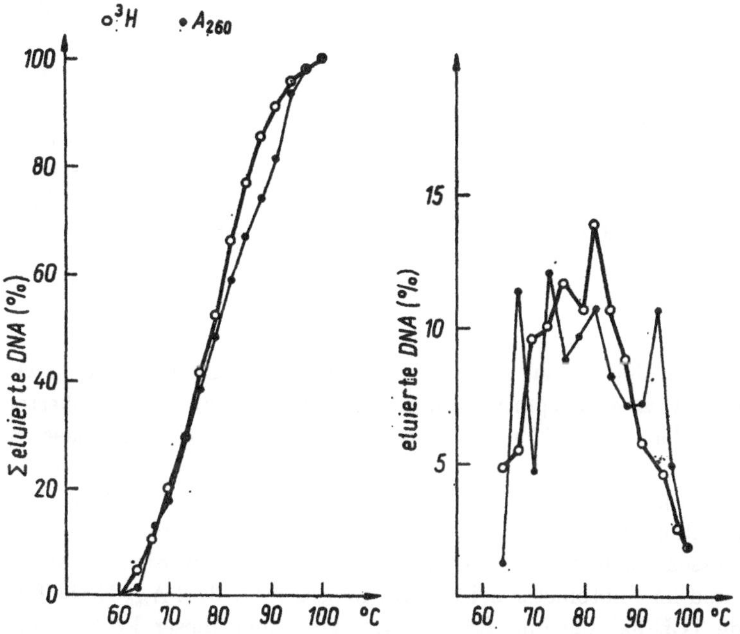

Abb. 9.7. Hydroxyapatit-Schmelzkurven reassoziierter (Cot 100) homologer und heterologer Hybriden von DNA zweier *Vicia faba*-Linien unterschiedlichen Karyotyps.

Anmerkungen

Schritt 1: HAP-Menge und Spülvolumen werden den jeweiligen Versuchsbedingungen angepaßt. Bei entsprechender Analyse von Hybriden aus DNA-Überschußreaktion mit radioaktiver RNA ist zu beachten, daß RNA aufgrund von Sekundärstrukturen zunächst bei höheren PB-Molaritäten (mit entsprechender RNA testen!) von der Säule gespült werden muß.

Schritt 2: Ca. 90% der DNA werden bereits bei den ersten 2 Spülschritten eluiert.

9.2.4. DNA · RNA-Hybridisierung im DNA-Überschuß

Die Kinetik dieser Reaktion und die sie beeinflussenden Faktoren sind ausführlich behandelt worden (s. Abschnitte 9.1.2. und 9.1.1.2.). RNA-freie, fragmentierte DNA und Vermeidung von RNA-Abbau sind entscheidend für reproduzierbare Versuchsergebnisse. Wir wählen als Beispiel die Reaktion ^{3}H-markierter präribosomaler RNA von *C. thummi* mit Gesamt-DNA im Überschuß.

Versuchsplanung

(s. auch Abschnitt 9.2.2.)

Bei allen höheren Eukaryoten liegen die Gene für rRNA in Vielzahl vor. Da der $Cot_{1/2}$-Wert für unikale DNA von *C. thummi* bei ca. 300 liegt, sollte eine Inkubation bis zu diesem Cot-Wert die rDNA · rRNA-Reaktion erfassen. Die Festlegung der pro Kurvenpunkt benötigten DNA-Menge richtet sich nach der spezifischen Radioaktivität der RNA und der (zunächst unbekannten oder aus anderen Experimenten nur grob geschätzten) Menge komplementärer DNA. Das Verhältnis komplementärer DNA zu RNA sollte wenigstens 20, besser > 50 betragen. Die Wahl der Inkubationsbedingungen (Na^+-Konzentration, Temperatur) muß den T_m der reagierenden DNA (soweit aus dem G + C-Gehalt der RNA näherungsweise ableitbar) und die bis zur Erreichung des höchsten Cot-Wertes benötigte Inkubationszeit bei gegebener DNA-Konzentration berücksichtigen. Aufgrund des G + C-Gehaltes der *C. thummi* rRNA von ca. 40%, einer spezifischen Radioaktivität von ca. 10^6 cpm/μg und des mittels Filterhybridisierung bestimmten Anteils der rDNA an der Gesamt-DNA von < 0,1% (s. Abschnitt 9.2.7.) werden folgende Bedingungen gewählt: 0,12 M PB, 60 °C, 500 cpm (ca. 0,8 ng) prä-rRNA und 40 μg DNA (< 20 ng komplementärer rDNA-Plusstrang) pro Kurvenpunkt.

Spezielles Material

- Fragmentierte DNA (ca. 300 μg) aus Larven von *C. thummi* in SP50-Puffer (s. Abschnitt 9.2.2.) wird mit ca. 4000 cpm ^{3}H-prä-rRNA (extrahiert aus mikroisolierten Speicheldrüsen-Nukleolen durch 15 min Lysis bei 37 °C in 1 mg/ml Pronase B, Calbiochem/0,5% SDS in 0,02 M Tris/HCl, pH 7,2) gemischt und auf einer Sephadex SP50-Säule (1 × 25 cm), versehen mit einer 1-cm-Lage von Chelex 100, chromatographiert, das Ausschlußvolumen ausgefällt, das Präzipitat im N_2-Strom getrocknet und in 155 μl Reassoziationspuffer (s. u.) aufgenommen. 5 μl werden in 195 μl 1 × SSC injiziert und im Photometer bei 260 nm gemessen (= 37,3 A_{260}-Einheiten/ml). Anschließende TCE-Fällung und Radioaktivitätsmessung dieser Probe ergibt 108 cpm.
- Reassoziationspuffer: 0,12 M PB/2 mM Hepes, pH 7,1/0,5 mM EDTA/ 0,1% SDS/0,1% DEP; wird vor Gebrauch autoklaviert.
- 10 mg/ml lösliche RNA aus Hefe (Boehringer, nachgereinigt durch zweifache Phenolextraktion) in Reassoziationspuffer.
- 2 mg/ml Pankreas-RNase in 0,02 M Na-acetat-Puffer, pH 5, vorbehandelt 10 min bei 80 °C zwecks DNase-Inaktivierung, aufbewahrt in Einzelproben von 0,1—0,3 ml bei —20 °C.
- Paraffinöl, durch Aufkochen in Reassoziationspuffer äquilibriert.
- Kalbsthymus-DNA, 1,5 mg/ml in 0,1 × SSC, mittlere Fragmentlänge etwa 500 NTP.

— Filtrierstutzen für Filter von 28 mm Durchmesser
— Glassachen sind hitze-sterilisiert, Injektionsspritzen mit 0,1% DEP-Lösung behandelt und nach A. dest.-Spülung 2 h bei 40 °C getrocknet (DEP-Inaktivierung, s. S. 15).

Versuchsdurchführung

(Weitere Einzelheiten s. Abschnitt 9.2.2.)

(1) Zu 150 μl Reaktionsgemisch kommen 15 μl Hefe-RNA. Dadurch wird die DNA auf 32 A_{260}-Einheiten/ml verdünnt (demnach Cot = 0,0044 × 60 min × 1, s. S. 183). Nach Überführung in ein Reaktionsgefäß (s. S. 183) und Überschichtung mit Paraffinöl erfolgt die Denaturierung (5 min) in kochendem Wasser und anschließende Inkubation bei 60 °C.
(2) Entnahme von jeweils 25 μl mit einer Mikroliterspritze, sofortige Injektion in 2,05 ml eiskaltes 2 × SSC und sorgfältige Durchmischung. Die Null-Probe wird unmittelbar vor dem Eintauchen des Reaktionsgefäßes in das 60 °C-Wasserbad entnommen. Abnahme weiterer Proben nach 1; 4; 8; 20; 120; 450 und 1900 min.
(3) Sorgfältige Teilung der Proben in 2 × 1 ml (Plus- und Minus-Probe), Zugabe von 10 μl RNase (= 20 μg/ml Endkonzentration) zur Plus-Probe und Inkubation für 20 min bei 37 °C.
(4) Die Minus-Probe erhält 350 μl 50% TCE (w/v) (Endkonzentration 10%) und 50 μl Kalbsthymus-DNA und verbleibt 20—30 min im Eisbad. Die Plusprobe wird nach der RNase-Behandlung ebenso behandelt.
(5) Nach erneuter Schüttelung der Proben Filtration durch Nitrozellulosefilter (0,45 μ, Synpore, Prag) bei leichtem Unterdruck, erzeugt durch eine Wasserstrahlpumpe. Spülung mit 3 × 5 ml 5% TCE (eiskalt) und Trocknung der Filter 2 Std. bei 80 °C.
(6) Szintillationsmessung: Auflösung der Filter in 1 ml Äthylenglykolmonoäthyl-Äther (Äthyl-Cellusolv) und Messung mit 10 ml PT12-Szintillator (s. S. 95).

Auswertung

Nach Subtraktion der für die Szintillationsgläser gemessenen Nullwerte von den Meßwerten wird die RNase-Resistenz in Prozent für jede Inkubationszeit bestimmt nach cpm Plus-Probe/cpm Minus-Probe × 100. Von den so erhaltenen Werten wird die für $t = 0$ ermittelte RNAse-Resistenz abgezogen und die Zahlen als %-Hybridisierung gegen log Cot aufgetragen (Abb. 9.8.). Die Auswertung wurde hier vereinfacht nach Gleichung 9.1 (S. 160) vorgenommen (s. aber Abschnitt 9.1.2.). Bei genauer Pipettierung ergeben die Werte der Plus-Probe Aufschluß über die Degradation der RNA in säurelösliche

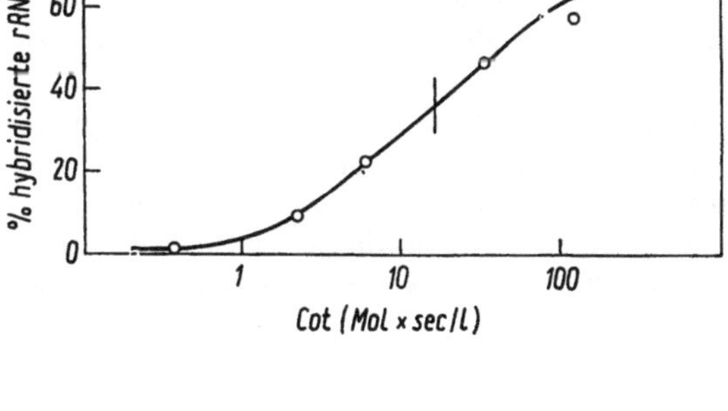

Abb. 9.8. Hybridisierung mikroisolierter Nukleolus-RNA (prä-rRNA) von *Chironomus thummi* mit DNA im Überschuß derselben Art.

Produkte im Verlaufe der Inkubation. Besser ist die gelelektrophoretische Analyse eines Teils der am längsten inkubierten Probe unter denaturierenden Bedingungen. — Genaue Analysen erfordern mehr Meßpunkte, Bestimmung der optimalen Reassoziationstemperatur (hier Inkubation bis Cot 10 bei verschiedenen Temperaturen; keinesfalls darf bis in den Sättigungsbereich hinein inkubiert werden!), Variation des Verhältnisses rDNA:rRNA.

Anmerkungen

Zum Material: Es ist empfehlenswert, die DNA-Präparation zwecks Hydrolyse eventuell vorhandener RNA mit Lauge zu behandeln, z. B. in 0,3 N NaOH/1 mM EDTA für 5 min bei 98 °C oder 16 h bei 37 °C, gefolgt von Neutralisation mit Essigsäure und Alkoholfällung oder Dialyse. — Das hier gewählte Verfahren der Chromatographie des Reaktionsgemisches ist durch die Spezifität des RNA-Isolationsverfahrens bedingt. Üblicherweise werden hochgereinigte DNA und RNA direkt vor Versuchsbeginn gemischt.

Schritt 1: Heterologe RNA setzt die Wirkung von RNase-Spuren auf die radioaktive RNA herab und mindert unspezifische Bindungen. Bei Inkubation von Einzelproben in Kapillaren sind Elution von Lauge aus dem Glas und unspezifische Adsorption möglich. Gegenmittel sind: Wahl geeigneterer Kapillarröhrchen, Silikonisierung (s. S. 151), Vorinkubation (entsprechend der längsten, im Versuch vorgesehenen Inkubation) der Kapillaren mit heterologer DNA unter Reassoziationsbedingungen, gefolgt von sorgfältiger Spülung mit 0,1% DEP in H_2O und Trocknung 2 h bei 40 °C. — Die Denaturierung setzt die Länge der RNA auf im Mittel 300 NT herab. Das entspricht etwa der Größe der DNA-Fragmente und beseitigt weitgehend Einflüsse unterschiedlicher Längenverteilungen auf die Reassoziationsrate (s. S. 166).

Schritt 2: Eine baldige Weiterverarbeitung der Proben wird empfohlen. Ist ausreichend DNA und RNA vorhanden, wird pro Probe soviel DNA entnommen, daß ein Teil zur Messung der DNA · DNA-Reassoziation (s. Abschnitte 9.1.1. und 9.1.2.) verwandt werden kann. Werden, etwa bei der Analyse von Säugergenomen, DNA-Konzentrationen um 10 mg/ml und höher verwandt, muß die Probe zunächst in 2 × SSC bei Reassoziationstemperatur injiziert, kräftig gemischt und erst dann im Eisbad abgekühlt werden. Andernfalls „klumpt" die DNA und wird nicht gleichmäßig in der Lösung verteilt. Weitere Kontrollen für nicht auf spezifische Reassoziation zurückführbare Filterbindung von Radioaktivität bieten Reaktionen ohne DNA, mit nichtdenaturierter und denaturierter, heterologer DNA und mit hydrolysierter RNA.

Schritt 3: Pankreas-RNase ist nur bei $\geqq$ 0,2 M Kationen einzelstrangspezifisch. Da RNA selbst in unterschiedlichem Maße Doppelstrangstrukturen aufweist, ergeben sich z. T. erhebliche Nullwerte. Pankreas-RNase spaltet die Phosphodiesterbrücke an der 3'-Seite von Uridin und Cytidin, T1 RNase an der 3'-Seite von Guanosin. Selbst Gemische beider RNasen greifen also z. B. Poly(A)-Sequenzen nicht an. — SDS hemmt stark die RNase und muß deshalb auf weniger als 0,01% verdünnt werden.

Schritt 4: Nach unseren Erfahrungen führt Verwendung von DNA anstelle von Protein als Träger zu reproduzierbareren Werten.

Schritt 5: Nitrocellulosefilter sind vorzuziehen, da Glasfaserfilter DNA-Fragmente, wie sie für diese Versuche verwandt werden, nicht quantitativ zurückhalten (Schrier and Wilson, 1976). Konstanthaltung von Präzipitationszeit und Filter-Durchflußrate erhöht die Reproduzierbarkeit.

Schritt 6: Der Radioaktivitätsmessung wird oft zu wenig Bedeutung beigemessen. Filtertyp und Aufbereitung der Probe beeinflussen z. T. erheblich Reproduzierbarkeit und Zählausbeute (Schrier und Wilson, 1976). Filtergebundene, ^{3}H-markierte Nukleinsäuren müssen vor der Messung in Lösung gebracht werden, da hohe Selbstabsorption zu erheblichen Meßfehlern führt. Bei Mehrfachnutzung von Szintillationsgläsern sollten diese vorgemessen werden. Die Meßzeit muß einen Meßfehler von < 5%, besser < 2% garantieren.

9.2.5. Hybridisierung von cDNA im RNA-Überschuß — Rot-Analyse

Die Gesetzmäßigkeiten, denen eine Hybridisation unter RNA-Überschuß-Bedingungen folgt, sind in Abschnitt 9.1.1.3. dargelegt worden. Wir wählen als experimentelles Beispiel die Hybridisation von Globin-cDNA mit Globin-mRNA bzw. mit Poly(A)$^+$-RNA aus erythroiden Knochenmarkzellen. Die Aufgabe besteht darin, den Anteil an Globin-mRNA-Sequenzen in einer RNA-Präparation aus dem Zytoplasma erythroider Knochenmarkzellen zu ermitteln. Dafür werden unter identischen Bedingungen zwei Rot-Analysen von Globin-cDNA mit Globin-mRNA und mit der zu untersuchenden RNA-Probe durchgeführt. Aus dem Vergleich der kinetischen Komplexität ($Rot_{1/2}$-Wert) der cDNA-mRNA-Reaktion (= 100% reine $\alpha + \beta$-Globinsequenz) mit der der cDNA-Poly(A)$^+$RNA-Reaktion wird der Globin-mRNA-Sequenzanteil in der Poly(A)$^+$RNA ermittelt. Die Anwendung der Titrationsanalyse zur Lösung des gleichen Problems wird im folgenden Abschnitt 9.2.6. dargestellt.

Versuchsplanung

Pro Meßpunkt werden 0,2 ng ^{3}H-cDNA (ca. 2000 cpm) eingesetzt und mit einem mindestens 10fachen Überschuß an komplementärer RNA hybridisiert. Die Anzahl der Meßpunkte richtet sich nach dem zu erfassenden Rot-Bereich. Pro Zehnerpotenz sollten 4—5 Meßpunkte vorgesehen werden. Bei einem als kinetisch einheitlich angesehenen Material werden 3 Zehnerpotenzen überstrichen und pro 10 Meßpunkte Material für 2 weitere Punkte addiert, um Materialverluste bei der Probeentnahme abzudecken. Die Einstellung des Rot-Wertes kann grundsätzlich durch Variation der RNA-Konzentration und/oder der Inkubationszeit erfolgen. Zur Erfassung mehrerer Rot-Wert-Größenordnungen empfiehlt es sich, mit verschiedenen RNA-Konzentrationen zu arbeiten, um zu lange Inkubationszeiten zu vermeiden. Jedoch sollte dann für jede Konzentration eine gesonderte 0-Minuten-Probe abgenommen werden.

Für die Reaktion cDNA-Globin-mRNA kann unter den gewählten Reaktionsbedingungen (50% Formamid, 42 °C) ein $Rot_{1/2}$-Wert von etwa $2{,}5 \times 10^{-3}$ angenommen werden. Bei Hybridisierung von 0,2 ng cDNA mit 2 ng mRNA in einem Volumen von 10 µl ergibt sich Rot ohne Berücksichtigung der Salzkonzentration (für entsprechende Korrekturen s. Tab. 9.1, S. 165) nach: $\text{Rot} = \frac{0{,}2}{83} \times \text{h}$ (wenn Rot 1 = 83 µg/ml × 1 h).

Wir legen 13 Inkubationszeiten zwischen 3 min und 50 h fest: 3, 6, 12, 20, 30, 60, 120, 200 min und 5, 10, 20, 33,3 und 50 h. Wird für die letzten 5 Meßpunkte die zehnfache RNA-Konzentration gewählt, kann die Inkubationszeit auf 1—5 h reduziert werden.

Analoge Überlegungen werden für die Planung einer Rot-Kurve mit kinetisch heterogener RNA (hier Poly(A)$^+$-RNA aus Knochenmarkzellen) angestellt. Wir legen 20 Meßpunkte im Rot-Wert-Bereich $1{,}2 \times 10^{-4}$ bis 10^0 fest und wählen RNA-Konzentrationen von 0,2 und 2 µg/ml, da mit einer 10—100fachen Verdünnung der Globin-Sequenzen in der Poly(A)$^+$-RNA gerechnet werden muß.

Spezielles Material

- Globin-Poly(A)$^+$-mRNA aus Kaninchen-Retikulozyten in A. bidest, isoliert nach Standardverfahren (s. S. 65).
- ^{3}H-cDNA in A. bidest., synthetisiert mit (a) obiger Globin-mRNA und (b) Poly(A)$^+$-RNA aus erythroiden Knochenmarkzellen (s. u.) als Matrize (vgl. Abschnitt

8.3.2.) entsprechend Abschnitt 8.3.2. (spez. Radioaktivität ca. 10^7 cpm/μg), gereinigt durch alkalische Saccharose-Gradientenzentrifugation zwecks Entfernung von Syntheseprodukten unter ca. 7 S und kurzer, auch in Anwesenheit von Actinomycin auftretender Doppelstrangstrukturen.

- Poly(A)$^+$-RNA in A. bidest, aus erythroiden Knochenmarkzellen des Kaninchen, extrahiert bei 4 °C nach Georgiev und Mantieva (1962), chromatographiert an Poly(U)-Sepharose und eluiert mit A. bidest (s. auch S. 65).
- *E. coli*-rRNA, 1 mg/ml in A. bidest.
- Hybridisationspuffer: 0,5 M NaCl/0,025 M Hepes, pH 7,5/0,01 M EDTA/50% Formamid. Formamid wird zur Deionisierung 2 h (nicht länger!) unter Lichtabschluß mit 3 g/100 ml Ionenaustauschharz (‚Mixed bed resin' AGR 501-X8(D), 20—50 mesh, Biorad) gerührt (resultierende Leitfähigkeit 10 μSi; blaues Harz darf sich nicht total nach gelb umfärben), mit 2 Vol. A. bidest und 1 Vol. Salzstammlösung (2 M NaCl/0,1 M Hepes, pH 7,5/0,04 M EDTA) gemischt und unter Lichtabschluß bei −20 °C aufbewahrt (über Monate verwendbar).
- S1-Nuklease aus Takadiastase (s. S. 194)
- S1-Nukleasepuffer: 0,07 M Na-acetat, 2,8 mM $ZnSO_4$/0,14 M NaCl, eingestellt mit Eisessig auf pH 4,5;
- Gleicher Puffer mit 10 μg/ml fragmentierter, denaturierter Kalbsthymus-DNA.
- Szintillationslösung: TXBS = 1 Vol. Triton X-100 + 2 Vol. Toluolszintillator (s. S. 95).
- Glasgeräte sind durchgehend silikonisiert, da die einzelsträngige cDNA stark an Glas-, aber auch an Plastoberflächen adsorbiert wird.

Versuchsdurchführung

(1) Entsprechende Mengen cDNA, RNA und Träger-RNA (jeweils in A. bidest) werden in einem silikonisierten Proberöhrchen (Rundboden) lyophilisiert. Ansatz a: 3,4 ng ^{3}H-cDNA (ca. 34000 cpm), 85 μg *E. coli*-RNA und 34 ng Globin-mRNA, nach Lyophilisierung aufgenommen in 170 μl Hybridisierungspuffer Ansatz b: 5,2 ng ^{3}H-cDNA (ca. 52000 cpm), 130 μg *E. coli*-RNA und 0,52 μg Poly(A)$^+$-RNA, nach Lyophilisierung aufgenommen in 260 μl Puffer.

(2) Von Ansatz a werden 15, von Ansatz b 22 10 μl-Proben abgenommen und in silikonisierte Kapillaren eingeschmolzen.

(3) Alle Proben werden für 2 min in kochendem Wasser denaturiert und sofort in ein 42 °C-Wasserbad überführt und dort für die zur Erreichung des gewünschten Rot-Wertes notwendige Zeit belassen.

(4) Die Reaktion wird durch Überführung der Kapillare in ein Aceton/Trockeneis-Bad gestoppt.

(5) Das Reaktionsgemisch (10 μl) wird in 250 μl eisgekühlten Nuklease-Puffer + DNA geblasen. Bei den 0-Minuten-Werten erfolgt dies sofort nach der Denaturierung.

(6) Zu den 260 μl werden 100 μl Nuklease-Puffer gegeben, die soviel S1-Nuklease enthalten, wie zur vollständigen Verdauung von 0,2 ng cDNA nötig sind (muß ausgetestet werden). Danach wird jede Probe 1 h bei 37 °C inkubiert.

(7) Zur Bestimmung der Gesamtradioaktivität werden 100 μl abgenommen, mit 400 μl A. bidest. vermischt und in 4,6 ml TXBS im Szintillationsspektrometer gemessen.

(8) Weitere 200 µl jeder Probe werden in ein Eppendorf-Zentrifugenröhrchen pipettiert, mit je 50 µl Rinderserumalbumin (8 mg/ml) und 6 N $HClO_4$ versetzt, gemischt und 30 min in ein Eisbad gestellt. Nach Abzentrifugation des Niederschlages (2 min in einen Eppendorfrotor der Mikro-Hämatokritzentrifuge Janetzki TH11 bei 11000 $\times g$) werden 200 µl des Überstandes (= abgebaute Radioaktivität) in 4,6 ml TXBS pipettiert und nach Zugabe von 400 µl A. bidest. gemessen.

Auswertung

Zur Bestimmung des Prozentanteils hybridisierter cDNA wird der Wert für die abgebaute Radioaktivität hinsichtlich der Volumendifferenz gegenüber dem Gesamtaktivitätswert ($\times$ 0,75) und hinsichtlich des unterschiedlichen Löscheffektes (‚quenching') beider Proben (muß für die jeweiligen Meßbedingungen standardisiert werden; vom Autor bestimmter Wert $\times$ 1,133) korrigiert. Als Gesamtkorrekturfaktor ergibt sich somit der Wert 0,85. Der Prozentanteil hybridisierter cDNA ergibt sich nach:

$$\text{Gesamtaktivität} - \frac{\text{abgebaute Radioaktivität} \times 0{,}85}{\text{Gesamtaktivität}} \times 100.$$

Anschließend wird von jedem errechneten Wert der Prozentsatz S1-resistenter cDNA der entsprechenden 0-Minuten-Probe abgezogen und die Werte gegen log Rot aufgetragen (Abb. 9.9.). Der Bereich des linearen Anstiegs wird halbiert und der dazugehörige Rot-Wert auf der Abszisse abgelesen ($Rot_{1/2}$). Eine Rechnerauswertung der Daten (z. B. Bishop et al., 1974; Pearson et al., 1976) ist vorzuziehen, speziell wenn eine mehrphasische Kurve vorliegt. Für die cDNA-mRNA-Hybridisierung ergibt sich entsprechend Abb. 9.9. ein $Rot_{1/2}$-Wert von 7,9 $\times$ 10^{-3}. Zur Bestimmung des unbekannten Anteils

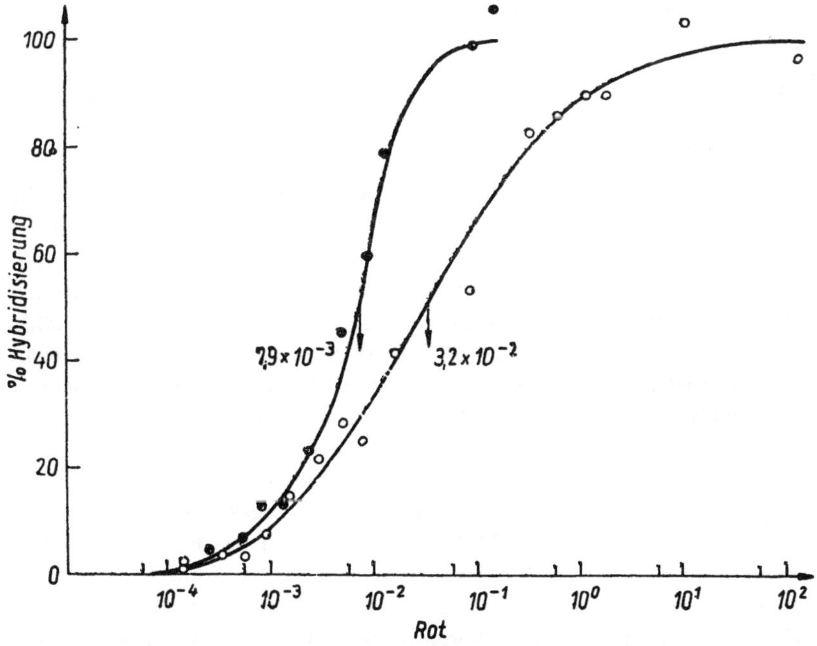

Abb. 9.9. Hybridisierung von ^{3}H-Globin-cDNA (•) und ^{3}H-Poly(A)$^+$-cDNA (o) mit poly(A)$^+$-RNA aus erythroiden Knochenmarkzellen des Kaninchens

von Globin-mRNA-Sequenzen in der poly(A)$^+$-RNA wird der Rot-Wert $7,9 \times 10^{-3}$ als repräsentativ für die Reaktion einer 100% reinen Sequenz angenommen. Aus Abb. 9.9. ergibt sich für die cDNA-Poly(A)$^+$-RNA-Hybridisierung ein $Rot_{1/2}$-Wert von $3,2 \times 10^{-2}$. Daraus errechnet sich ein Anteil der Globin-Sequenzen an der cytoplasmatischen Poly-(A)$^+$-RNA des Knochenmarks von 24,7% ($7,9 \times 10^{-3} \times 100/3,2 \times 10^{-2}$).

Anmerkungen

Efstratiadis und Kafatos (1976) beschreiben ein materialsparendes Mikroverfahren: cDNA in A. bi est. wird in entgastes, Puffer-äquilibriertes Mineralöl in silikonisierten Mikroanalyse-Röhrchen als Tropfen injiziert und bei 97% denaturiert. Nach Eiskühlung wird 1 Vol. RNA in 2 × Hybridisierungspuffer ebenfalls als Tropfen in das Öl injiziert, beide Tropfen durch kurze Zentrifugation vereinigt und (mit Ausnahme der 0-Minuten-Werte) bei Hybridisierungstemperatur inkubiert. Zwecks Analyse erfolgt Zugabe von S1-Puffer mit S1-Enzym und Träger-DNA, Inkubation und Übertragung der wässrigen Phase auf über Eis gespannten Parafilm. Ein definiertes Volumen der wässrigen Phase wird entnommen und die TCE-fällbare Radioaktivität bestimmt.

Schritt 2: Die Reaktion kann auch durch Entnahme von Proben aus einem Reaktionsgefäß verfolgt werden (vgl. Abschnitte 9.2.2. und 9.2.4.).

Schritt 4: Die Proben können in Aceton/Trockeneis eingefroren und bis zur gemeinsamen Analyse bei −20°C aufbewahrt werden.

Schritt 6: Eine einfache Methode zur Präparation von S1-Nuclease aus Takadiastase-Pulver (Sankyo Co., Japan; gleichermaßen verwendbar ist z. B. ‚crude α-Amylase' von Sigma oder Serva) hat Sutton (1971) beschrieben. Rein ist das Enzym von Vogt (1973) dargestellt worden. Das Enzym arbeitet selbst bei hohen Temperaturen (Barth und Grinter (1975) und in Anwesenheit denaturierender Lösungsmittel wie Formamid, Formaldehyd und Glyoxal (Case und Baker, 1975; Hutton und Wetmur, 1975), ist jedoch empfindlich gegen pH-Änderungen und Spuren von SDS und chelierenden Substanzen wie EDTA. Letztere Empfindlichkeit kann durch Erhöhung der $ZnSO_4$-Konzentration auf 1 mM reduziert werden (Barth und Grinter, 1975).

Schritt 7: Der Anteil hybridisierter cDNA in jeder Probe kann auch analog zu dem in Abschnitt 9.2.4. dargestellten Verfahren gemessen werden.

9.2.6. cDNA · RNA-Titrationsanalyse

Die Titrationsanalyse ist eine Sättigungshybridisierung (vgl. auch Abschnitt 9.2.8). Sie ist an das Vorhandensein reiner, d. h. in ihrer kinetischen Komplexität einheitlicher cDNA gebunden. Eine konstante Menge cDNA wird mit steigenden Mengen der zu untersuchenden RNA im Konzentrationsbereich mRNA:cDNA von etwa 0,2 bis 20 titriert. Dabei wird die Inkubationszeit so gewählt, daß selbst bei einem Verhältnis von mRNA:cDNA von 1:1 (langsamste Reaktion), ein Rot-Wert von 10—20 × $Rot_{1/2}$ erreicht wird. (Der Ausdruck Rot ist in diesem Zusammenhang nur teilweise korrekt, da bei den niedrigen RNA-Konzentrationen kein RNA-Überschuß vorliegt). Bei Vorliegen einer kinetisch einheitlichen cDNA, die eine vollständige Kopie der zu titrierenden RNA ist, ergibt sich bei Auftragung des Prozentsatzes hybridisierter cDNA gegen die RNA-Konzentration bzw. gegen das Verhältnis cDNA:RNA eine Titrationskurve (Young et al., 1974). Theoretisch wird bei einem cDNA:RNA-Verhältnis von 1 das Plateau bei 100% Hybridisation erreicht. Sind die cDNA-Transkripte kleiner als die kopierte RNA oder ist die RNA mit nicht in cDNA umschreibbare Sequenzen verunreinigt, verschiebt sich die Erreichung des Plateauwertes hin zu höheren Abszissen-Werten. Wird der zur Erreichung des Plateaus notwendige Abszissenwert einer Standardreaktion (z. B. Globin-mRNA × Globin-cDNA) mit dem entsprechenden Wert einer Reaktion mit unbekannter

RNA (z. B. Poly(A)$^+$-RNA aus erythroiden Knochenmarkzellen) verglichen, kann der Grad der Verdünnung der untersuchten Sequenz in der unbekannten RNA ermittelt werden.

Gegenüber der Rot-Analyse bietet die Titrationsanalyse den Vorteil der größeren Einfachheit und ist nicht mit dem Nachteil der Rot-Wert-Verschiebung bei unzureichendem Überschuß behaftet (s. S. 173). Alle Proben können gleichzeitig angesetzt und abgenommen werden. Auch wird weniger RNA benötigt, da nur etwa 10 Meßpunkte pro Kurve benötigt werden, von denen nur wenige im Bereich hohen RNA-Überschusses liegen. Der Nachteil des Verfahrens liegt in seiner Beschränkung auf cDNAs einheitlicher kinetischer Komplexität, also auf Analysen von mRNAs, die in reiner Form isoliert werden können.

Das im folgenden dargestellte Experiment benutzt bei gleicher Fragestellung das bereits für die Rot-Analyse (Abschnitt 9.2.5.) verwandte Material.

Versuchsplanung

Um den bereits genannten Voraussetzungen einer Titrationsanalyse gerecht zu werden (s. S. 194), wählen wir folgende mRNA:cDNA-Verhältnisse: 0,05; 0,1; 0,125; 0,25; 0,5; 0,75; 1; 2; 2,5; 3; 4; 5; 7,5; 10; 15 und 20. Bei 0,2 ng cDNA und 2 µl Hybridisierungsvolumen pro Meßpunkt verlangt das Verhältnis 1:1 (langsamste Reaktion) 0,2 ng mRNA. Das entspricht einer Konzentration von 0,1 µg/ml und ergibt nach 1-stündiger Inkubation einen Rot-Wert von $1{,}2 \times 10^{-3}$ (vgl. S. 191). Eine Inkubation von 63 h entspräche einem Rot-Wert von $7{,}6 \times 10^{-2}$, d. h. etwa dem zehnfachen des für die untersuchte Reaktion angenommenen $Rot_1/_2$-Wertes (ca. $7{,}9 \times 10^{-3}$, s. S. 193). Für die Untersuchung der unbekannten RNA (hier Poly(A)$^+$-RNA aus erythroiden Knochenmarkzellen) gelten die gleichen Überlegungen, nur müssen entsprechend höhere RNA-Konzentrationen (hier ca. 10fach, s. S. 191) eingesetzt werden, um annähernd die gleichen Verhältnisse von Globin-mRNA-Sequenzen zu Globin-cDNA zu erreichen.

Spezielles Material

entsprechend Abschnitt 9.2.5.

Versuchsdurchführung

(1) Je 0,2 ng ^{3}H-cDNA in A. bidest. (ca. 2000 cpm) werden zusammen mit 5 µg *E. coli*-RNA in A. bidest. und der errechneten Menge RNA in A. bidest. (Globin-mRNA bzw. Poly(A)$^+$-RNA) in einem silikonisierten Proberöhrchen (Rundboden) lyophilisiert. Zwei Röhrchen pro Versuchsreihe werden zur Bestimmung der Untergrund-Nuklease-Resistenz nur mit cDNA und *E. coli*-RNA angesetzt.

(2) Jede Probe wird in 2 µl Hybridisierungspuffer aufgenommen, in eine silikonisierte Kapillare eingeschmolzen und bei 42 °C im Wasserbad für 50 h inkubiert. Eine Denaturierung ist nicht erforderlich.

(3) Abnahme und Aufarbeitung der Proben erfolgt entsprechend Abschnitt 9.2.5.

Auswertung

Bei Auftragung des Prozentsatzes hybridisierter cDNA (ermittelt entsprechend Abschnitt 9.2.5.) gegen das Verhältnis RNA:cDNA ergibt sich eine Kurve (Abb. 9.10.), deren lineare Bereiche (Anstieg und Plateau) nach Verlängerung einen Schnittpunkt über einem definierten RNA:cDNA-Verhältnis ergeben. Im hier dargestellten Experiment verhalten sich die durch den jeweiligen Schnittpunkt festgelegten Verhältnisse von Globin-mRNA:Globin-cDNA und Poly(A)$^+$-RNA:Globin-cDNA wie 5:1,25, d. h. die Poly(A)$^+$-RNA enthält etwa 25% Globin-mRNA-Sequenzen.

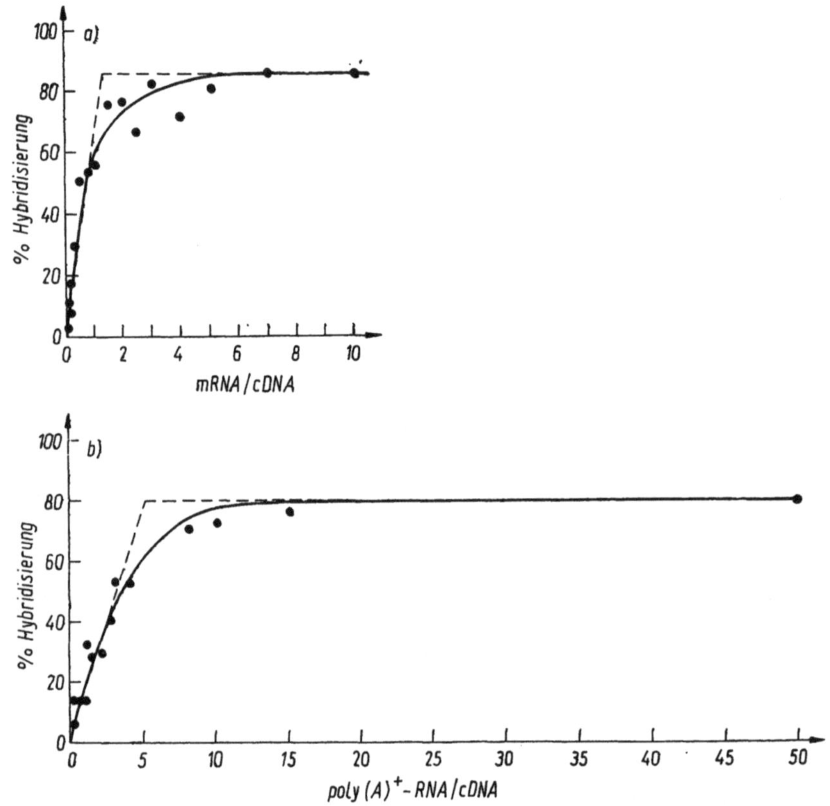

Abb. 9.10. Hybridisierung von ^{3}H-Globin-cDNA mit variierenden Mengen von (a) Globin-Poly (A)$^+$-mRNA aus Kaninchen-Retikulozyten und (b) Poly(A)$^+$-RNA aus erythroiden Knochenmarkzellen des Kaninchens.

9.2.7. DNA · cDNA-Hybridisierung bei geringem cDNA-Überschuß

Theoretische Grundlagen, sowie Vor- und Nachteile dieser Methode sind in Abschnitt 9.1.4. dargestellt worden. Die Technik ist vornehmlich zur Bestimmung der Anzahl eines definierten Gens in eukaryotischen Genomen eingesetzt worden. Wir wählen als Beispiel die Bestimmung der Anzahl von α-Globingenen im normalen menschlichen Genom.

Versuchsplanung

Bei der Versuchsplanung gehen wir von der durch genetische Daten gestützten Annahme von 1—2 α-Globingenen im haploiden menschlichen Genom aus. Die analytische Komplexität des menschlichen Genoms beträgt $1{,}8 \times 10^{12}$D. Daraus ergeben sich 9×10^{11}D für den kodogenen Strang. Die im Versuch verwandte cDNA hat ein durchschnittliches Molekulargewicht von $1{,}5 \times 10^5$ ($\cong$ 450 NT). Demnach muß etwa das

10^7fache ($9 \times 10^{11}/1{,}5 \times 10^5$) an Gesamt-DNA eingesetzt werden, um ein Verhältnis von α-Globin-cDNA zu α-Globin-Gen(en) im Bereich von 1—2 zu erreichen, d. h. eine bestimmte Menge von cDNA zu hybridisieren. Bei Einsatz von 50 μg Gesamt-DNA pro Meßpunkt können dann ungefähr 5 pg cDNA hybridisiert werden, was bei einer spezifischen Radioaktivität der cDNA von 10^7 cpm/μg etwa 50 cpm entspricht. Dieser Wert ist bei langen Meßzeiten und unter Verwendung eines guten Flüssigkeits-Szintillationszählers gerade noch sauber meßbar. Das Experiment selbst gleicht in vielem einem Cot-Experiment (s. Abschnitt 9.2.2.). Über einen Zeitraum von etwa 100 h wird bei gleichbleibender DNA- und cDNA-Konzentration die Hybridisierung der cDNA verfolgt. Neben 3 0-Minuten-Proben werden weitere 13 Proben nach folgenden Inkubationszeiten entnommen: 1, 2, 3, 4, 5, 6, 8, 10, 12, 20, 24, 48, 72 und 96 h. Pro Meßpunkt werden 50 pg cDNA und 50 μg Gesamt-DNA eingesetzt. Bei einem Hybridisierungsvolumen von 10 μl ergibt sich eine cDNA-Konzentration von 5 ng/ml, woraus sich bei Inkubationszeiten von 1—100 h auf die cDNA bezogene Cot-Werte von 6×10^{-5} bis $5{,}5 \times 10^{-3}$ errechnen (Cot $= \frac{0{,}005}{83} \times$ h; s. S. 181).

Spezielles Material

— Human-αGlobin-^{3}H-cDNA: Zunächst erfolgt die Synthese von α + β-Globin-cDNA entsprechend Abschnitt 8.4.2. mit menschlicher Globin-mRNA als Matrize. Diese cDNA wird mit einem Überschuß von Gesamt-RNA aus Retikulozyten von β^0-Thalassämiepatienten (enthält keine β-Globin-mRNA) entsprechend Abschnitt 9.2.5. hybridisiert und die Hybriden durch Hydroxyapatitchromatographie isoliert (vgl. S. 183). Nach alkalischer Hydrolyse der α-Globin-mRNA des Hybriden wird die verbleibende α-Globin-cDNA durch Gelfiltration entsalzt und in A. bidest. bei —20 °C aufbewahrt.
— Human-DNA, 1,3 mg/ml in A. bidest., isoliert nach einem modifizierten MARMUR-Verfahren (s. Abschnitt 2.2.1.) aus Plazenta, fragmentiert auf eine mittlere Länge von 500 NTP (vgl. S. 166).
— Hybridisierungspuffer: 0,12 M PB, pH 6,8/1 mM EDTA.
— S1-Nukleasepuffer und S1-Nuklease s. S. 192.
— TXBS s. S. 192.

Versuchsdurchführung

(1) 1 ng ^{3}H-cDNA und 1 mg Gesamt-DNA werden in einem silikonisierten Proberöhrchen (Rundboden) lyophilisiert und in 200 μl Hybridisierungspuffer aufgenommen.
(2) Einschmelzen von (wenigstens) 16 10-μl-Proben in silikonisierte Kapillaren, Denaturierung für 10 min in kochendem Wasser und Inkubation bei 68 °C im Wasserbad.
(3) Entnahme je einer Kapillare zu den angegebenen Zeiten und Überführung in ein Eiswasser-Bad (Reaktionsstop). Die 0-Minuten-Werte werden unmittelbar nach der Denaturierung eisgekühlt.
(4) Ausblasen der Proben in 140 μl eisgekühlten Nukleasepuffer + DNA und Zugabe von 100 μl Nukleasepuffer + S1-Enzym. Die zugegebene Enzymmenge muß ausreichen, um die eingesetzte cDNA in Anwesenheit der Gesamt-RNA vollständig zu verdauen.
(5) Nach guter Durchmischung wird 2 h bei 37°C inkubiert.
(6) Von den insgesamt 250 μl S1-Hydrolysat werden 50 μl zur Messung der Gesamtradioaktivität in 10 ml TXBS + 950 μl A. bidest. pipettiert.

(7) Zu den restlichen 200 µl werden 50 µl Rinderserumalbumin (4 mg/ml) und 50 µl 6 N $HClO_4$ gegeben und der Niederschlag nach 20minütiger Inkubation im Eisbad abzentrifugiert (s. Schritt 8, S. 193).

(8) Der Überstand wird vorsichtig entfernt und verworfen und der Niederschlag in 250 µl 1,2 N $HClO_4$ resuspendiert (z. B. mittels Whirlimix oder Micro-shaker).

(9) Die resuspendierte Probe wird 15 min im Eisbad belassen und dann erneut zentrifugiert.

(10) Der Überstand wird abermals verworfen, der Niederschlag in 200 µl 0,3 N NaOH gelöst, mit 150 µl 0,3 NHCl und 400 µl 1 M Tris-HCl neutralisiert und in ein Szintillationsgefäß mit 10 ml TXBS überführt. 250 µl zur Spülung des Gefäßes verwandtes A. bidest. wird ebenfalls in das Szintillationsgefäß pipettiert (= hybridisierte Radioaktivität).

(11) Beide Proben (Gesamtradioaktivität und hybridisierte Radioaktivität der Schritte 6 und 10) werden unter gleichzeitiger Bestimmung ihrer durch ‚quench' bedingten Zählverlusten (Automatische externe Standardisierung = AES) für wenigstens 20 min gemessen.

Auswertung

Bei 20-min-Zählung für jede Probe ergeben sich für die Gesamtradioaktivität 1810 ± 438 Impulse und für die hybridisierte Radioaktivität zwischen 529 und 1314 Impulse. Diese Werte wurden mittels der AES einzeln korrigiert und der Zähluntergrund von 48,5 Impulsen pro 20 min subtrahiert. Zur Errechnung des Prozentsatzes hybridisierter cDNA wurden die Werte für die hybridisierte Radioaktivität durch 4 (da zur Messung nur eine 50-µl-Probe gegenüber einer 200-µl-Probe für die Gesamtradioaktivität verwandt wurde) und durch die Gesamtradioaktivität dividiert und gegen die Hybridisierungszeit aufgetragen (Abb. 9.11.). Das Hybridisationsplateau wurde grafisch ermittelt (= 17%) und davon 1,2% Hybridisationsuntergrund (Mittelwert der 3 0-Minutenwerte) subtrahiert (= 15,8%). Aus einer Titrationsanalyse (vgl. Abschnitt 9.2.6.) der für diesen Versuch benutzten cDNA war bekannt, daß nur 80% der ^{3}H-cDNA hybridisierungs-

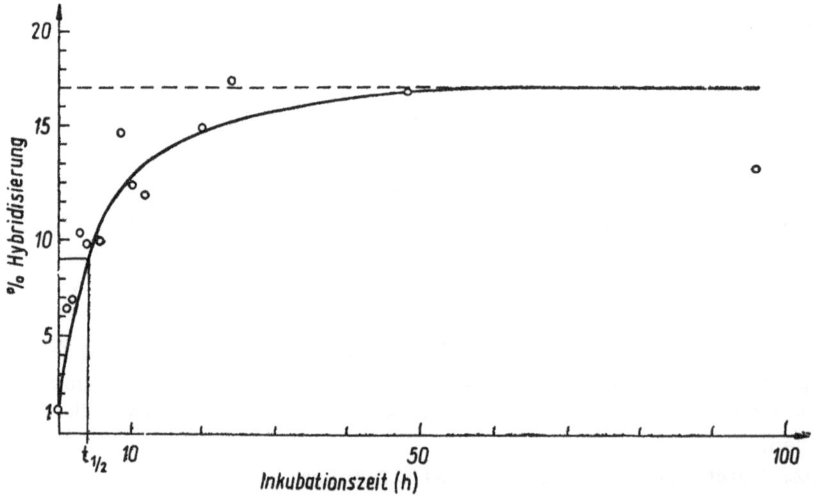

Abb. 9.11. Hybridisierung von ^{3}H-Globin-cDNA aus Kaninchen-Retikulozyten mit Gesamt-DNA in geringem Überschuß.

fähig sind. Demnach bedeutet der Plateauwert von 15,8%, daß 19,75% der cDNA (15,8/0,8) hybridisierten.

Entsprechend Gleichung 9.17 (S. 174) ergibt sich für die Länge L_p des mit der verwandten cDNA hybridisierbaren Plusstranges im haploiden Genom

$$L_p = \frac{K \times x \times D_0}{(1 - x) \times C_0} = \frac{(1{,}8 \times 10^{12}) \times 0{,}1975 \times (50 \times 10^{-6})}{(1 - 0{,}1975) \times 50} = 4{,}43 \times 10^5$$

Dabei ist K die analytische Komplexität des haploiden menschlichen Genoms, x der Anteil hybridisierter cDNA im Plateaubereich und D_0 und C_0 die Konzentrationen von cDNA und Gesamt-DNA im Reaktionsansatz.

Im nächsten Schritt wird $\mathrm{Dot}_{1/2}$ der Reaktion ermittelt. Dafür wird der Halbmaximalwert der Hybridisation nach Plateauwert — Hybridisierungsuntergrund/2 + Hybridisierungsuntergrund errechnet (17 — 1,2/2 + 1,2 = 9,1) und der dazugehörige Wert $t_{1/2}$ auf der Abszisse abgelesen (= 4 h oder 1440 sec). Da $D_0 = 50$ pg/10 µl oder 5×10^{-6} g/l, ergibt sich ein Wert für $\mathrm{Dot}_{1/2}$ in Mol Nukleotide pro Liter und Sekunden von $2{,}4 \times 10^{-4}$ wenn als durchschnittliches Molekulargewicht eines Nukleotids in der DNA 300, bzw. $2{,}06 \times 10^{-4}$ wenn dieser Wert als 350 angenommen wird.[1])

Da im geschilderten Experiment mit einer praktisch reinen cDNA, die nur eine spezifische Gensequenz (α-Globin-Gen) repräsentiert, gearbeitet wurde, muß die ermittelte kinetische Komplexität K_{cDNA} mit dem Molekulargewicht der cDNA identisch sein.

Wir benutzen zur Berechnung von K_{cDNA} Gleichung 9.19 (S. 174), wählen als Referenz die Reassoziation von *E. coli*-DNA (K = $2{,}8 \times 10^9$D und $K = 0{,}77$ Mol/l × sec nach Bishop und Freeman, 1974) und korrigieren den für 0,18 M Na^+ (= 0,12 PB) erhaltenen $\mathrm{Dot}_{1/2}$-Wert entsprechend Tab. 9.1 auf 0,39 M Na^+ mittels Division durch den Faktor 3,217, da Gleichung 9.19 für 2 × SSC gilt. Demnach ergibt sich:

$$K_{\mathrm{cDNA}} = \frac{(2{,}8 \times 10^9) \times 0{,}77 \times (2{,}4 \times 10^{-4})}{3{,}217 \times 2{,}3 \times \log(2 - 0{,}1975)} = \frac{5{,}174}{1{,}893} = 2{,}73 \times 10^5 \text{ bzw. } 2{,}35 \times 10^5$$

bei Verwendung von $2{,}06 \times 10^{-4}$ als $\mathrm{Dot}_{1/2}$-Wert.

Da in unserem Falle, wie oben erwähnt, $K_{\mathrm{cDNA}} = M_{r,\mathrm{cDNA}}$ ist, ergibt sich aus L_p/K_{cDNA} die Anzahl der Gene pro haploides Genom (s. S. 174),

$$\text{also } \frac{4{,}43 \times 10^5}{2{,}73 \times 10^5} = 1{,}62 \text{ bzw. } \frac{4{,}43 \times 10^5}{2{,}35 \times 10^5} = 1{,}89$$

Bei Berücksichtigung der Fehlerbreite der Methode und verschiedener Unsicherheiten bei der Kalkulation kann aus diesem Ergebnis auf zwei α-Globingene im haploiden menschlichen Genom geschlossen werden.

Anmerkungen

Schritt 2: s. Anmerkung 2. S. 194.

Schritt 6: Wahrscheinlich ist ein Präzipitationsverfahren wie in Abschnitt 9.2.2. erläutert, die einfachere Aufarbeitungstechnik, doch wurde sie vom Autor für diesen Typ von Experimenten nicht erprobt. — In einigen Labors wird die Auswertung durch Hydroxyapatitchromatographie (s. Abschnitt 9.2.2.) bevorzugt, da dabei der Gehalt der Probe an einzelsträngiger und doppelsträngiger DNA direkt gemessen wird.

---

[1]) 300 und 350 g/l sind die Extremwerte der für ein Nukleotid in einer Polynukleotidkette angenommenen durchschnittlichen Molmasse. Für Kalkulationen am häufigsten benutzt werden die Werte 325 und 330 g/l.

Schritt 8: Die Zentrifugation muß so erfolgen, daß einerseits eine effektive Abzentrifugation des Niederschlages, andererseits ein gutes Aufwirbeln während der Schüttelung garantiert sind. Sollten die 0-Minuten-Werte sehr hoch liegen, kann durch Wiederholung dieses Schrittes eine Erniedrigung der Untergrundaktivität versucht werden.

Schritt 11: Bei der geringen hybridisierten Radioaktivität ist auf die Radioaktivitätsmessung größte Sorgfalt zu verwenden. Szintillationsgläser sollten bei Mehrfachnutzung vorgemessen werden. Zur Bestimmung des Zähluntergrundes wird ein Glas mit 10 ml TXBS + 1 ml A. bidest. mitgeführt. Das Verhältnis Szintillator zu wässeriger Phase ist kritisch! Es muß bei Szintillationszähler-Temperatur (gewöhnlich 5—7 °C) eine klare Lösung resultieren.

9.2.8. Filtersättigungshybridisierung

Filterhybridisierungen (zu den Grundlagen s. Abschnitt 9.1.1.5.) erfordern wie alle Hybridisierungsreaktionen eine sorgfältige Wahl der Reaktionsbedingungen. Sie können in reinen Salzlösungen (meist 1—6 × SSC) oder in Anwesenheit von Formamid (z. B. GILLESPIE and GILLESPIE, 1971) oder Harnstoff (KOURILSKY et al., 1970) erfolgen. Besonders kinetische Experimente müssen bei optimaler Temperatur (T_{opt}, s. S. 163 und 190) durchgeführt werden, wobei T_{opt} für die DNA · RNA-Reaktion im Formamid-System unerwartet hoch liegt (BIRNSTIEL et al., 1972). Speziell für die Filterhybridisierung methodisch-kritische Punkte sind (a) die DNA-Ablösung vom Filter während der Reaktion bzw. allgemein die Quantifizierung der pro Filter gebundenen DNA und (b) die unspezifische Bindung radioaktiver Nukleinsäure an das Filter.

Wir wählen als Beispiel die Bestimmung des Redundanzgrades der ribosomalen Gene von *Chironomus thummi* (vgl. auch Abschnitte 9.2.4. und 9.2.10.).

Material

— DNA aus Larven von *Chironomus thummi*, isoliert nach Abschnitt 2.2.4.2., nach Alkoholfällung aufgenommen in 0,1 × SSC; Konzentrion 20 µg/ml.

— Nitrocellulosefilter, Porendurchmesser 0,45 µm (Millipore HAWP oder Schleicher & Schüll BA85 oder Sartorius SM 11336).

— Filtrierstutzen

— 18 + 25S-rRNA (1:1) in 2 × SSC/0,1 M KJ/100 µg/ml *E. coli*-4 + 5S RNA: isoliert nach Abschnitt 3.2.1., gereinigt durch Saccharose-Gradientenzentrifugation nach Abschnitt 7.2.1., radioaktiv markiert mit ^{125}J nach Abschnitt 8.1.2., spez. Aktivität 15440 cpm/µg. Die RNA-Stammlösung von 3,19 µg/ml wird stufenweise verdünnt auf 1,62; 0,68; 0,21; 0,106; 0,0724 µg/ml. Der RNA-Gehalt der Verdünnungsstufen wird durch Radioaktivitätsmessung kontrolliert.

— Pankreas-RNase, hitzebehandelt (s. S. 188).

Versuchsdurchführung

(1) Die Filter werden zunächst auf 2 × SSC gelegt, über Nacht in 2 × SSC belassen, feucht in einen Filtrierstutzen gespannt (Filter nur mit weicher Pinzette am Rand anfassen) und mit 20 ml 2 × SSC gespült.

(2) 1 ml DNA-Lösung wird mit 1 ml 1 N NaOH gemischt und 20 min bei Raumtemperatur belassen. Durch Zugabe von 4 ml einer 1:1:2-Mischung aus 1 N HCl, 1 M Tris/HCl (pH 8,0), 3 M NaCl erfolgt Neutralisierung und Erhöhung der Ionenstärke.

(3) Unmittelbar anschließend wird die Lösung allein durch hydrostatischen Druck oder durch leichten Unterdruck (erzeugt durch Wasserstrahlpumpe) durch ein Filter gesaugt. Die Filtrationsrate sollte 1 ml/min nicht übersteigen.
(4) Unter leichtem Unterdruck wird mit 20 ml 2 × SSC nachgespült.
(5) Die Filter werden mit einem weichen Bleistift markiert und 4 h bei 80 °C getrocknet (vorzugsweise im Vakuumofen). Der DNA-freie Filterrand wird entfernt.
(6) Pro RNA-Konzentration (s. Material) wird ein Reaktionsgefäß mit 3 Parallelfiltern mit *C. thummi*-DNA, einem Kontrollfilter mit *E. coli*-DNA und zwei unbeladenen Filtern (unten und oben im Reaktionsgefäß) beschickt und mit 1 ml RNA-Lösung gefüllt.
(7) Die Hybridisierung erfolgt im Wasserbad bei 64 °C für 5 h.
(8) Reaktionsstop durch Abkühlung auf 0 °C und Waschen in 500 ml 2 × SSC, einmal bei 3 °C und zweimal bei Raumtemperatur.
(9) Nach RNase-Behandlung (20 µg/ml in 2 × SSC, 30 min bei Raumtemperatur) wird 3 × mit je 500 ml 2 × SSC/0,1 M KJ gespült.
(10) Anschließend werden die Filter getrocknet und im γ-Zähler gemessen.
(11) Die spez. Aktivität der RNA wird in einer Probe der höchsten RNA-Konzentration mittels TCE-Fällung nachbestimmt. Der durchschnittliche DNA-Gehalt pro Filter wurde an Parallelfiltern, beladen mit ^{3}H-*C. thummi*-DNA, ermittelt.

Auswertung

Nach Mitteilung der Meßwerte der 3 Versuchsfilter pro RNA-Konzentration und Abzug des Kontrollwertes (*E. coli*-Filter; ca. 1% der eingegebenen Aktivität) erfolgte die Auftragung entsprechend der drei auf S. 176 diskutierten Darstellungsweisen (Abb. 9.12a–c). Die beiden extrapolierenden Verfahren liefern gleichermaßen einen Sättigungswert von 200 cpm. Zur Errechnung des Redundanzgrades werden zusätzlich folgende Werte benötigt:

— Spez. Aktivität der RNA bei Versuchsende (s. Schritt 11): 14500 cpm/µg = 92% des Ausgangswertes,
— DNA-Gehalt pro Filter bei Versuchsende (s. Schritt 11): durchschnittlich 16 µg,
— Summe der Molekulargewichte von 18 und 26S-rRNA: $2{,}15 \times 10^{6}$
— Genomgröße von *C. thummi*: 9×10^{10} D

200 cpm entsprechen 0,014 µg hybridisierter RNA pro Filter oder 0,088% (0,014/16 × 100) der DNA. Da die Hybridisierung nur einen Strang erfaßt, ergeben sich 0,175% 18 + 26S-rRNA kodierende DNA. Der Repetitionsgrad errechnet sich nach $9 \times 10^{10} \times 0{,}088/2{,}15 \times 10^{6} \times 100 = 37$. Folgende Unsicherheitsfaktoren relativieren solchermaßen kalkulierte Werte: Bestimmung der spez. Aktivität der RNA und der DNA-Menge pro individuelles Filter, unvollständige Hybridisierung der vorhandenen komplementären DNA (s. S. 176), (meist) ungenügend exakt bekannte Genomgröße, selektiver Verlust von DNA-Sequenzen während der DNA-Isolation (s. z. B. S. 22), Nukleinsäure-Degradation während der Hybridisierung und allgemeine experimentelle Fehler. Bei Benutzung von DNA ganzer Organismen und/oder vieler Individuen ist zu berücksichtigen, daß Unterschiede im Redundanzgrad ribosomaler Gene zwischen einzelnen Geweben (Amplifikation oder Unterreplikation) und z. T. erhebliche Unterschiede zwischen einzelnen Individuen einer Art gefunden wurden.

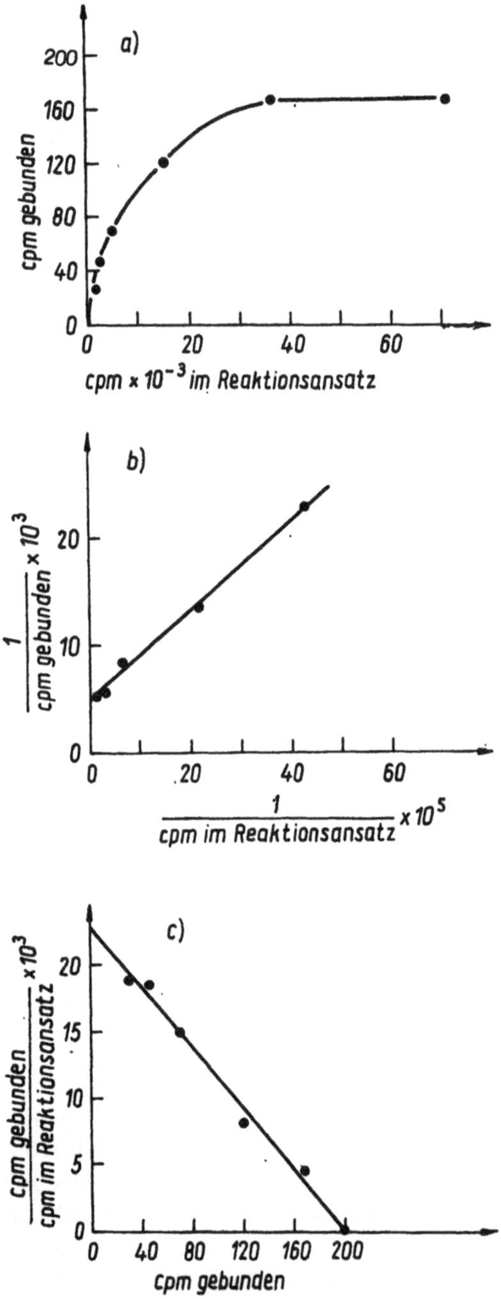

Abb. 9.12. Graphische Auswertung einer Filter-Sättigungshybridisierung von ^{125}J-rRNA mit Filter-gebundener Gesamt-DNA aus Larven von *Chironomus thummi*.

(a) direkte Auftragung,

(b) doppelreziproke Auftragung nach BISHOP,

(c) Auftragung nach SCATCHARD

(vgl. S. 176).

Anmerkungen

Schitt 1: Nur gleichmäßig und schnell durchfeuchtende Filter werden verwandt. Alle Lösungen werden vor Gebrauch durch Nitrocellulosefilter filtriert.

Schritt 2: Sind schnell renaturierende Sequenzen in die Reaktion einbezogen, muß unter alkalischen Bedingungen beladen werden: 0,5 ml DNA-Lösung + 0,5 ml 0,1 N NaOH + (unmittelbar vor Beladung) 10 ml 3 M NaCl (Melli et al., 1975; Baker, 1977).

Schritt 3: Die Bindungskapazität verschiedener Filterchargen kann unterschiedlich sein. Werden mehrere identische Filter benötigt, empfiehlt es sich, ein großes Filter zu beladen und mehrere kleine herauszustanzen. — Mit steigendem Molekulargewicht und steigender Salzstärke wird die DNA fester an das Filter gebunden. Deshalb wird bei Benutzung fragmentierter DNA bei Salzstärken $\geqq$ 2 M Na^+ beladen.

Schritt 4: Beladene Filter können bei $-20\,°C$ längere Zeit aufbewahrt werden.

Schritt 6: Luftblasen zwischen den Filtern müssen vermieden werden. Die Hybridisierungslösung kann mit Puffer-äquilibriertem Paraffinöl (s. z. B. S. 189) überschichtet werden.

Schritt 7: Während der Hybridisierung kann sich DNA vom Filter lösen, besonders im Formamidsystem (z. B. Gillespie and Gillespie, 1971). Bei Verwendung fragmentierter DNA sind diese Verluste umgekehrt proportional der DNA-Reassoziationsrate (Ivanov and Markov, 1975), also sequenzspezifisch! — Wird eine DNA · DNA-Hybridisierung durchgeführt, müssen die Filter vor der Hybridisierung zur Herabsetzung unspezifischer Bindung 1 h mit Denhardt-Lösung (je 0,02% Serumalbumin, Fraktion V/Polyvinylpyrrolidin, $M_r = 3{,}6 \times 10^5$/Ficoll, $M_r = 4 \times 10^5$, in $4 \times$ SSC) behandelt und dann luftgetrocknet werden. Wir fanden einen positiven Einfluß dieser Behandlung auch bei Verwendung von ^{125}J-RNA. — Unspezifische Filterbindung von Radioaktivität ist abhängig von dem Prozentsatz echter Hybridisierung, vom RNA-Typ (z. B. höher für poly(A)$^+$- als für rRNA), von der RNA-Gesamtkonzentration, von Hybridisierungspuffer und Reaktionsbedingungen und von der Filternachbehandlung. Deshalb liefern Kontrollreaktionen (s. auch Anmerkung 2, S. 190) nicht notwendigerweise exakte Nullwerte.

Schritt 9: Einschluß von KJ in Hybridisierungs- und Spüllösungen ist nur bei Verwendung ^{125}J-markierter Nukleinsäuren notwendig. — Eine wirksame Entfernung unspezifischer oder nur ungenügend gepaarter Hybriden ist auch möglich durch (a) Nachinkubation für 15—60 min unter Hybridisierungsbedingungen oder (b) in Niedrigsalzpuffer, z. B. 7—8 mM NaCl/30—40% Formamid 37 °C für 30 min oder $0{,}1 \times$ SSC, 60 °C für 15 min (s. auch Anmerkung 10, S. 210). Zur RNase-Behandlung vgl. Anmerkung 3, S. 190.

Schritt 10: Die Radioaktivitätsmessung kann auch im Szintillationsspektrometer erfolgen.

Schritt 11: Die nach der Reaktion am Filter verbleibende DNA wird am besten durch Doppelmarkierung bestimmt. Messung der optischen Dichte nach Filterhydrolyse in 1 N HCl für 20 min bei 100 °C ist möglich, doch erhielten wir unbefriedigende Resultate. In Lösung hydrolysierte DNA besitzt eine Absorption bei 260 nm von 27,8 pro mg, während denaturierte, auf Filter getrocknete DNA Werte von $A_{260} = 24-26$ für 1 mg DNA/ml ergab (Gage und Manning, 1976).

9.2.9. Schmelzkurven von Filter-gebundenen Hybriden

Nach Hybridisierung filtergebundener DNA mit RNA entstehen filtergebundene Hybriden. Durch schrittweise Temperaturerhöhung unter definierten Salzbedingungen können diese Hybriden „geschmolzen" und damit ihr $T_{m,i}$-Wert bestimmt werden, wobei die G + C-reichsten Abschnitte des Duplex die Elutionstemperatur bestimmen (vgl. S. 164). Beachtung verdient die Wahl der Ionenstärke, da hohe Salzkonzentration zwar die Rückhaltung der filtergebundenen DNA begünstigt (s. oben), jedoch andererseits $T_{m,i}$ erhöht. Als geeigneter Kompromiß wird eine Ionenstärke empfohlen, die nahezu vollständige Trennung der Hybriden bei 95 °C garantiert. Während der thermischen Elution lösen sich auch erhebliche DNA-Mengen (bis 30%, GERBI 1976) vom Filter. Zwar wurde für rDNA von *Drosophila hydei* gezeigt, daß diese Verluste sequenzunspezifisch sind und damit die Versuchsergebnisse nicht wesentlich beeinflussen (GERBI, 1976), doch ist generell eine preferentielle Ablösung spezifischer DNA-Sequenzen nicht auszuschließen.

Wir wählen als Beispiel die thermische Denaturierung filtergebundener rDNA · (^{125}J) rRNA-Hybriden von *Chironomus thummi* (betreffs vieler Details vgl. den vorangegangenen Abschnitt 9.2.7.).

Material

— NC-Filter (⌀ = 24 mm), beladen mit ca. 40 µg/Filter *C. thummi* DNA.
— (^{125}J)18 + 26s rRNA(1:1), spezif. Radioaktivität ca. 10^6 cpm/µg (s. S. 200).

Versuchsdurchführung

(1) Ein DNA-Filter und ein Kontrollfilter ohne DNA werden in 1 ml rRNA-Lösung 5 h bei 64 °C hybridisiert.
(2) Inkubation der Filter 15 min bei 64 °C in 2 × SSC zwecks Entfernung unspezifisch gebundener RNA.
(3) Dreimalige Spülung des Hybridfilters in 1 × SSC bei Raumtemperatur.
(4) Inkubation des Filters für 10 min bei 60 °C in 1 ml 1 × SSC in einem verschlossenen Inkubationsgefäß. Abnahme der SSC-Lösung, Nachspülung mit 0,5 ml 1 × SSC (60 °C) und Messung der 1,5 ml Lösung im γ-Zähler.
(5) Zugabe von 1 ml vorgewärmter 1 × SSC-Lösung, Erhöhung der Inkubationstemperatur auf 65 °C und, nach 10 min Äquilibrierungszeit, Wiederholung von Schritt 4. Entsprechend wird in 5 °C-Schritten die Temperatur bis 95 °C erhöht. Danach verbleiben weniger als 4% (= 25 cpm) am Filter.

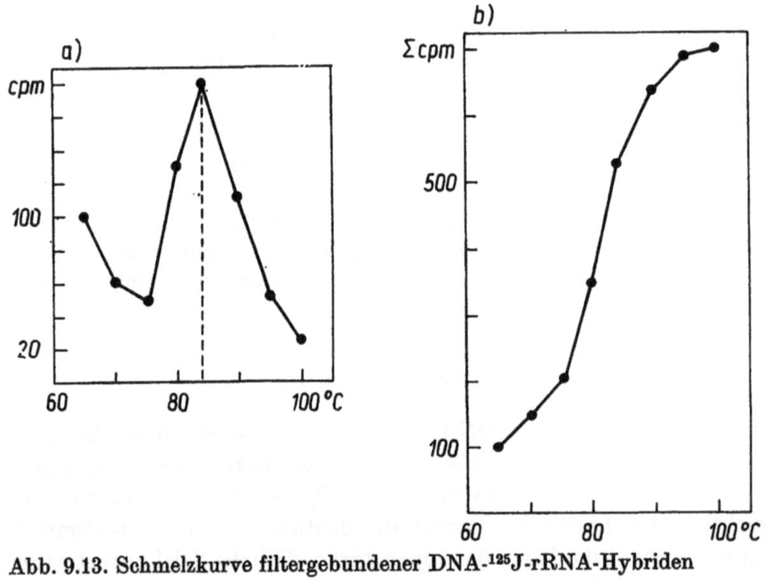

Abb. 9.13. Schmelzkurve filtergebundener DNA-^{125}J-rRNA-Hybriden
(a) direkte Auftragung der pro Temperaturschritt abgelösten cpm.
(b) Summationskurve

Auswertung

Nach Abzug des Kontrollfilterwertes (s. Schritt 2) ergaben sich 704 cpm hybridisierte rRNA für den Hybridfilter. Die bei jedem Temperaturschritt abgelöste Radioaktivität wird als Summationskurve oder deren 1. Ableitung gegen die Temperatur aufgetragen (Abb. 9.13.). Es ergibt sich ein $T_{m,i}$ von 84 °C, der einem durchschnittlichen G + C-Gehalt von 36% entspricht (s. S. 164). Für die rRNA von *C. thummi* wird jedoch ein G + C-Gehalt von etwa 45% angenommen. Der Unterschied kann sich aus möglichen Unterschieden zwischen $T_{m,r}$ und $T_{m,i}$ (s. S. 164) und aus der geringeren Stabilität von RNA-DNA-Hybriden in Salzlösungen gegenüber DNA-DNA-Hybriden erklären (Birnstiel et al., 1972).

Anmerkungen

Schritt 2: Werden die Filter mit RNase behandelt (vgl. Schritt 9, S. 201), erfolgt Nachinkubation in 0,1% DEP in 2 × SSC für 30 min bei Raumtemperatur zwecks Inaktivierung von RNase-Spuren (s. S. 15).

Schritte 4 und 5: Variationen der beschriebenen Technik sind möglich. Ein Filter kann nacheinander in einer Reihe von Gefäßen (1 pro Temperaturschritt) inkubiert werden. Ist pro Filter zu wenig hybridisierte Radioaktivität gebunden, werden mehrere Filter inkubiert, pro Temperaturschritt 1—2 entnommen, anhaftende Lösung sorgfältig entfernt und die am Filter verbliebene Radioaktivität gemessen. Durch leichte Variation des Verfahrens kann zusätzlich die abdissoziierte Radioaktivität bestimmt werden. Neben der direkten Messung der Radioaktivität in der Waschlösung ist TCE-Fällung der RNA (s. Schritt 4, S. 189) möglich.

9.2.10. Gradienten-Filterhybridisierung

Prinzipiell kann jedes durch Zentrifugationstechniken erhaltene Nukleinsäurespektrum mittels Hybridisierung näher charakterisiert werden. In RNA-Gradienten (s. z. B. Abschnitt 7.2.1.) werden definierte Sequenzen durch Hybridisierung mit radioaktiver DNA in Lösung (vgl. Abschnitt 9.1.3.) lokalisiert (z. B. Ross, 1976). In ähnlicher Weise lassen sich DNA-Gradienten (speziell zum Nachweis unikaler Sequenzen) analysieren. Bei weitem die häufigste Anwendung hat jedoch die Hybridisierung von DNA gefunden, die nach Fraktionierung in Gleichgewichtsdichtegradienten an Nitrocellulosefilter gebunden wurde. Diese Technik erlaubt die Lokalisation im Gradienten und damit präparative Anreicherung spezifischer DNA-Sequenzen und gibt Aufschlüsse über deren G + C-Gehalt (entsprechend Gleichung 7.10, S. 121). Unterscheiden sich jedoch der G + C-Gehalt einer kodierenden Sequenz und der der flankierenden Sequenzen stark voneinander, wird die Position des Hybridisierungsgipfels von der aus dem G + C-Gehalt der Probe (z. B. mRNA) kalkulierten abweichen, da jedes DNA-Fragment im Gradienten sowohl Gen- als flankierende Sequenzen enthält und eine seiner mittleren Dichte entsprechende Position im Gradienten einnimmt. In solchen Fällen können durch Zentrifugation von DNA unterschiedlicher Größe Aufschlüsse über die Länge von Genen (z. B. Lizardi and Brown, 1975) und ihre Anordnung (z. B. Birnstiel et al., 1968) erhalten werden.

Wir beschreiben die Lokalisation von *Chironomus thummi*-rDNA im CsCl-Dichtegradienten. Zur Versuchsplanung und Durchführung müssen die Darlegungen der Abschnitte 7.2.2. und 9.2.9. mit herangezogen werden. Bei entsprechender Analyse von Actinomycin D- und Netropsin-CsCl-Gradienten sind spezielle Verfahren zur Entfernung der Antibiotika nicht erforderlich. Dagegen wird Ag^+ und Hg^{++} vor der Denaturierung und Filterbeladung von der DNA gelöst, indem die NaCl-Konzentration in jeder Fraktion auf 3 M gebracht wird.

Spezielles Material

- DNA in 0,1 × SSC, isoliert aus Larven von *Chironomus thummi* entsprechend Abschnitt 2.2.2.2.; mittleres Molekulargewicht 5×10^6.
- (^{3}H)prä-rRNA aus *C. thummi*-Speicheldrüsen (s. S. 188) in 2 × SSC mit 1 mg/ml 4 + 5 S-RNA aus *E. coli*; ca. 2×10^6 cpm/µg und $6{,}5 \times 10^4$ cpm/ml.

Versuchsdurchführung

(1) 85 µg DNA pro Becher werden im CsCl-Gradienten bis zum Gleichgewicht zentrifugiert (65 h, 20 °C, 40000 Upm im Beckman-Rotor Typ 50, Anfangsdichte 1,69 g/cm^3), der 4,5 ml Gradient in 36 Fraktionen á 0,125 ml fraktioniert und von jeder Fraktion Dichte und — nach Zugabe von 0,875 ml A. dest. — Absorption bei 260 nm bestimmt.
(2) Jede Fraktion wird nach Schritt 2 bis 4, S. 200, denaturiert und an NC-Filter (Durchmesser 24 mm) gebunden.
(3) Aus einem Filter werden 4 kleine Filter (Durchmesser 5 mm) ausgestanzt.
(4) 36 Filter eines Gradienten werden in einem kleinen Inkubationsgefäß übereinander gestapelt und nach Zugabe von 0,3 ml RNA-Lösung 16 h bei 64 °C hybridisiert.
(5) Alle weiteren Schritte erfolgen entsprechend Abschnitt 9.2.7.

Auswertung

Die Meßwerte für Dichte, Absorption und Hybridisierung (cpm/Filter) für jede Fraktion werden in ein Diagramm eingetragen (Abb. 9.14.) und die Dichte des Hybridisierungsgipfels ermittelt. Die der prä-rRNA komplementäre DNA hybridisiert bei 1,70 g/

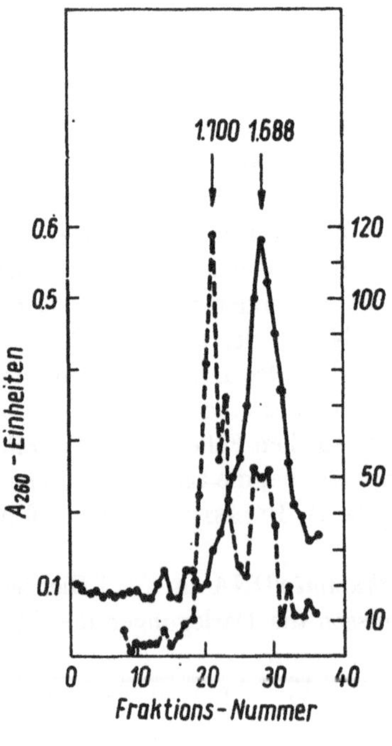

Abb. 9.14. Hybridisierung von filtergebundenen DNA-Fraktionen eines CsCl-Gradienten mit ^{3}H-prä-rRNA aus isolierten Nukleolen von *Chironomus thummi*-Larven.

cm³, was einem G + C-Gehalt von 41% entspricht (s. Gleichung 7.10, S. 121). Die Abweichung vom erwarteten Wert 1,704 g/cm³ (= 45% G + C, s. S. 205) wird durch den Wechsel von im G + C-Gehalt unterschiedlichen kodierenden und nichtkodierenden Sequenzen innerhalb der rRNA-Gengruppe erklärt. Der kleine Gipfel bei 1,69 g/cm³ dürfte durch von der DNA-Hauptbande mitgerissene rDNA verursacht sein, also einen methodischen Artefakt darstellen.

9.2.11. Hybridisierung Restriktionsenzym-verdauter DNA — (Southern-Technik)

Verdauung von DNA mit Restriktionsenzymen liefert diskrete DNA-Fragmente, die nach Agarose-Gelelektrophorese im Gel definierte Positionen entsprechend ihres Molekulargewichts einnehmen (s. Abschnitt 6). Eine von SOUTHERN (1975b) entwickelte Technik erlaubt die direkte Übertragung des DNA-Restriktionsmusters auf Nitrocellulosefilter und die anschließende Lokalisation definierter Sequenzen durch Hybridisierung. Der Methode haften prinzipiell die Vor- und Nachteile der Filterhybridisierung an (s. Abschnitt 9.1.5.). RNA-Gelmuster können auf ähnliche Weise durch Übertragung auf ein RNA-bindendes Papier (ALWINE et al., 1977) oder durch Kontakthybridisierung der noch im Gel befindlichen RNA mit uniform an ein NC-Filter gebundener DNA (BURCKHARDT und BIRNSTIEL, 1978) analysiert werden.

Wir wählen als Beispiel die Hybridisierung von ^{125}J-rRNA aus Larven von *Chironomus thummi* mit dem HindIII-Restriktionsmuster von *C. thummi*-Gesamt-DNA. Methodenbeschreibung und Anmerkungen basieren auf SOUTHERN (1975b), SCHAFFNER et al. (1976 und Kursmaterial) und JEFFREYS und FLAVELL (1977 und Kursmaterial).

Spezielles Material

- DNA-Gele: 10 µg *C. thummi*-DNA mit einem mittleren Molekulargewicht von 1–2 $\times 10^7$, isoliert nach Abschnitt 2.2.2.2., wurden mit 30 Einheiten HindIII vollständig verdaut (4 h, 37 °C) und in einem 1% Agarose-Plattengel (3 mm dick, 13 cm lang, Probeschlitz 10 mm breit) fraktioniert (1,5 V/cm, 14 h, Raumtemperatur), mit Äthidiumbromid (0,5 µg/ml) gefärbt und photographiert (Abb. 9.16, links) (s. Abschnitte 5.2.3.1. und 6.2.).
- Referenz-DNA: EcoRI-gespaltene DNA des Phagen λrif d18.
- 18 + 26 S-rRNA (1:1) aus Larven von *C. thummi* in 2 × SSC, isoliert nach Abschnitt 3.2.1., gereinigt durch Saccharosegradientenzentrifugation nach Abschnitt 7.2.1., radioaktiv markiert mit ^{125}J nach Abschnitt 8.1.2.; spez. Radioaktivität ca. 8×10^6 dpm/µg, Konzentration ca. 0,5 µg/ml 2 × SSC.
- Nitrocellulose-Filterstreifen 5 × 13 cm (Spezifikation s. S. 200).

Versuchsdurchführung

(1) Denaturierung der DNA durch Einlegen der Gele in 0,5 M NaOH/1,5 M NaCl für 30 min unter gelegentlichem Schwenken.

(2) Abgießen der Denaturierungslösung und Neutralisierung 2 × 20 min in 1 M Tris/3 M NaCl (enthält kein HCl).

(3) In eine Wanne mit 20 × SSC (autoklaviert) wird das Gel auf eine mit gut saugfähigem Filterpapier (z. B. Whatman 3 MM) bedeckte Schwammunterlage gelegt und mit einem mit 2 × SSC durchfeuchteten Bogen NC-Filter blasenfrei bedeckt. Darüber kommt ein ebenfalls mit 2 × SSC durchfeuchtetes Filterpapier, einige Lagen trockenes Filterpapier, ein Stapel Papierhandtücher und schließlich eine Glasplatte und, wenn noch notwendig, ein Gewicht (s. Abb. 9.15.).

(4) DNA-Transfer → Filter für ca. 6 h.
(5) Nach dem Transfer wird die Gel-Kontaktzone des NC-Filters herausgeschnitten und die Laufrichtung mit einem weichen Bleistift markiert.
(6) Das NC-Filter wird 10—20 min in 2 × SSC gespült, die Flüssigkeit zwischen Filterpapier abgesaugt und das Filter erst bei Raumtemperatur, dann 2 h bei 80 °C (vorzugsweise im Vakuumofen) getrocknet.
(7) Auf dem Boden einer vorgewärmten (67 °C) Plasteschale werden 0,5 ml RNA-Lösung als länglicher Tropfen aufgebracht und der NC-Filter (DNA-Seite nach unten) aufgelegt. Mit einer Pipette wird auf Hybridisierungstemperatur vorgewärmtes Paraffinöl (äquilibriert mit Hybridisierungspuffer) dem äußeren Rand der Schale entlang aufgetragen. Man läßt das Paraffinöl solange konzentrisch gegen die Mitte hin fließen, bis RNA-Lösung und Filter bedeckt sind.
(8) Hybridisierung im Wärmeschrank bei 67 °C für 6 h.
(9) Filter senkrecht herausziehen und sorgfältig in eiskaltem 2 × SSC abspülen (Paraffinölentfernung).
(10) RNase-Behandlung und Spülung entsprechend Schritt 9 in Abschnitt 9.2.7., danach Lufttrocknung.
(11) Der NC-Streifen wird kurz in 20% (w/v) PPO in Toluol getaucht, abgeschwenkt und luftgetrocknet.
(12) Auf eine Glasplatte werden, möglichst in völliger Dunkelheit, nacheinander gelegt: Filterpapier, NC-Filter (DNA nach oben), vorbelichteter Film (s. S. 93), hochempfindliche Wolframat-Verstärkerfolie (matte Seite nach unten) und Filterpapier.
(13) Nach Abdeckung mit einer zweiten Glasplatte und Umwickelung mit Alufolie werden die Platten mit Klemmen zusammengedrückt und bei —70 °C exponiert (hier 4 Tage).
(14) Nach der Exposition wird der Film möglichst schnell herausgenommen und entwickelt (5 min in ORWO T11, Zwischenwässerung, 10 min in ORWO-Röntgenfixierer, wässern, lufttrocknen). Der NC-Streifen wird sofort zwischen 2 Lagen Filterpapier gebracht und mit einer Platte abgedeckt (Kondenswasserbildung!).

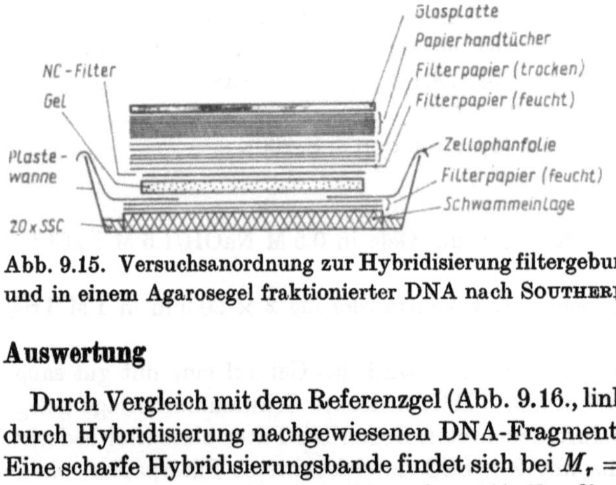

Abb. 9.15. Versuchsanordnung zur Hybridisierung filtergebundener, Restriktionsenzym-verdauter und in einem Agarosegel fraktionierter DNA nach SOUTHERN.

Auswertung

Durch Vergleich mit dem Referenzgel (Abb. 9.16., links) wird das Molekulargewicht der durch Hybridisierung nachgewiesenen DNA-Fragmente bestimmt (vgl. Abschnitt 6.2.). Eine scharfe Hybridisierungsbande findet sich bei $M_r = 1{,}35 \times 10^6$, eine zweite breitere, weniger deutliche im Bereich $M_r = 6 \times 10^6$. Da die für 18 + 26 S-rRNA kodierende DNA ein Doppelstrangmolekulargewicht von $4{,}3 \times 10^6$ besitzt (s. S. 201), muß die

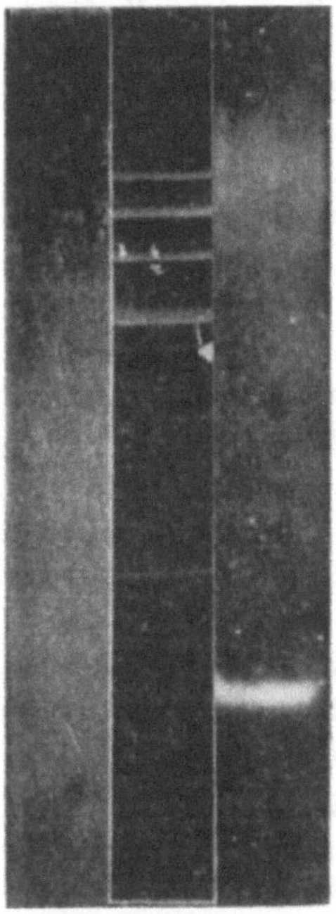

Abb. 9.16. SOUTHERN-Hybridisierung von HindIII-verdauter *Chironomus thummi*-DNA mit ^{125}J-rRNA
links: Restriktionsmuster in 1% Agarose
Mitte: Restriktionsmuster EcoRI-verdauter λrif d18-DNA
Rechts: Fluorogramm nach Hybridisierung des auf NC-Filter übertragenen Restriktionsmusters (linkes Gel der Abb.) mit ^{125}J-rRNA
(H. Bäumlein, Original).

Differenz zu (1,35 + 6 $\times$ 10^6 =) 7,35 $\times$ 10^6 auf transkribierte und nichttranskribierte ‚spacer'-Regionen (+ dem Gen für 5,8 S-rRNA, s. S. 41) in der (repetitiven) Grundeinheit (‚repeat unit') zurückzuführen sein.

Anmerkungen

Schritt 1: Die DNA kann vor bzw. während der Gelelektrophorese denaturiert werden, so daß dieser Schritt unterbleibt. – Die Denaturierung im Gel ist abhängig von der Geldicke. 6 mm starke Rundgele benötigen ca. 45 min. Entsprechendes gilt für die Neutralisation.

Schritt 3: Das Auflegen der Gele und Filter erfolgt mit Gummihandschuhen. Es ist wichtig, daß die Gel-Filter-Kontaktzonen frei von Luftblasen sind. Ein Abdecken der Schale mit Zellophanfolie unter Auslassung der Gelregion verhindert das Verdunsten von 20 $\times$ SSC bei langen Transferzeiten. Bei Rundgelen wird im Prinzip die gleiche Anordnung verwandt, nur liegen die Gele zwischen Plexiglasleisten. Bei Verwendung von Rundgelen sind alle Flüssigkeitsbrücken zwischen unteren und oberen Filterlagen, die an den Gelen vorbeilaufen, sorgfältig zu vermeiden. Trocknen die Gele ein, hängen sie am NC-Filter und unterbrechen dadurch die Flüssigkeitsbrücke. Ist bereits ausreichend DNA auf das NC-Filter übertragen worden, können die geschrumpften Gele mit einer Pinzette vorsichtig vom NC-Filter abgezogen werden.

Schritt 4: Längere DNA-Fragmente werden langsamer aus dem Gel auf das Filter transferiert. Die Vollständigkeit des Transfers kann am Verschwinden der Äthidiumbromid-Fluoreszenz aus dem Gel geprüft werden.

Schritt 5: Die Gelkontaktzone auf dem NC-Filter kann grob unter UV-Licht erkannt werden.

Schritt 6: Um Pikogrammengen von DNA-Fragmenten auf dem Filter mit Hilfe radioaktiv markierter DNA (spez. Radioaktivität > 5 $\times$ 10^6 cpm/μg) nachweisen zu können, ist größte Sorgfalt auf die Vermeidung unspezifischer Filterbindung der radioaktiven DNA zu verwenden. Der DNA-Filter wird zunächst 3 h bei 65 °C in Denhardt-Lösung (s. S. 203) behandelt, danach 1 h bei 65 °C in Denhardt-Lösung, die zusätzlich 0,1% SDS, 50 μg/ml fragmentierte heterologe DNA und 10 μg/ml poly(A) enthält, inkubiert. In dieser Lösung + radioaktive DNA erfolgt auch die Hybridisierung nach vorangegangener Denaturierung 5 min bei 100 °C.

Schritt 7: Da die radioaktive Nukleinsäure gewöhnlich nur in geringen Mengen zur Verfügung steht, muß das Hybridisierungsvolumen möglichst klein gehalten werden. Neben der Hybridisierung unter Paraffinöl (im Extremfall wird nur soviel Nukleinsäurelösung auf das Filter gebracht, daß dieses gut durchfeuchtet ist, doch verändert das nach Schritt 6 im Filter verbleibende Salz die Ionenbedingungen während der Hybridisierung) kann die Reaktion in zugeschweißten Folietaschen, in schmalen, der Filtergröße angepaßten Kammern oder durch Umwicklung eines Zylinders mit dem Filter und Einsatz in einen wenig größeren Hohlzylinder erfolgen.

Schritt 8: Die zu wählenden Hybridisierungsbedingungen müssen dem jeweiligen Experiment angepaßt werden. Lösungen ohne Formamid sind aufgrund besserer Filterbindung speziell kleinerer DNA-Fragmente zu bevorzugen und auch bei sorgfältig gereinigten ^{125}J-Nukleinsäurepräparationen verwendbar.

Schritt 9: Die Filter müssen vorsichtig gehandhabt werden, da sie sehr leicht reißen oder brechen. Die radioaktive Nukleinsäure kann eventuell aufbereitet (z. B. durch Gelfiltration) und erneut verwandt werden.

Schritt 10: Zur Filternachbehandlung s. Anmerkung 9, S. 203. Für DNA-DNA-Reaktionen ist Nachinkubation unter Hybridisierungsbedingungen für 5—15 min und zweimalige Inkubation für je 15 min in 0,1 × SSC/0,1% SDS/50 µg/ml heterologe DNA sehr wirksam.

Schritt 11: Filterimprägnation kann auch in 7% PPO in Diäthyläther (Lagerung bei —20 °C bzw. bei Gebrauch im Eisbad) erfolgen. Die Lösung wird mit einer Pipette so rasch wie möglich über das Filter verteilt (35 µl/cm²) und die überschüssige Flüssigkeit sofort durch Schwenken entfernt. Falsche Behandlung ergibt ungleichmäßige PPO-Verteilung.

Schritte 12 und 13: Zur Fluorographie s. Abschnitt 5.2.4.

9.2.12. In situ-Hybridisierung — Lokalisation der Gene für 5 S-rRNA in Polytän- und Metaphase-Chromosomen

Die Gene der ribosomalen 5 S-RNA sind in allen untersuchten Eukaryoten in Vielzahl vorhanden. Da 5 S-RNA relativ einfach und sauber gewonnen und mit ^{125}J in vitro hochradioaktiv markiert werden kann, sind 5 S-RNA-Gene in vielen Organismen durch in situ-Hybridisierung lokalisiert worden (vgl. Wobus, 1976; Schubert et al., 1978). In der folgenden Darstellung sind zwei Experimente vereinigt worden, da sie sich nur durch die Art der Präparatherstellung und die verwandten Nukleinsäuren unterscheiden.

Spezielles Material

- ^{125}J-5 S-rRNA von *Chironomus thummi* bzw. *Vicia faba* in 3 × SSC/50% gereinigtes (s. S. 192) Formamid/0,1 M KJ/1 mg/ml *E. coli* 4 + 5 S-RNA: Gesamt-RNA wurde mit kaltem Phenol nach Abschnitt 3.2.1. isoliert, die 4 + 5 S-RNA durch Saccharosegradientenzentrifugation nach Abschnitt 7.2.1. gewonnen und die 5 S-rRNA durch Chromatographie an Sephadex G200 (superfine) (Säulenlänge 2 m, s. Bäumlein und Wobus, 1976) im Falle von *Chironomus*-RNA oder durch Elektrophorese in 10% PAA-Gelen im Falle von *Vicia*-RNA abgetrennt und nach Abschnitt 8.1.2. radiojodiert (spez. Radioaktivität ca. 5—8 × 10⁶ dpm/µg).
- RNase-Stammlösung, 2 mg/ml, hitzebehandelt (s. S. 188).
- Alkohol: Eisessig (3:1), frisch angesetzt, hier abgekürzt mit 3:1.

Versuchsdurchführung

(1) Herstellung von Speicheldrüsen-Quetschpräparaten: Präparation von Speicheldrüsen aus *Chironomus thummi*-Larven in einem Tropfen 0,9% NaCl, Fixierung für etwa 15 sec in 3:1, Übertragung in 45% Essigsäure (dabei soll der Alkohol/Eisessig möglichst verdunsten) für 3—5 min, Abstreifen der Zellen vom Sekretpfropf in 45% Essigsäure auf dem Objektträger mit rostfreien Nadeln unter einem Präparationsmikroskop, Auflegen eines staubfreien (evtl. silikonisierten) Deckglases, Quetschen der Zellen durch Fingerdruck, Auflegen des Objektträgers auf Trockeneis (Deckglas nach unten) für wenigstens 5 min, Absprengen des Deckglases und Nachfixierung in 3:1 für 10 min. Überführung in 70% Alkohol und Aufbewahrung über Nacht bei 2—4 °C (oder Lufttrocknung entsprechend Schritt 2).

(1a) Herstellung von *Vicia faba*-Quetschpräparaten: Inkubation angekeimter Samen für 2 h in 0,05% Kolchizin, Fixierung der abgetrennten Wurzelspitzen für 1 h in 3:1, Waschung in A. bidest., Inkubation für je 2 h mit 5% Pektinase (EC 3.2.1.15) und 1% Zellulase (EC 3.2.1.4) in 0,01 M Na-citrat, pH 4,6, bei 37 °C, Quetschen des Gewebes unter einem Deckglas in 45% Essigsäure und Weiterbehandlung wie unter (1) angegeben.

(2) Spülung der Präparate in 2 × SSC und Inkubation in 2 × SSC bei 60 °C für 30 min; danach Lufttrocknung über 70% und 95% Alkohol (je 5 min).

(3) Auftropfen von RNase-Lösung (Stammlösung mit 2 × SSC auf 100 µg/ml verdünnen) und Inkubation der Objektträger für 60—120 min in feuchter Kammer (Plastepetrischalen mit 2 × SSC-getränktem Filterpapier) bei Raumtemperatur.

(4) Spülung der Präparate 3 × kurz in 2 × SSC und 30 min unter Rühren bei Raumtemperatur in 2 × SSC (500—800 ml).

(5) Denaturierung in 0,2 N HCl für 20 min bei 37 °C.

(6) Schnelles Eintauchen in eiskalten 70% Alkohol und Lufttrocknung über Alkohol (s. Schritt 2).

(7) Nach Vorwärmung der Objektträger mittels Wärmetisch auf 40 °C Aufgabe von 10 µl RNA-Lösung (≈ 1 × 10^5 dpm) und Abdeckung mit einem 10 × 10 mm Deckglas.

(8) Hybridisierung in feuchter Kammer (Plastepetrischalen mit 3 × SSC/50% Formamid-getränktem Filterpapier, vorgewärmt auf 40 °C) im Wärmeschrank bei 40 °C für die vorgesehene Zeit (hier über Nacht).

(9) Eintauchen der Präparate in eiskaltes 2 × SSC, so daß die Deckgläser wegschwimmen, und Spülen 2 × 30 min in je 500—800 ml 2 × SSC bei Raumtemperatur unter Rühren.

(10) Entfernung der Flüssigkeit von den Zellen durch vorsichtiges Auflegen von Filterpapier und RNase-Behandlung (20 µg/ml in 2 × SSC, 30—60 min bei Raumtemperatur in feuchter Kammer entsprechend Schritt 3).

(11) Abspülen der RNase in 2 × SSC und Waschen 2 × 30 min in je 500—800 ml 2 × SSC/0,1 M KJ bei Raumtemperatur unter Rühren; danach Lufttrocknung über Alkohol.

(12) Zwecks Mikroautoradiographie werden die Präparate auf 40 °C vorgewärmt und in der Dunkelkammer bei schwachem Rotlicht in auf 40 °C temperierte Emulsionsmischung (hier 3 ml A. bidest. und 0,4 ml Äthanol/Glycerin (2,5:1) mit 6,6 ml ORWO-Mikroautoradiographie-Emulsion K6 sorgfältig vermischt) getaucht und auf Standleisten getrocknet. Die Aufbewahrung der Präparate erfolgt bei 4 °C zusammen mit Blaugel im Exsikkator.

(13) Entwicklung der Präparate in ORWO MH-28 (1:4) für 3 min bei 20 °C, danach kurzes Spülen in 1% Essigsäure, 10 min Fixierung, 20 min Wässerung in A. dest., Spülung in 70% Alkohol und Lufttrocknung.

(14) Nachfärbung mit Giemsa (Stammlösung 1:20 verdünnt in 0,01 M Phosphatpuffer, pH 6,8) in Petrischalen, Abschwemmen des Farbstoffes durch Einlassen von A. dest. (Herausziehen der Präparate aus der Färbelösung hinterläßt Farbpartikel auf dem Präparat) und Herstellung von Dauerpräparaten nach üblichen Verfahren.

Anmerkungen

Schritte 1 und 1a: Zur Herstellung von Quetschpräparaten für die in situ-Hybridisierung sind die meisten zytologischen Standardverfahren geeignet, sofern sie nicht die Denaturierungs- und Hybridisierungsfähigkeit der DNA beeinflussen. Deshalb ist, obwohl mehrfach beschrieben (z. B. GEUSKENS und MAY, 1974; STEINERT et al., 1973), bei der Verwendung von Formaldehyd im Fixierungsgemisch Vorsicht geboten. Am verbreitetsten ist die Fixierung von Zellen und Geweben für 5—10 min in 3:1 und nachfolgende Präparation bzw. Quetschung in 45% Essigsäure. Die Essigsäure extrahiert die meisten basischen Proteine (DICK und JOHNS, 1968) und erweicht das Gewebe. Eine Einbettung in Paraffin zwecks Anfertigung von Schnittpräparaten und deren Verwendung für in situ Hybridisierung ist ebenfalls möglich.
Tierische Zellkulturen werden in der Regel 2—4 h vor Fixierung mit 0,5—2 μg/ml Kolchizin behandelt, die Zellen kurz vor der Fixierung durch Trypsinierung vom Glas gelöst, durch Zentrifugation (ca. 1000 Upm) sedimentiert und mit hypotonischer Lösung behandelt. Das Sediment wird mit Äthanol bzw. Methanol: Eisessig (3:1) fixiert und das Fixierungsgemisch ein- bis zweimal erneuert. Anschließend werden Chromosomenpräparate nach der Lufttrockenmethode hergestellt (vgl. SCHWARZACHER, 1976).

Pflanzliche Gewebe werden meist nach Enzymvorbehandlung zwecks Entfernung der Zellwand gequetscht (s. S. 211). Die Anfertigung von Polytänchromosomen-Quetschpräparaten aus *Drosophila*-Speicheldrüsen wurde von ATHERTON und GALL (1972) detailliert beschrieben. Sie folgt prinzipiell dem hier für *Chironomus*-Speicheldrüsen angegebenen Verfahren.
Objektträger und Deckgläser für die in situ-Hybridisierung werden routinemäßig mit Chromschwefelsäure behandelt, sorgfältig gewaschen, 30 min in 1 N HCl gekocht, ausgiebig gespült und im Wärmeschrank staubfrei getrocknet. Bei schlecht haftenden Objekten können die Objektträger mit einem Gelatine- oder 0,1% Agarosefilm versehen werden. Eine Vorschrift lautet: in 90 ml erwärmtem Wasser 0,38 g Gelatine und 3 g Chromalaun lösen und anschließend 10 ml Äthanol unter Rühren zutropfen. Der Objektträger wird eingetaucht und senkrecht stehend im Wärmeschrank getrocknet.

Schritt 2: Denaturierung und Hybridisierung bei relativ hoher Temperatur und hohen Ionenstärken verschlechtern die Chromosomenmorphologie oft so stark, daß eine genaue Lokalisation der hybridisierten Chromosomenorte und/oder ihre Zuordnung zu bestimmte Chromosomen unmöglich wird. Empirisch wurde gefunden, daß eine Inkubation der Präparate für 30 min bei 70 °C in 2 × SSC zu einer erheblich besser erhaltenen Chromosomenstruktur führt und anscheinend auch die Hybridisierungseffizienz erhöht (BONNER und PARDUE, 1976). Ob diese Behandlung bei allen Objekten erfolgreich ist und welche Vorgänge ihrer Wirkung zugrunde liegen, bleibt unklar.
Lufttrockenpräparate können im Exsikkator bei 4 °C längere Zeit aufbewahrt werden, doch sinkt dabei die Hybridisierungseffizienz. Dieser negative Effekt kann durch Aufbewahrung in Glycerin bei 4 °C vermieden werden (HOLLENBERG, pers. Mitt.).

Schritt 3: Entfernung endogener RNA erhöht deutlich die Hybridisierungseffizienz (GALL und PARDUE, 1971), doch fehlen systematische Untersuchungen.

Schritt 5: Die Denaturierung der chromosomalen DNA ist ein besonders kritischer Schritt. Sie kann durch Hitze bei geringer Ionenstärke, erhöhte Temperatur in Anwesenheit von Formamid als Schmelzpunkterniedriger und durch Säure- (HCl) oder Lauge-Behandlung (NaOH) erfolgen. Das geeignetste Denaturierungsverfahren muß für jedes Objekt empirisch ermittelt werden. Häufig verwandt wird: 0,5–2 min 0,07 N NaOH oder 2 h 90% Formamid in 0,1 × SSC oder 2 × SSC bei 65 °C oder 20–120 sec. 0,1 × SSC bei 100 °C. SINGH et al. (1977) untersuchten den Einfluß unterschiedlicher Denaturierungsweisen auf die in situ-Hybridisierung von cRNA AT- und GC-reicher Satelliten-DNA (35% bzw. 52% G + C) von Maus und japanischer Wachtel bei optimaler Temperatur. Ihre Ergebnisse sind in Tab. 9.3 zusammengefaßt. Auch wir fanden die höchste Hybridisierungseffizienz nach NaOH-Denaturierung, allerdings gekoppelt mit schlechter Chromosomenmorphologie (trotz Vorbehandlung entsprechend Schritt 2) und starker Untergrundmarkierung. Da zudem in Abhängigkeit vom Denaturierungsverfahren differierende Markierungsmuster auftreten können, ist die parallele Anwendung mehrerer Verfahren in einer Versuchsserie zu empfehlen.

Tabelle 9.3

Einfluß verschiedener Denaturierungsmethoden auf in situ-Hybridisierungseffizienz, chromosomale DNA und cytologische Qualität der Chromosomen,
ermittelt mit cRNA A + T(65%)- und G + C(51–52%)-reicher Satelliten-DNA von Wachtel, Ratte und Maus (nach SINGH et al., 1977). Die Angaben können nur Anhaltspunkte liefern, da in anderen Systemen abweichende Verhältnisse auftreten können.

Denaturierungsverfahren	Hybridisierungseffizienz	Einfluß auf die chromosomale DNA	Cytologische Qualität der Chromosomen
0,2 N HCl; 20 min; Raumtemperatur	sehr niedrig	diskriminiert gegen G + C-reiche DNA; kann Basenschäden verursachen.	gut
0,07 N NaOH, 1–3 min; Raumtemperatur	hoch	DNA-Verluste; diskriminiert gegen niedrig repetitive DNA.	ausreichend
90% Formamid/ 0,1 × SSC; 2 Std.; 65 °C	hoch	unbekannt	ausreichend
0,1 × SSC; 5 sec; 100 °C	sehr hoch	unbekannt	ausreichend; verminderte Färbbarkeit der Chromosomen.

Eine für die Interpretation der Ergebnisse wichtige Tatsache ist die selektive Extraktion von DNA während der Denaturierung (insbesondere durch NaOH- und Hitze(100 °C)-Behandlung und Hybridisierung bei hoher Temperatur (60–75 °C) und hoher Ionenstärke (z. B. 6 × SSC). Nach COMINGS et al. (1973) entfernt eine Behandlung von Metaphasezell-Präparaten der Hamster-Zellinie V79 für 30 sec mit 0,07 N NaOH 22% der DNA (vorzugsweise aus euchromatischen Chromosomenregionen) und die nachfolgende Inkubation für 24 h bei 65 °C in 6 × SSC weitere 37%. Formamid-Denaturierung (90% Formamid in 2 × SSC, 2,5 h 65 °C) führt zu den gleichen spezifischen DNA-Verlusten (HUBELL et al., 1976). Behandlung mit 0,2 N HCl für 30 min extrahierte dagegen nur 2,4% der DNA, führt aber zu leichter Depurinisierung (PARDUE und GALL, 1975).

Schritt 8: Bei Hybridisierung in formamidfreien Lösungen und Temperaturen um oder über 60 °C werden die Petrischalen zusätzlich in einen Exsikkator mit Hybridisierungspuffer gestellt, um ein Verdunsten der radioaktiven Lösung sicher auszuschließen. — Es ist vorteilhaft, die für den gewünschten Nachweis minimal erforderliche Hybridisierungszeit zu ermitteln, da unnötig lange Hybridisierung die Untergrundmarkierung erhöht und die Hybridisierung eventuell vorhandener kontaminierender Sequenzen fördert.

Schritt 9: Die radioaktive Nukleinsäure kann vor der Spülung abgesaugt und — eventuell nach erneuter Reinigung — nochmals verwandt werden.

Schritt 10: Die Präparate können vor der Enzymbehandlung auch über Alkohol luftgetrocknet werden. — Zur Entfernung unspezifischer Hybriden vgl. auch die für Filter gemachten Ausführungen Anmerkung 9, S. 203 und Anmerkung 10, S. 210. Präparate nach DNA-DNA-Hybridisierung können auch mit S1-Nuklease-Puffer (s. S. 192) äquilibriert und mit S1-Nuklease wie S. 192 beschrieben behandelt werden.

Schritt 12: Über technische Einzelheiten, Fehlerquellen, Auswertmöglichkeiten usw. muß in Standardwerken der mikroskopischen Autoradiographie nachgelesen werden (z. B. FISCHER und WERNER, 1971; AMLACHER, 1974). — Bei länger gelagerter Emulsion empfiehlt es sich, vor Verwendung einen Testobjektträger zu tauchen, zu trocknen und zu entwickeln.

Schritt 14: Optimale Färbezeiten müssen empirisch ermittelt werden, da sich einzelne Giemsa-Chargen stark unterscheiden. Andere Färbungen (z. B. 0,1% Toluidinblau in 0,05 M Na-acetat, pH 5,2) sind möglich. — HENNIG (1973) weist darauf hin, daß Einbettungsmedien wie Euparal und Permount bei längerer Lagerung die Silberkörner auflösen können.

Nachtrag: Eine gute Übersicht zur Hybridisations- und Reassoziationskinetik hat J. G. WETMUR (1976, Ann. Rev. Biophys. Bioengin. 5, 337—361) veröffentlicht. Zwei 1978 erschienene Publikationen (CHAMBERLIN, M. E., GALAU, G. A., BRITTEN, R. J. und DAVIDSON, E. H., 1978, Nucleic Acids Res. 5, 2073—2094; HINNEBUSCH, A. G., CLARK, V. E. und KLOTZ, L. C., 1978, Biochemistry 17, 1521—1529) behandeln eingehend die Längenabhängigkeit der Reassoziationskinetik in ‚tracer'-Experimenten (s. S. 168).

Große Bedeutung für die Analyse von in Gelen fraktionierter RNA mittels klonierter, radioaktiver DNA hat das von ALWINE et al. (1977) entwickelte Diazobenzyloxymethyl(DBM)-Papier erlangt (s. S. 207). (Die entsprechende Technik wird im Gegensatz zur Southern-Technik oft als Northern-Technik bezeichnet.) DBM-Papier ist aber auch Voraussetzung für die Southern-Analyse kleiner DNA-Fragmente (< als ca. 300 NTP), da diese nur schlecht oder gar nicht an NC-Filter gebunden werden (REISER, J., RENART, J., und STARK, G. R., 1978, Biochem. Biophys. Res. Comm. 85, 1104—1112). Andererseits können auch sehr große DNA-Fragmente schlecht mit der Original-Southern-Technik analysiert werden, da diese nicht effizient auf das Filter übertragen werden (s. S. 209). Kontrollierte Fragmentierung (über partielle Depurinisierung) der DNA im Gel umgeht diese Schwierigkeit (WAHL, G. M., STERN, M. und STARK, G. R., 1979, Proc. Natl. Acad. Sci. USA 76, 3683—3687). In der gleichen Arbeit wird auch die Verwendung von 10% Dextransulfat zur Beschleunigung der Hybridisierungsreaktion in der Southern- und Northern-Technik beschrieben (vgl. S. 167).

Literatur

ALWINE, J. C., KEMP, D. J. und STARK, G. R. (1977): Proc. Nat. Acad. Sci. USA 74, 5350—5354.

AMLACHER, E. (1974): Autoradiographie in Histologie und Zytologie. G. Thieme-Verl., Leipzig.

ATHERTON, D. D. und GALL, J. G. (1972): *Drosophila* Inf. Service 49, 131—133.

ATWOOD, K. C., YU, M. T., EICHER, E. und HENDERSON, A. S. (1976): Cytogenetics and Cell Genetics 16, 372—375.

AXEL, R., FEIGELSON, P. und SCHUTZ, G. (1976): Cell 7, 247—254.

BAKER, R. F. (1977): Anal. Biochem. 78, 569—571.

BARTH, P. T. und GRINTER, N. J. (1975): J. Bacteriol. 121, 434—441.

BÄUMLEIN, H. und WOBUS, U. (1976): Chromosoma 57, 199—204.

BECKMAN, J. S. und DANIEL, V. (1974): J. Mol. Biol. 89, 355—362.

BLUMENFELD, M., FOX, A. S. und FORREST, H. S. (1973): Proc. Nat. Acad. Sci. USA 70, 2772—2775.

BIRNSTIEL, M. L., SELLS, B. H. und PURDOM, I. F. (1972): J. Mol. Biol. 63, 21—39.

BIRNSTIEL, M., SPEIRS, J., PURDOM, I., JONES, K. und LOENING, U. E. (1968): Nature 219, 454—463.

BISHOP, J. O. (1969): Biochem. J. 113, 805—811.

BISHOP, J. O. (1972a): Biochem. J. 126, 171—185.

Bishop, J. O. (1972b): In Diczfalusy, E. (Ed.) Gene transcription in reproductive tissue. Karolinska Symp. Research methods in reproductive endocrinology 5, 247–273; Karolinska Inst., Stockholm.

Bishop, J. O. und Freeman, K. B. (1975): Cold Spring Harbor Symp. Quant. Biol. 38, 707–716.

Bishop, J. O., Morton, J. G., Rosbash, M. und Richardson, M. (1974): Nature 250, 199–204.

Bishop, J. O., Robertson, F. W., Burns, J. A. und Melli, M. (1969): Biochem. J. 115, 361–370.

Britten, R. J. (1970): In Hanly, E. W. (Ed.) Problems in Biology: RNA in development, S. 187 bis 210; Univ. of Utah Press, Salt Lake City.

Britten, R. J. und Davidson, E. (1976): Proc. Nat. Acad. Sci. USA 73, 415–419.

Britten, R. J., Graham, D. E. und Neufeld, B. R. (1974): Methods Enzymol. 29E, 363–405.

Britten, R. J. und Kohne, D. E. (1968): Science 161, 529–540.

Bonner, J. J. und Pardue, M. L. (1976): Chromosoma 58, 87–99.

Bonner, T. I., Brenner, D. J., Neufeld, B. R. und Britten, R. J. (1973): J. Mol. Biol. 81, 123–135.

Brown, D. D. und Weber, C. S. (1968): J. Mol. Biol. 34, 661–680.

Brutlag, D., Apples, R., Dennis, E. S. und Peacock, W. J. (1977): J. Mol. Biol. 112, 31–47.

Buongiorni-Nardelli, M. und Amaldi, F. (1970): Nature 225, 946–948.

Burckhardt, J. und Birnstiel, M. L. (1978): J. Mol. Biol. 118, 61–79.

Case, S. T. und Baker, R. F. (1975): Anal. Biochem. 64, 477–484.

Casey, J. und Dvidson, N. (1977): Nucleic Acids Res. 4, 1539–1552.

Chang, C.-T., Hain, T. C. und Wetmur, J. (1974): Biopolymers 12, 1847–1858.

Cheung, S. W., Tishler, P. V., Atkins, L., Sengupta, S. K., Modest, E. J. und Forget, B. G. (1977): Cell Biol. Int. Reports 1, 255–262.

Chilton, M.-D. (1973): Nature New Biol. 246, 16–17.

Christiansen, C., Christiansen, G. und Bak, A. L. (1974): J. Mol. Biol. 84, 65–82.

Church, R. B. (1973): In Chrispeels, M. J. (Ed.) Molecular Techniques and approaches in developmental biology, S. 223–301; Wiley-Intersciences, New York–London–Toronto–Sydney.

Comings, D. E., Avelino, E., Okada, T. A. und Wyandt, H. E. (1973): Exptl. Cell. Res. 77, 469–493.

Davidson, E., Galau, G. A., Angerer, R. C. und Britten, R. J. (1975): Chromosoma 51, 253–259.

Deisseroth, A., Velez, R. und Nienhus, A. W. (1976): Science 191, 1262–1264.

DeRobertis, E. M. und Mertz, J. E. (1977): Cell.

Devos, R., Gillis, E. und Fiers, W. (1976): Eur. J. Biochem. 62, 401–410.

Dick, C. und Johns, E. W. (1968): Exptl. Cell Res. 51, 626–632.

Dörmer, P. (1973): In Neuhoff, V. (Ed.) Micromethods in molecular biology, S. 347–393, Springer-Verl., Berlin–Heidelberg–New York.

Efstratiadis, A. und Kafatos, F. C. (1976): In (Last, J., Ed.) Eukaryotes at the cellular level. Methods in molecular biology, vol. 8, 1–124; Marcel Dekker, Inc., New York–Basel.

Evans, H. J., Gosden, J. R., Mitchell, A. R. und Buckland, R. A. (1974): Nature 251, 346 bis 347.

Fischer, H. A. und Werner, G. (1971): Autoradiographie. W. de Gruyter & Co, Berlin.

Flavell, R. A., Birfelder, E. J., Sanders, J. P. M. und Borst, P. (1974a): Eur. J. Biochem. 47, 535–543.

Flavell, R. A., Borst, P. und Birfelder, E. J. (1974b): Eur. J. Biochem. 47, 545–548.

Gage, L. P. und Manning, R. F. (1976): J. Mol. Biol. 101, 327–348.

Galau, G. A., Britten, R. J. und Davidson, E. (1974): Cell 2, 9–20.

Galau, G. A., Klein, W. H., Davis, M. M., Wold, B. J., Britten, R. J. und Davidson, E. (1976): Cell 7, 487–505.

Galau, G. A., Smith, M. J., Britten, R. J. und Davidson, E. (1977): Proc. Nat. Acad. Sci. USA 74, 2306–2310.

Gall, J. G. und Atherton, D. D. (1974): J. Mol. Biol. 85, 633—664.
Gall, J. G. und Pardue, M. L. (1969): Proc. Nat. Acad. Sci. USA 63, 378—383.
Gall, J. G. und Pardue, M. L. (1971): Methods Enzymol. 21 D, 470—480.
Gallimore, P. H., Sharp, P. A. und Sambrook, J. (1974): J. Mol. Biol. 89, 49—72.
Gambino, R., Kacian, D., O'Donell, J., Ramirez, F., Marks, P. A. und Bank, A. (1974): Proc. Nat. Acad. Sci. USA 71, 3966—3970.
Georgiev, G. P. und Mantieva, V. L. (1962): Biochim. Biophys. Acta 61, 153—155.
Gerbi, S. A. (1976): J. Mol. Biol. 106, 791—816.
Gerbi, S. A. (1977): Exptl. Cell Res. 106, 454—457.
Geuskens, M. und May, E. (1974): Exptl. Cell Res. 87, 175—185.
Gillespie, D. (1968): Methods Enzymol. 12 B, 641—668.
Gillespie, S. und Gillespie, D. (1971): Biochem. J. 125, 481—487.
Gillis, M. und DeLey, J. (1975): J. Mol. Biol. 98, 447—464.
Gillis, M., DeLey, J. und DeCleene, M. (1970): Eur. J. Biochem. 12, 143—153.
Goodman, N. C., Gulati, S. C., Redfield, R. und Spiegelman, S. (1973): Anal. Biochem. 52, 286—299.
Gosden, J. R., Buckland, R. A., Clayton, R. P. und Evans, H. J. (1975): Exptl. Cell Res. 92, 138—147.
Griffith, J. D. (1973): Methods Cell Biol. 7, 129—145.
Grouse, L., Chilton, M.-D. und McCarthy, B. J. (1972): Biochemistry 11, 798—805.
Hames, B. D. und Perry, R. P. (1977): J. Mol. Biol. 109, 437—453.
Hastie, N. D. und Bishop, J. O. (1976): Cell 9, 761—774.
Hell, A., Birnie, G. D., Slimming, T. K. und Paul, J. (1972): Anal. Biochem. 48, 369—377.
Hell, A., Young, B. und Birnie, G. (1976): Biochim. Biophys. Acta 442, 37—49.
Henderson, A. S., Atwood, K. C. und Warburton, D. (1976): Chromosoma 59, 147—155.
Hennig, W. (1973): Int. Rev. Cytol. 36, 1—44.
Hennig, W. (1976): TIBS (Trends in Biochem. Sci.) dec. 1976, 285—287.
Henikoff, S. und Meselson, M. (1977): Cell 12, 441—451.
Hereford, L. M. und Rosbash, M. (1977): Cell 10, 453—462.
Hubell, H. R., Sahasrabuddhe, C. G. und Hsu, T. C. (1976): Exptl. Cell Res. 102, 385—393.
Hutton, J. R. und Wetmur, J. (1973): Biochem. Biophys. Res. Comm. 52, 1148—1155.
Hutton, J. R. und Wetmur, J. G. (1975): Biochem. Biophys. Res. Comm. 66, 942—948.
Hutton, J. R. (1977): Nucleic Acids Res. 4, 3537—3555.
Ivanov, I. G. und Markov, G. G. (1975): Biochim. Biophys. Acta 383, 123—130.
Jeffreys, A. J. und Flavell, R. A. (1977): Cell 12, 429—439.
John, H. A., Birnstiel, M. L. und Jones, K. W. (1969): Nature 223, 582—587.
Jones, K. W. (1973): In Pain, R. H. und Smith, B. J. (Eds.) New Techniques in Biophysics and Cell Biology, S. 29—66; J. Wiley & Sons, London—New York—Sydney—Toronto.
Kenell, D. E. (1971): Progr. Nucleic Acid Res. Mol. Biol. 11, 259—301.
Kleinschmidt, A. K. (1968): Methods Enzymol. 12 B, 361—377.
Kohne, D. E. und Britten, R. J. (1971): In Cantoni, G. L. und Davis, D. R. (Eds.) Procedures in Nucleic Acid Research, Vol. 2, 500—512; Harper & Row, New York.
Kohne, D. E., Levison, S. A. und Byers, M. J. (1977): Biochemistry 16, 5329—5342.
Kourilsky, P., Manteuil, S., Zamansky, M. H. und Gros, F. (1970): Biochem. Biophys. Res. Comm. 41, 1080—1087.
Kronenberg, H. M., Roberts, B. E., Habener, J. F., Potts, J. T. und Rich, A. (1977): Nature 267, 804—807.
Lizardi, P. M. und Brown, D. D. (1975): Cold Spring Harbor Symp. Quant. Biol.
Macgregor, H. C. und Andrews, C. (1977): Chromosoma 63, 109—126.
Mandel, M. und Marmur, J. (1968): Methods Enzymol. 12 B, 195—206
Maniatis, T., Jeffrey, A. und Sande, H. van de (1975): Biochemistry 14, 3787—3794.

MANNING, J. E., HERSHEY, N. D., BROKER, T. R., PELLEGRINI, M., MITCHELL, H. K. und DAVIDSON, N. (1975): Chromosoma 53, 107—117.

MARMUR, J. und DOTY, P. (1962): J. Mol. Biol. 5, 109—118.

MARMUR, J., ROWND, R. und SCHILDKRAUT, C. L. (1963): Progr. Nucleic Acid Res. Mol. Biol. 1, 231—300.

MARSH, J. L. und MCCARTHY, B. J. (1973): Biochem. Biophys. Res. Comm. 55, 805—811.

MARSH, J. L. und MCCARTHY, B. J. (1974): Biochemistry 13, 3382—3387.

MARTINSON, H. G. (1973a): Biochemistry 12, 139—145.

MARTINSON, H. G. (1973b): Biochemistry 12, 145—150.

MARTINSON, H. G. (1973c): Biochemistry 12, 2731—2736.

MARTINSON, H. G. (1973d): Biochemistry 12, 2737—2746.

MARTINSON, H. G. und WAGENAAR, E. B. (1974): Anal. Biochem. 61, 144—154.

MARX, K. A. (1975): Biopolymers 14, 1103—1107.

MCDONELL, M. W., SIMON, M. N. und STUDIER, F. W. (1977): J. Mol. Biol. 110, 119—146.

MELLI, M., GINELLI, E., CORNEO, G. und LERNIA, R. (1975): J. Mol. Biol. 93, 23—38.

MELLI, M., WHITFIELD, C., RAO, K. V., RICHARDSON, M. und BISHOP, J. O. (1971): Nature New Biol. 231, 8—12.

MORI, K., WINTZERITH, M. und MANDEL, P. (1972): Biochimie 54, 1427—1434.

MUTO, M. (1977): Biochem. J. 165, 19—25.

OLD, R. W., CALLAN, H. G. und GROSS, K. W. (1977): J. Cell Sci. 27, 57—79.

ORDAHL, C. P., JOHNSON, T. R. und CAPLAN, A. I. (1976): Nucleic Acids Res. 3, 2985—2999.

OROCZ, J. M. und WETMUR, J. G. (1977): Biopolymers 16, 1183—1199.

OTTOLENGHI, S., LANYON, W. G., PAUL, J., WILLIAMSON, R., WEATHERALL, D. J., CLEGG, J. B., PRITCHARD, J., POOTRAKUL, S. und BOON, W. H. (1974): Nature 251, 389—392.

PACKMAN, S., AVIV, H., ROSS, J. und LEDER, P. (1972): Biochem. Biophys. Res. Comm. 49, 813—819.

PAETKAU, V. und LANGMAN, L. (1975): Anal. Biochem. 65, 525—532.

PAGOULATOS, G. N. und DARNELL, J. E. (1970): J. Mol. Biol. 54, 517—535.

PARDUE, M. L. und GALL, J. G. (1975): Methods Cell Biol. 10, 1—16.

PEARSON, W. R., DAVIDSON, E. und BRITTEN, R. J. (1977): Nucleic Acids Res. 4, 1727—1737.

PUKKILA, P. J. (1975): Chromosoma 53, 71—89.

ROSS, J. (1976): J. Mol. Biol. 106, 403—420.

ROSS, J., GIELEN, J., PACKMAN, S., IKAWA, Y. und LEDER, P. (1974): J. Mol. Biol. 87, 697—714.

RUDKIN, G. T. und STOLLAR, B. D. (1977): Nature 265, 472—473.

RYFFEL, G. U. und MCCARTHY, B. J. (1975): Biochemistry 14, 1379—1385.

SAXINGER, W. C., PONNAMPERUNA, C. und GILLESPIE, D. (1972): Proc. Nat. Acad. Sci. USA 69, 2975—2978.

SCHAFFNER, W., GROSS, K., TELFORD, J. und BIRNSTIEL, M. (1976): Cell 8, 471—478.

SCHRIER, B. K. und WILSON, S. H. (1976): Methods Cell Biol. 13, 105—120.

SCHUBERT, I., BÄUMLEIN, H. und WOBUS, U. (1978): Biol. Zbl. 97, 129—135.

SCHWARZACHER, H. G. und WOLF, U. (Eds.): Methods in Human Cytogenetics. Springer-Verl., Berlin—Heidelberg—New York, 1974.

SEIDLER, R. J. und MANDEL, M. (1971): J. Bacteriol. 106, 608—614.

SINGH, L., PURDOM, I. F. und JONES, K. W. (1977): Chromosoma 60, 377—389.

SINSHEIMER, R. L. (1977): Ann. Rev. Biochem. 46, 415—438.

SMITH, D. W. (1973): In Chrispeels, M. J. (Ed.) Molecular Techniques and Approaches in Developmental Biology, S. 165—198; Wiley-Interscience, New York—London—Toronto—Sydney.

SMITH, G. P. (1977): Cold Spring Harbor Symp. Quant. Biol. 41, 863—875.

SMITH, M. J., BRITTEN, R. J. und DAVIDSON, E. H. (1975): Proc. Nat. Acad. Sci. USA 72, 4805—4809.

SOUTHERN, E. M. (1975a): J. Mol. Biol. 94, 51—69.

SOUTHERN, E. M. (1975b): J. Mol. Biol. 98, 503—517.

STEFFENSEN, D. M., PRENSKY, W., MUTTON, D. und HAMERTON, J. L. (1975): Cytogenetics and Cell Genetics 14, 434–438.
STEFFENSEN, D. M. und WIMBER, D. E. (1972): In Ursprung, H. (Ed.) Nucleic Acid Hybridization in the Study of Cell Differentiation. Results and Problems in Cell Differentiation, Vol. 3, 47–63; Springer-Verl., Berlin–Heidelberg–New York.
STEINERT, M., ASSEL, S. van, BORST, P., MOL, J. N. M., KLEISEN, C. M. und NEWTON, B. A. (1973): Exptl. Cell Res. 76, 175–185.
STRAUS, N. A. und BONNER, T. I. (1972): Biochim. Biophys. Acta 277, 87–95.
STUDIER, F. W. (1965): J. Mol. Biol. 11, 373–390.
SUTTON, W. D. (1971): Biochim. Biophys. Acta 240, 522–531.
SZABO, P., ELDER, R., STEFFENSEN, D. M. und UHLENBECK, O. (1977): J. Mol. Biol. 115, 539–663.
SZABO, P., ELDER, R. und UHLENBECK, O. (1975): Nucleic Acids Res. 2, 647–653.
TAYLOR, J. M., ILMENSEE, R. und SUMMERS, J. (1976): Biochim. Biophys. Acta 442, 324–330.
THOMAS, M., WHITE, R. L. und DAVIS, R. W. (1976): Proc. Nat. Acad. Sci. USA 73, 2294–2298.
ULLMAN, J. S. und McCARTHY, B. J. (1973): Biochim. Biophys. Acta 294, 416–424.
VOGELSTEIN, B. und GILLESPIE, D. (1977): Biochem. Biophys. Res. Comm. 75, 1127–1132.
VOGT, V. M. (1973): Eur. J. Biochem. 33, 192–200.
VOSBERG, H.-P. (1977): Human Genetics 40, 1–72.
VOTAVOVÁ, H. und SPONAR, J. (1975): Nucleic Acids Res. 2, 185–196.
WALKER, P. M. B. (1969): Progr. Nucleic Acid Res. Mol. Biol. 9, 301–326.
WEINBLUM, D., BRETER, H.-J., ZAHN, R. K. und BERGER, J. (1974): Biochim. Biophys. Acta 374, 324–331.
WEISS, G. B., WILSON, G. N., STEGGLES, A. W. und ANDERSON, F. W. (1976): J. Biol. Chem. 251, 3425–3431.
WELLAUER, P. K., DAVID, I. B., BROWN, D. D. und REEDER, R. H. (1976): J. Mol. Biol. 105, 461–486.
WETMUR, J. G. (1975): Biopolymers 14, 2517–2524.
WETMUR, J. G. und DAVIDSON, N. (1968): J. Mol. Biol. 31, 349–370.
WIESLANDER, L., LAMBERT, B. und WOBUS, U. (1975): Chromosoma 52, 159–173.
WILLIAMSON, P. J. (1976): In Last, J. (Ed.) Eukaryotes at the Cellular Level. Methods in Molecular Biology, Vol. 8, 125–159. Marcel Dekker, Inc., New York–Basel.
WILSON, D. A. und THOMAS, C. A. Jr. (1973): Biochim. Biophys. Acta 331, 333–340.
WIMBER, D. E. und STEFFENSEN, D. M. (1974): Ann. Rev. Genetics 7, 205–223.
WOBUS, U. (1975): Eur. J. Biochem. 59, 287–293.
WOBUS, U. (1976): Biol. Zbl. 95, 1–23.
YOUNG, B. D., BIRNIE, G. D. und PAUL, J. (1976): Biochemistry 15, 2823–2829.
YOUNG, B. D., HARRISON, P. R., GILMOUR, R. S., BIRNIE, G. D., HELL, A., HUMPHRIES, S. und PAUL, J. (1974): J. Mol. Biol. 84, 555–568.
YOUNG, B. und PAUL, J. (1973): Biochem. J. 135, 573–576.
YUNIS, J. Y. und SANCHEZ, O. (1975): Humangenetik 27, 167–172.

Nachtrag zu Kapitel 5: LEHRACH, H., DIAMOND, D., WOZNEY, J. M. und BOEDTKER, H. (1977, Biochemistry 16, 4743—4751) überprüften kritisch die Methoden zur Bestimmung des Molekulargewichts von RNA durch Gelelektrophorese unter denaturierenden Bedingungen. W. L. FANGMAN (1978, Nucleic Acids Res. 5, 653—665) beschreibt Bedingungen, die die Molekulargewichtsbestimmung von DNA im M_r-Bereich 10—500 × 10^6 in 0,1% Agarosegelen ermöglichen.

Das Problem der Elution von DNA aus PAA-Gelen ist von MAXAM und GILBERT (1977) befriedigend gelöst worden. Für die Elution aus Agarosegelen sind eine Vielzahl neuer Verfahren beschrieben worden. Sie beruhen auf Verwendung von Agarose mit niedriger Schmelztemperatur (WIESLANDER, L., 1979, Anal. Biochem. 98, 305—309), Verwendung von Agarase (FINKELSTEIN, M. und ROWND, R. H., 1978, Plasmid 1, 557—562), von NaJ und Glaspulver (VOGELSTEIN, B. und GILLESPIE, D., 1979, Proc. Natl. Acad. Sci. USA, 76, 615—619), Elektrophorese in HAP (TABAK, H. F. und FLAVELL, R. A., 1978, Nucleic Acids Res. 5, 2321—2332) und Elektroelution (WIENAND, U., SCHWARZ, Z. und FEIX, G., 1979) FEBS Letters 98, 319—323).

Eine der PPO-Fluorographie ebenbürtige und wesentlich einfachere Methode ist der fluorographische Nachweis von ^{3}H- und ^{14}C-Nukleinsäuren in PAA-Gelen durch Natriumsalicylat (CHAMBERLAIN, J. P., 1979, Anal. Biochem. 98, 132—135). Die Methode vermeidet sowohl DMSO (gesundheitsschädlich) wie PPO (kostspielig).

SI-Einheiten

Die ab 1980 verbindlichen SI-Einheiten wurden bei der Abfassung des Manuskriptes nicht durchgehend berücksichtigt.

In der Biochemie treten nur relativ wenige Änderungen ein. Die Zusammenstellung zeigt zunächst die 7 Basisgrößen, deren Einheiten durch die Vorsätze k, M, G, bzw. m, μ, n, p und f vergrößerbar bzw. verkleinerbar sind. Weiterhin sind die im Buch benutzten Meßgrößenarten, ihre Symbole, die Einheiten dieser Meßgrößen und ihre Symbole aufgeführt. Die nach Möglichkeit zu vermeidenden Untereinheiten sind in runde Klammern, die nicht mehr zulässigen in eckige Klammern gesetzt.

Basisgröße	Symbol	Basiseinheit	Symbol
Länge	l	Meter	m
Masse	m	Kilogramm	kg
Zeit	t	Sekunde	s
elektrische Stromstärke	I	Ampère	A
Thermodynamische Temperatur	T	Kelvin	K
Lichtstärke	I	Candela	cd
Stoffmenge	n	Mol	mol

Länge (l)		Fläche (A)		Volumen (V)		
m		m²		m³		
(cm)		(cm²)		(dm³)	l	
mm		mm²		cm³	ml	[ccm]
μm	[μ]	μm²	[μ²]	mm³	μl	[λ]
nm	[mμ]				nl	
	[Å]			μm³		[μ³]
				nm³		

Masse (m)		Stoffmenge (n)		Massenkonzentration		
kg		mol	[M]	kg/l	(g/ml)	[%; %(w/v)]
g	[gr]	mmol	[mM]	g/l		[mg%]
mg		µmol	[µM]	mg/l		[ppm]
µg		nmol	[nM]	µg/l		[ppb]
ng	[mµg]					
pg						

Stoffmengenkonzentration		Temperatur	Zeit	
mol/l	[M]	K	s	[sec]
mmol/l	[mM]	mK	min	
µmol/l	[µM]	(Celsius-T.)	h	[Std.]
nmol/l	[nM]	°C	d	[Tg.]
			a	[J.]

Radioaktivität (A)		Umlauffrequenz (ω)
Bq	[Ci]	rad/s
$1\ \text{Ci} = 3{,}7 \cdot 10^{10}\ \text{Bq} = 37\ \text{GBq}$		
$= 3{,}7 \cdot 10^{10}\ \text{s}^{-1}$		

Spezifische Radioaktivität	Drehzahl (n)
$\text{s}^{-1} \cdot \text{mol}^{-1}$	U/s Einheit: s^{-1}
	(U/min) [UpM/min^{-1}]

Sachregister

Autorenverzeichnis

Dr. Helmut Bäumlein
Dr. Gudrun Eitner
Dr. Jürgen Hofemeister
Dr. Renate Manteuffel
Dr. Edgar Serfling
Dr. Ulrich Wobus

Zentralinstitut für Genetik und Kulturpflanzenforschung der Akademie der Wissenschaften der DDR; DDR-4325 Gatersleben

Dr. Charles Coutelle
Dr. Bernd Drescher
Dr. Siegfried Scherneck

Zentralinstitut für Molekularbiologie der Akademie der Wissenschaften der DDR; DDR-1115 Berlin-Buch

Bei Fragen zur Produktsicherheit wenden Sie sich bitte an:
If you have any questions regarding product safety,
please contact:

Walter de Gruyter GmbH
Genthiner Straße 13
10785 Berlin
productsafety@degruyterbrill.com